全国高等职业教育规划教材

工程机械概论

陈建华　主　编

李　震　吴良军　副主编

马秀成　主　审

化学工业出版社

·北京·

本书选用现代施工工程中使用广泛、技术先进的工程机械，以科技含量高、知识延展性好的国内外典型产品为例，涵盖了道路施工机械、建筑及构筑物施工机械、起重机械等近20种工程机械和设备，较详细地阐述了工程机械的主要构造、工作原理、工作装置特征、操纵控制方法、基本使用技术以及设备的维护保养要点。为方便教学，本书配套电子课件，可登录化学工业出版社教学资源网 www.cipedu.com.cn 免费下载。

本书可作为高职高专院校及中等职业学校机械设计类、土木建筑类、交通工程和交通运输类专业教学用书，也可作为工程机械工程施工技术人员以及产品销售人员的参考用书和培训用书。

图书在版编目（CIP）数据

工程机械概论/陈建华主编. —北京：化学工业出版社，2018.5（2023.4 重印）
全国高等职业教育规划教材
ISBN 978-7-122-32007-0

Ⅰ.①工… Ⅱ.①陈… Ⅲ.①工程机械-高等职业教育-教材 Ⅳ.①TU6

中国版本图书馆 CIP 数据核字（2018）第 077887 号

责任编辑：韩庆利	文字编辑：张绪瑞
责任校对：宋　玮	装帧设计：张　辉

出版发行：化学工业出版社（北京市东城区青年湖南街 13 号　邮政编码 100011）
印　　装：北京虎彩文化传播有限公司
787mm×1092mm　1/16　印张 17　字数 419 千字　2023 年 4 月北京第 1 版第 3 次印刷

购书咨询：010-64518888　　　　售后服务：010-64518899
网　　址：http://www.cip.com.cn
凡购买本书，如有缺损质量问题，本社销售中心负责调换。

定　　价：49.80 元

前　言

工程机械在国民经济建设中占有重要的地位,交通运输业、原材料工业、农林水利业、城乡建设以及现代化国防等方面的发展都离不开工程机械,工程机械为国民经济的建设提供先进的施工技术和工具。同时,也有利于提高这些领域的工程建设质量。

进入 21 世纪以来,国家通过引进吸收国外大型施工机械的先进技术,不断开发出机电液一体化的工程机械新产品,促进了我国的工程机械行业持续稳定的发展,工程机械品种不断增加,门类日渐齐全,许多产品已接近或达到国际先进水平,为提高基础建设工程的施工质量提供了可靠的保障。

为了比较全面又深入地介绍工程机械知识和技能,本教材以工程建设中应用面广泛的国产和进口主要机型为例,涵盖铲土运输机械、挖掘装载机械、压实机械、混凝土机械、路面机械、凿岩机械、桩工机械、轨道交通施工机械、工程起重机械和其他工程机械。重点介绍了各类工程机械的主要结构、工作原理、性能、使用和维护要点。本教材可供机械设计类、土木建筑类、交通运输工程类专业学生教学使用,也可作为工程机械施工技术人员以及产品销售人员的参考用书。

全书由湖北交通职业技术学院陈建华主编,新疆交通职业技术学院李震、广东交通职业技术学院吴良军担任副主编,沃尔沃建筑设备投资(中国)有限公司马秀成担任主审。书中第一、第三至第七章由李震编写,第二、第十四章由郑培果编写,第八、第九章由吴良军编写,第十、第十一章由刘杰编写,第十二、第十三章由余德林编写,第十五至十七章由陈建华编写。

本书编写过程中得到了沃尔沃建筑设备投资(中国)有限公司、维特根(中国)机械有限公司、三一重工股份有限公司、徐州徐工基础工程机械有限公司、中交天和机械设备制造有限公司、湖北路桥集团有限公司、广西柳工机械股份有限公司、山推股份有限公司、厦门工程机械股份有限公司等国内外知名工程机械公司及施工企业的大力支持,在此一并表示感谢。同时,在编写过程中得到了兄弟院校同行的大力帮助,还参考了许多现代工程施工机械方面的文献,对同行的帮助以及文献作者为推进我国工程机械的发展所做的贡献表示敬意,谨向他们表示由衷的感谢。

为方便教学,本书配套电子课件,可登录化学工业出版社教学资源网 www.cipedu.com.cn 免费下载。

由于编者水平和实际经验所限,书中不足之处,恳请读者批评指正。

编　者

目 录

第一章 推 土 机

公路路基路面施工的主要机械包括铲土运输、挖掘、拌和、摊铺、碾压等机械。土方施工中常使用的铲土运输机械有推土机、铲运机、挖土机、装载机等。

在公路路基的施工建设中，需要完成大量的土方工程。为了提高工作效率，降低成本，在运距为30～100m的施工场合，选用哪种工程机械，能够完成公路施工中推土、铲土等土方施工任务呢？

推土机是一种多用途的自行式土方工程施工机械，它能铲挖并移运土壤。例如，在道路建设施工中，推土机可完成路基基底的处理，完成路侧取土横向填筑高度不大于1m的路堤，完成沿公路中心移挖作填完成路基挖填工程，完成傍山取土侧移修筑半堤半堑的路基。此外，推土机还可用于平整场地，堆积松散材料，清除作业地段内的障碍物等。

推土机主要用于短距离推运土方，通常中小型推土机的运距为30～100m，大型推土机的运距一般不应超过150m，其经济运距为50～80m。

推土机的工作特点，正适用于公路路基短距离的施工建设。

第一节　推土机构造

推土机由基础车、工作装置（推土装置与松土装置）、操纵系统三大部分组成。基础车一般是履带式拖拉机或特制的轮胎式底盘基础车。无论是履带式推土机还是轮胎式推土机，都由发动机、传动系统、行走系统、工作装置和操纵控制系统部分组成。

一、传动系统

传动系统的作用是将发动机的动力减速增扭后传给行走装置，使推土机具有足够的牵引力和合适的工作速度。履带式推土机的传动系统多采用机械传动或液力机械传动；轮胎式推土机多为液力机械传动。

履带式推土机附着性能好，牵引力大，接地比压小，爬坡能力强，能适应恶劣的工作环境，作业性能优越，是一种用途广泛的机械。

1. 履带式推土机的机械式传动系统

图 1-1 所示为机械式传动系统布置简图，铲刀操纵方式为液压式。

动力经主离合器 3、联轴器 5 和变速器 6 进入后桥，再经中央传动装置 7，左、右转向离合器 8、最终传动机构 10，最后传给驱动轮 11，进而驱动履带使推土机行驶。

动力输出箱 2 装在主离合器壳上，由飞轮上的齿轮驱动，用来带动三个齿轮油泵。这三个齿轮油泵分别向工作装置、主离合器和转向离合器的液压操纵机构提供压力油。

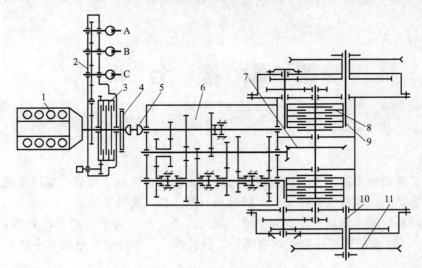

图 1-1　推土机的机械式传动系统布置简图

1—柴油发动机；2—动力输出箱；3—主离合器；4—小制动器；5—联轴器；6—变速器；7—中央传动装置；8—左、右转向离合器；9—转向制动器；10—最终传动机构；11—驱动轮；

A—工作装置油泵；B—主离合器油泵；C—转向油泵

2. 履带式推土机的液力机械式传动系统

图 1-2 所示为液力机械式传动系统布置简图。液力机械式传动系统用液力变矩器和行星齿轮动力换挡变速器取代了主离合器和机械式换挡变速器，不用停机换挡。液力变矩器的从动部分（涡轮及其输出轴）能够根据推土机负荷的变化，在较大范围内自动改变其输出转速和转矩，从而使推土机在较宽的范围内自动调节工作速度和牵引力，因此变速箱的挡位数少，减少了传动系统的冲击负荷。

该推土机的两个转向离合器是直接液压式，离合器的分离和接合都靠油压作用。

二、行走系统

行走系统是将发动机动力转化成机械牵引力直接实现机械行驶的系统，包括机架、悬挂装置和行走装置三部分。机架是全机的骨架，用来安装所有总成和部件。行走装置用来支承机体，并将发动机传递给驱动轮的转矩转变成推土机所需的驱动力。机架与行走装置通过悬挂装置连接起来。

履带式推土机行走装置由驱动轮、支重轮、托轮、引导轮、履带（统称为"四轮一带"）、张紧装置等组成。履带围绕驱动轮、托轮、引导轮、支重轮呈环状安装，驱动轮转

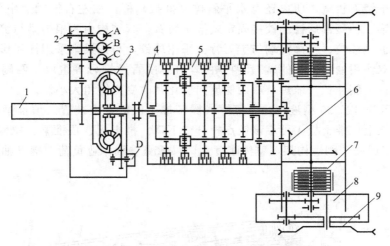

图 1-2　推土机液力机械式传动系统布置简图

1—发动机；2—动力输出箱；3—液力变矩器；4—联轴器；5—动力换挡变速器；6—中央传动装置；

7—转向离合器和制动器；8—最终传动装置；9—驱动轮

A—工作装置油泵；B—变矩器与动力换挡变速器油泵；C—转向离合器油泵；D—排油油泵

动时通过轮齿驱动履带使之运动，推土机就能行驶。支重轮用于支承整机，将整机的荷载传给履带。支重轮在履带上滚动，同时夹持履带防止其横向滑出；转向时，可迫使履带在地面上横向滑移。托轮用来承托履带，防止履带过度下垂，以减小履带运动中的上下跳振，并防止履带横向脱落。引导轮是引导履带卷绕的，使履带铺设在支重轮的前方。张紧装置可使履带保持一定的张紧度，以防跳振和滑落，还可缓和履带对台车架的冲击。

轮式推土机的行走系统包括前桥和后桥。推土机的行驶速度低，车桥与机架一般采用刚性连接（即刚性悬架）。为保证在地面不平时四个车轮都能与地面接触，将一个驱动桥与机架采用铰连接，以使车桥左右两端能随地面不平而上下摆动。

三、推土机工作装置

工作装置包括推土装置和松土装置两部分，有的推土机没有松土装置。

任何形式的推土机，其推土装置都由推架和铲刀两大部分组成，并安装在推土机的前端，安装形式有固定式和回转式两种。

在运输工况时，推土装置被提升油缸提起，悬挂在推土机前方；推土机进入作业工况时，则降下推土装置，将铲刀置于地面，向前可以推土，后退可以平地。当推土机作牵引车作业时，可将推土装置拆除。

通常，向前推挖土石方、平整场地或堆积松散物料时，广泛采用直铲作业；傍山铲土或单侧弃土，常采用斜铲作业；在斜坡上铲削硬土或挖边沟，采用侧铲作业。

1. 固定（直铲）式推土装置

采用固定式铲刀的推土机，其铲刀正对前进方向安装，称为直铲或正铲，多用于中、小型推土机。固定式推土装置有三种形式：等一种是焊接固定式，其铲刀与推架焊成"门"字形的整体结构，其铲刀的铲土角不可改变。第二种是铲刀与推架采用圆柱铰的形式组成"门"字形的拼装式结构，其铲刀的铲土角可以改变，其推架则由两根推梁和两根斜撑组成。

大型推土机由于铲刀较宽，所以还有水平斜撑（推拉）杆，在左右推梁上中部分别有2～3个铰接耳座。第三种是带球铰的铰接固定式推土装置，其结构由两根推梁与铲刀背面采用柱铰，与台车架也是柱铰；斜撑前端与铲刀背面采用球铰，与推梁则采用柱铰形式，斜撑长度可变（也有用双作用油缸代替的），其斜撑由丝杠、螺管及锁母等组成；两侧同时伸长或缩短改变铲土角；一侧伸长（缩短）或两侧反向变化则改变侧倾角大小。

图1-3所示为TY220型液压操纵直铲式履带推土机的推土装置。顶推梁4铰接在履带式底盘的台车架上，推土板1可绕该铰点提升或下降。推土板、顶推梁、拉臂6、倾斜油缸8和斜撑杆等组成一个刚性构架，整体刚度大，可承受重载作业负荷。提升油缸7为铲刀升降机构。

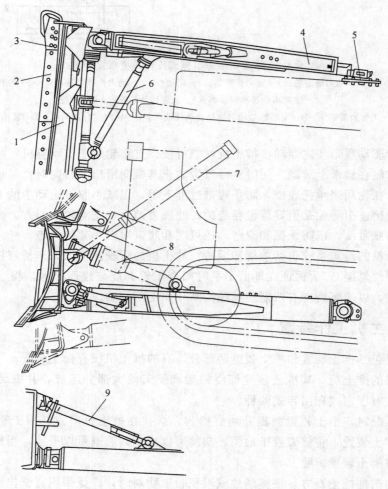

图1-3　TY220型直铲推土装置

1—推土板；2—切削刃；3—端刃；4—顶推梁；5—销轴；
6—拉臂；7—铲刀提升油缸；8—铲刀倾斜油缸；9—斜撑杆

　　通过同时调节螺旋斜撑杆9和倾斜油缸8的长度（等量伸长或等量缩短），可以调整推土板的铲土角。

　　为了扩大直铲推土机的作业范围，提高推土机的作业效率，现代推土机广泛采用侧铲可调式结构，只要反向调节倾斜油缸（或斜撑杆）的长度，即可在一定范围内改变铲刀的侧倾角，实现侧铲作业。铲刀侧倾前，提升油缸 7 应先将推土板提起。当倾斜油缸收缩时，安装倾斜油缸一侧的推土板下降，伸长斜撑杆一端的推土板则上升，反之则下降，从而实现铲刀左右侧倾。

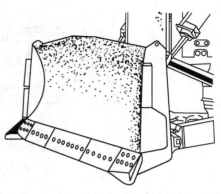

图 1-4　液压操纵式直铲铲刀

直铲作业是推土机最常用的作业方法。固定式铲刀较回转式铲刀自重小，使用经济性好，坚固耐用，承载能力强，一般在小型推土机和承受重载作业的大型履带式推土机上采用。

直铲的铲刀都是由矩形钢板制成。由于直铲主要用于中、短距离的推送工作，所以铲刀的断面制成特殊曲线形状：其上部呈弧线，下部为向后倾斜的平面，下缘与停机面形成一定的铲土角（60°）。具有这种断面形状的铲刀在铲土过程中，可使被切的土层沿刀面上升，并不断地向前翻滚，这样可降低切土阻力。

刀面的前下缘通过螺栓固定有 1～3 块中间刀片和侧刀片，刀片一般用耐磨的高锰钢或其他合金钢制成。上下做成对称的切削刃口，以便磨损后可以换边使用，中间换一次，侧刀片换三次，以延长刀片的使用寿命。有的为增大切入硬土的性能，侧刀片还可制成向外下侧突出的尖角形（如图 1-4 所示），这种铲刀多用于液压操纵的推土机上，其缺点是侧刀片磨损后不能换边使用。

为减少推运过程中土壤的漏失，铲刀两侧焊有较宽的侧挡板。为增加铲刀的刚度与强度，其背面上部焊有角钢横梁，下部焊有托板和加强肋条，中部焊有动滑轮铰座。对于液压操纵的其背面两侧还有竖向加强梁（板），其上有油缸活塞杆铰座。为了某些特殊用途，如需要长距离的大载荷推送，有些直铲铲刀的两侧还焊有特宽的侧板，使其形成一个 U 形斗的形状。

推梁为箱（圆）形断面梁，其后端焊有叉槽或半圆孔，通过销子或另半圆孔与螺栓铰于台车架上。前端与中部视不同的推土机而有所不同。

2. 回转式推土装置

回转式铲刀可在水平面内回转一定的角度安装，以实现斜铲作业，一般最大回转角为 25°；还可使铲刀在垂直平面内倾斜一个角度以实现侧铲作业，侧倾角一般为 0°～9°，如图 1-5 所示。回转式铲刀以 0°回转角安装时，同样可实现直铲作业。因此，回转铲刀的作业适应范围更广，大、中型推土机多安装回转式铲刀。

回转式推土装置由于工作中铲刀的侧倾角和回转角都要发生变化，所以各种回转式推土装置的共同特点是：①推架呈弓形结构，可以是整体式结构，对于大型的回转式推土装置也有铰接式的。前端中部与铲刀背面中部采用球铰；左右推梁则分别通过左右支臂与铲刀四角球铰。②其铲刀比同样功率的直铲式铲刀宽且低，这是因为推土机必须有自身开道的能力，即处于斜铲时，其横向投影的宽度与直铲的相仿。由于其堆土量一定，所以其高度比直铲的低，无侧挡板或左右侧板与刀身平齐，刀面的曲率半径较直铲的大。

图 1-6 所示为 TY180 型履带式推土机的推土装置。该铲刀属闭式铲刀，由矩形钢板制成上弧下直的结构，下端焊有底板并通过沉头螺栓固定有三块中间刀片和两块侧刀片，背面

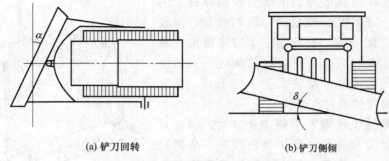

(a) 铲刀回转　　　　　　　　　　　(b) 铲刀侧倾

图 1-5　回转式铲刀安装示意图

两侧焊有侧板，同时有上、下加强横梁，中间有一道加强板梁，背后再由角板焊成一封闭的刚体，背面四角及中下部有耳座。弓形推架的断面形状为箱形，前中部有一大孔，往后两侧有两个铲刀升降油缸活塞杆的铰座（圆柱铰），在左右直梁上各焊有前、中、后三个支座，刀身后面中部与弓形推架 4 的前端球铰连接，铲刀背面焊有半球凹坑，其端面一圈有螺纹孔，另一半球形凹坑坑底有一大孔，周围有带孔的连接盘，带球头的螺杆穿过半球凹坑底孔与弓形推架前中央孔后由螺母固定于推架前端；铲刀背面的左右下端与下撑杆采用球铰；铲刀后面的左右上端与上撑杆采用横竖销形成万向铰接，具有两个转动自由度，限制绕自身转动的自由度。

左右下撑杆后端通过球销与推梁直线段的铰座铰接，它由螺杆、锁母、螺管等组成。左右上撑杆下端分别与左右下撑杆采用柱铰，它由上螺杆、下螺杆、螺管（两端螺纹旋向相反）组成，螺管两端开口并焊有可夹紧的夹紧箍，通过螺栓可使夹紧箍实现夹紧。上、下撑杆断面均为圆形。

铲刀各角的调整方法如下。

① 斜铲（回转）角的调整：将两侧的下撑杆后端分别与推梁的前后耳座相铰接，则铲刀可在水平面内向左或向右转动 25°（即±25°）角。

② 侧倾角的调整方法：一侧上撑杆伸长（缩短），则该侧上升（下降）；一侧上撑杆伸长（缩短）、下撑杆缩短（伸长），则该侧上升（下降）的幅度大一些；一侧上撑杆伸长（缩短）、下撑杆缩短（伸长），另一侧上撑杆缩短（伸长）、下撑杆伸长（缩短），则变化的角度更大。其在垂直面内的倾斜可在 0～430mm 范围内变化，以便于铲掘硬、冻土壤，铲边沟等作业。

③ 铲土角的调整：左右两侧上撑杆等量伸长（缩短）；左右两侧上撑杆等量伸长（缩短），下撑杆等量缩短（伸长）；可使铲土角在 45°～65°范围内变化，以适应铲削不同硬度土壤的需要。

3. 推土板的结构与形式

推土板主要由曲面板和可卸式刀片组成。推土板断面的结构有开式、半开式和闭式三种形式（图 1-7）。小型推土机采用结构简单的开式推土板；中型推土机大多采用半开式的推土板；大型推土机作业条件恶劣，为保证足够的强度和刚度，采用闭式推土板。闭式推土板为封闭的箱形结构，其背面和端面均用钢板焊接而成，用以加强推土板的刚度。

推土板的横向结构外形可分为直线形和 U 形两种。铲土、运土和回填的距离较短，可采用直线形推土板。直线形推土板属窄形推土板，宽高比较小，比切力大（即切削刃单位宽度上的顶推力大），位于铲刀前的积土容易从两侧流失，切土和推运距离过长会降低推土机的生产率。

运距稍长的推土作业宜采用U形推土板。U形推土板具有积土、运土容量大的特点。在运土过程中，U形铲刀中部的土壤上升卷起前翻，两侧的土壤则上卷向铲刀内侧翻滚。有效地减少了土粒或物料的侧漏现象，提高了铲刀的充盈程度，因而可以提高推土机的作业效率。

为了减少积土阻力，有利物料滚动前翻，以防物料在铲刀前散胀堆积，或越过铲刀顶面向后溢漏，通常采用抛物线或渐开线曲面作为推土板的积土面。此类积土表面物料贯入性好，可提高物料的积聚能力和铲刀的容量，降低能量的损耗。因抛物线曲面与圆弧曲面的形状及其积土特性十分相近，且圆弧曲面的制造工艺性好，容易加工，故现代推土板多采用圆弧曲面。除合理选择铲刀积土面的几何形状外，还应考虑物料的卸净性等因素。

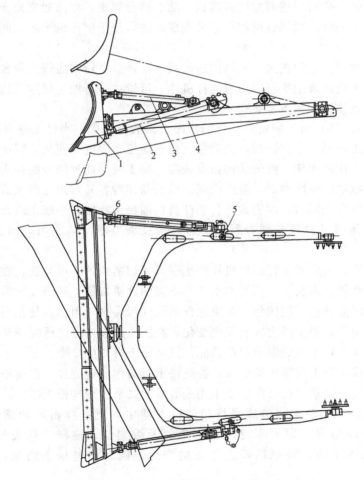

图 1-6　TY180 型履带式推土机的推土装置

1—铲刀；2—下撑杆；3—上撑杆；4—弓形推架；5—球形支座；6—万向节支座

4. 松土装置的结构与工作原理

松土工作装置是履带式推土机的一种主要附属工作装置，通常配备在大、中型履带式推

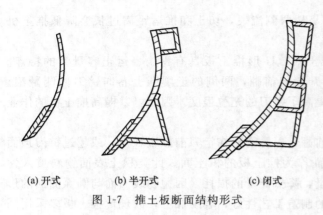

(a) 开式　　　　(b) 半开式　　　　(c) 闭式

图 1-7　推土板断面结构形式

土机上。

松土装置悬挂在推土机的尾部，可与推土机、铲运机进行配套作业，预松或凿裂坚实土壤和岩层，提高铲运效率。松土装置简称松土器，广泛用于硬土、黏土、页岩、黏结砾石的预松作业，也可凿裂层理发达的岩石，开挖露天矿山，用以代替传统的爆破施工方法，提高施工的安全性，降低生产成本。

对难以凿入和松裂的岩石，可采用预爆破的施工工艺，先对岩层实施轻微爆破，然后再行裂土。此法较之完全爆破法安全、节省费用，也有利于环保。预爆破可将岩石分裂成碎块，便于铲运机铲运，同时改善了松土器的初始凿入效果。

松土器的结构可分为铰接式、平行四边形式、可调整平行四边行式和径向可调式四种基本形式。现代松土机多采用平行四边形连杆机构、可调式平行四边形连杆机构和径向可调式连杆机构，其典型结构如图 1-8 所示。

在图 1-8（a）、（b）所示固定式平行四杆松土器的机构中，当松土器升降油缸伸缩时固定在齿架上的松土齿只作平移运动，齿尖松土角不随松土深度而变化，因而松土阻力可以相对稳定，杆件受力比较均衡，整体结构强度较高。松土时，此种结构的齿尖镶块前面磨损较小，可延长齿尖镶块的使用寿命，但齿尖镶块后面却相对容易磨损，磨损后的切削刃更加锋利，也有利于降低切土阻力。固定式平行四杆机构的松土特性在一般土质条件下具有良好的凿入性能，但不能满足凿裂坚硬岩层所需刀具角度的要求，其使用范围受到一定程度的限制。

在实际使用中，固定式平行四杆机构松土器刀具切削角的不可调性，在一定程度上影响了松土机的切削性能。事实上，不同的土质和不同的地质岩层，其最佳的凿入角和松土切削角也不同，作业时应根据不同的作业对象选择不同的齿尖凿入角。即使相同的土质，因其结构和密度的非均匀性，松土阻力也会发生变化，在松土过程中也应适时调整松土角度，用以调整松土阻力，改善松土机的牵引切削性能，提高松土机的生产率。

为了满足现代土建工程施工的要求，提高松土机的作业适应性，提高松土器对坚硬岩层的凿入能力，现代大型松土机已广泛采用先进的可调式平行四杆松土器。

在图 1-8（c）～（f）所示可调式平行四杆松土器中，上拉杆由可伸缩式油缸所代替，调节拉杆油缸的伸缩量，即可实现对松土角的无级调节，这样，驾驶员则可根据地质条件选择最佳的入土角，并根据松土阻力的变化，随时调整松土角度，改善松土作业性能。

可调式平行四杆松土装置已在美国卡特彼勒公司的 D10 等大型推土机上采用，为了提高松土机的凿岩裂土能力，通常采用单齿松土器，用以集中推土机的牵引力，提高单齿的凿裂能力。对于密度较低的黏土，则可采用多齿松土器，用以提高松土生产率。

图 1-8（g）为径向可调式松土器，其结构简单，是一种可调式的铰链式松土机构，它兼有铰链式松土器和可调式平行四杆松土器的优点，其松土角调节范围宽，特别适合从直壁

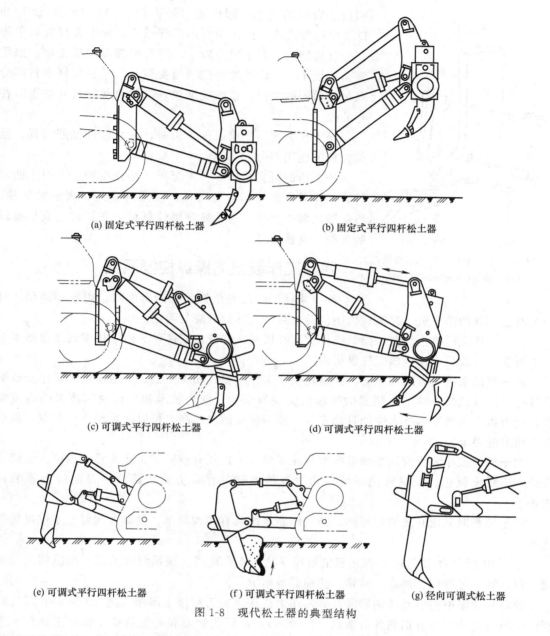

(a) 固定式平行四杆松土器　　　　　　　　　(b) 固定式平行四杆松土器

(c) 可调式平行四杆松土器　　　　　　　　　(d) 可调式平行四杆松土器

(e) 可调式平行四杆松土器　　　(f) 可调式平行四杆松土器　　　(g) 径向可调式松土器

图 1-8　现代松土器的典型结构

陡坡处向外裂土作业。径向可调式松土器可提供最有利的凿入角，并在凿入地面后能及时提供松土推进最佳角度。此种结构的松土器已在卡特彼勒 D8L 推土机上得到应用。

　　松土器按齿数可分为单齿松土器和多齿松土器，多齿松土器通常装有 2～5 个松土齿，单齿松土器开挖力大，既可松散硬土、冻土层，也可开挖软石、风化岩和有裂隙的岩层，还可拔除树根，为推土作业扫除障碍。多齿松土器主要用来预松薄层硬土和冻土层，用以提高推土机和铲运机的作业效率。

　　松土齿由齿杆、护套板、齿尖镶块及固定销组成（图 1-9），齿杆 1 是主要的受力件，承受着巨大的切削载荷。齿杆形状有直形和弯形两种基本结构，其中弯形齿杆又有曲齿和折齿之分。直形齿杆在松裂致密分层的土壤时，具有良好的剥离表土的能力，同时具有凿裂块状

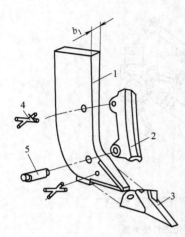

图 1-9　松土齿的构造
1—齿杆；2—护套板；3—齿尖镶块；
4—刚性销轴；5—弹性固定销

和板状岩层的效能，因而被卡特彼勒公司的 D8L、D9L 和 D10 型履带式推土机作为专用齿杆采用；弯形齿杆提高了齿杆的抗弯能力，裂土阻力较小，适合松裂非匀质土壤。采用弯齿杆松土时，块状物料先被齿尖掘起，并在齿杆垂直部分通过之前即被凿碎，松裂效果较好，但块状物料易被卡阻在弯曲处。

松土齿护套板 2 用以保护齿板，防止齿杆剧烈磨损，延长齿杆的使用寿命。

松土齿的齿尖镶块 3 和护套板 2 是直接松土、裂土的零件，工作条件恶劣，容易磨损，使用寿命短，需经常更换。齿尖镶块和护套板应采用高耐磨性材料，在结构上应尽量拆装方便，连接可靠。

四、工作装置的操纵控制系统

操纵机构的作用是使铲刀提升、下降、固定和浮动。对于带有松土器的推土机，操纵机构还包括控制松土器的升降与固定。

目前，推土机推土装置的操纵机构类型有机械式和液压式两种。由于机械式现在基本上已不再生产，故只介绍液压式操纵机构。

液压控制系统具有结构紧凑、操纵轻便、工作平稳、切土力强、平地质量高、作业效率高等优点。现代推土机工作装置的控制已实现液压化，液压技术和现代控制技术的迅速发展，使得推土机整机的技术性能日趋完善，控制精度越来越高，可以满足现代化大型工程对施工质量的要求。

推土机的工作装置液压系统可根据作业需要，迅速提升或降下工作装置，也可实现铲刀或松土齿缓慢就位。操纵液压系统还可改变推土铲的作业方式，调整铲刀或松土器的切削角。

推土机普遍采用开式液压回路，开式回路系统具有结构简单、散热性能好、工作可靠等优点。

图 1-10 所示为 TY180 型推土机的液压系统工作原理图。该系统由油泵、操纵阀、安全阀、单向阀、过载阀、油缸、油箱、滤油器等组成。

油泵从油箱中将油经滤油器吸入并将压力油送入铲刀和松土器操纵阀（8 和 6），通过对阀的操纵可使液压油分别到各自油缸（13 和 4），从而使铲刀和松土器按工作要求动作。各油缸的回油经过滤油器 9 流回油箱。整个系统的最高压力由安全阀 1 控制，两阀串联，过载阀 5 限制松土器油缸两侧的最高压力。

工作油泵为齿轮泵，它安装在分动箱上，由变矩器泵轮通过分动箱第三轴带动。全部控制阀均安装在油箱内，使结构紧凑。操纵阀为双滑阀式，滑阀 8 为四位五通阀，用以控制铲刀上升、下降、固定和浮动四种动作；滑阀 6 为三位五通阀，用以控制松土器上升、下降、固定三种动作。

在操纵阀上装有进油单向阀 3 和补油阀 2，单向阀的作用是防止油液倒流。例如，提升铲刀时，在阀杆换向过程中，单向阀可防止工作装置因自重作用而产生瞬时下降。又如，在提升铲刀时柴油机突然熄火，油泵停止供油，但单向阀仍可使铲刀维持在上升位置，而不致突然下降造成事故。补油阀的作用是当系统或油缸内产生负压（真空）时，使油箱中的液压油通过操纵阀进入油缸，保证活塞平顺的工作。例如，当工作装置下降时，由于自重作用，下降速度大于供油速度，油缸上腔会产生真空，这时补油阀就能从油箱直接吸油进行补充。

滤油器的作用是过滤混入液压油中的杂质，保持液压油的清洁。与滤油器并联装入一个滤油安全阀10，当滤油器被堵塞时，安全阀10开启，油液便不经过滤油器而直接流回油箱，不致影响液压系统的正常工作，但此时液压系统油压将升高，不能长期在此状况下工作，而应及时对滤清器进行处理。

为了防止松土器偶遇障碍而使系统中油压过高，在松土器油路中配有过载阀5，当油压超过规定值时，过载阀开启而使油压不再升高，以保护油缸及液压系统。

铲刀操纵阀在各种工作位置的油流情况可参考图1-10说明如下。

固定位置：通往油缸上、下腔的油路均被堵住，从油泵来的油液经铲刀操纵阀8直接从回油口流入松土器操纵阀6→（松土器油缸4→阀6）→滤油器9或安全阀10→油箱，此时铲刀油缸活塞固定不动，从而使铲刀固定在某一位置不动。

上升位置：阀芯左移，泵→单向阀3→阀8→油缸13下腔进油而使活塞杆回缩，铲刀上升；油缸13上腔的油→阀8→松土器操纵阀6→滤油器9或安全阀10→油箱。

下降位置：阀芯由固定位置向右移动，此时油流为油箱→集滤器→泵→（安全阀1→油箱）单向阀3→操纵阀8→油缸13上腔进油而使活塞杆伸出，铲刀下降；此时油缸下腔的油→阀8→阀6→9或10→油箱。

浮动位置：阀芯在下降位置状态再向右移动，此时阀芯将油缸上、下腔及回油路同时接通，活塞可在油缸中自由上下移动，从而使铲刀可以随地形起伏的变化而自由升降。

图1-11所示为上海TY320（小松D155A-IA）型履带式推土机工作装置液压操纵系统，该液压系统由推土板升降、推土板倾斜、松土器升降和松土器倾斜回路组成，可分为液压动力元件（PAL200型油泵2）、控制元件（包括铲刀升降控制阀5、松土器控制阀11、铲刀倾斜控制阀21、选择阀15）、执行元件（铲刀升降油缸9、铲刀倾斜油缸22、松土器升降油缸16、松土器倾斜油缸19）和辅助装置（油箱1和24、滤清器和油管等）四大部分组成。

油泵2可分别向各回路提供压力油，通过控制阀可使各自执行油缸实现不同方向的动作。为了避免工作油缸活塞的惯性冲击，降低其工作噪声，油缸内一般都装有缓冲装置，用以降低工作装置的冲击载荷。

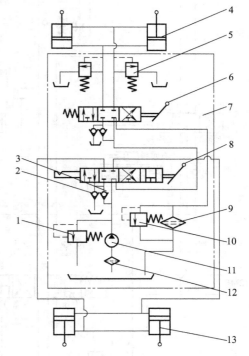

图1-10 TY180型推土机的液压系统工作原理图
1,10—安全阀；2—补油阀；3—进油单向阀；4—松土器油缸；5—过载阀；6—松土器操纵阀；7—油箱及操纵系统总成；8—铲刀操纵阀；9—滤油器；11—油泵；12—滤网；13—铲刀油缸

在系统中，推土板和松土器工作油缸的控制阀，均采用先导式操纵的随动换向控制阀。先导式操纵控制阀全为滑阀式结构，可实现换向、卸荷、节流调速和工作装置的微动控制。换向时，先操纵手动式先导阀，若将先导阀（26、27、28）的阀芯向左拉，先导阀则处于右位工作状态，来自变矩器、变速器油泵 25 的压力油则分别进入伺服油缸的大（无杆）腔和小（有杆）腔。由于活塞承压面积不同，活塞杆外伸而使控制阀（5、11、21）阀芯右移，连杆机构将以伺服油缸活塞杆为支点，又带动先导阀的阀体左移，使先导阀复位，回到"中立"

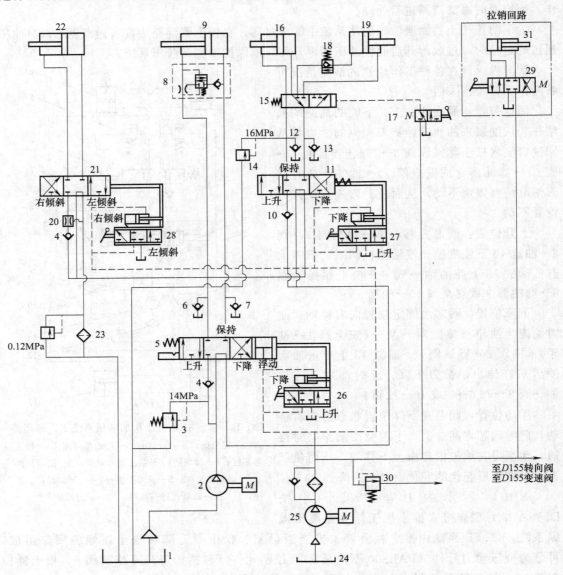

图 1-11　TY320 型履带式推土机工作装置液压系统

1,24—油箱；2—油泵；3—主溢流阀；4,10—单向阀；5—铲刀升降控制阀；6,7,12,13—补油阀；8—快速下降阀；9—铲刀升降油缸；11—松土器控制阀；14—过载阀；15—选择阀；16—松土器升降油缸；17—先导阀；18—锁紧阀；19—松土器倾斜油缸；20—单向节流阀；21—铲刀倾斜控制阀；22—铲刀倾斜油缸；23—滤油器；25—变矩器、变速器油泵；26—铲刀升降油缸先导随动阀；27—松土器油缸先导随动阀；28—铲刀倾斜油缸先导随动阀；29—拉销换向阀；30—变矩器、变速器溢流阀；31—拉销油缸

位置。此时主换向控制阀就处于左位工作，而伺服油缸活塞因其大腔被关闭，小腔压力油仍推活塞，但因左（大）腔不通而使活塞固定在此确定的位置上，主换向控制阀也固定在相应的左位工作状态。

先导式操纵换向控制阀具有伺服随动助力的作用，操纵伺服阀较之直接手动式换向控制阀要轻便省力，可减轻驾驶人员的疲劳。

大型推土机的液压元件一般尺寸较大，管路较长，若采用直接操纵的手动式换向控制阀，则受驾驶室空间的限制，布置起来比较困难，难于实现控制元件靠近执行元件，无法缩短高压管路的长度，致使管路沿程压力损失增加。现代大型履带式推土机已广泛采用便于布置的先导式操纵换向控制阀，用以缩短换向阀与工作油缸之间的管路，减少系统功率损失，提高传动效率。

如果伺服助力机构与主控制阀匹配合理，还可改善铲刀和松土器工作油缸的微调功能，扩大调速范围，提高推土机的使用性能。

在使用中，松土器的升降与倾斜并非同时进行，其升降和倾斜油缸可共用一个先导式操纵换向控制阀，另外设置一个松土器工作油缸的选择阀 15，作业时，可根据需要操纵手动先导阀来改变松土器换向阀的工作位置，再分别控制松土器的升降和倾斜，松土器换向阀 15 的控制压力油由变矩器变速器的齿轮油泵提供。

操纵推土板升降的先导式换向控制阀，可使铲刀处于"上升"、"下降"、"固定"和"浮动"四种不同的工作状态。当铲刀处于"浮动"状态时，铲刀可随地面起伏自由浮动，便于仿形运土作业，也可在推土机倒行时利用铲刀对地面进行拖平作业。

大型推土机铲刀的升降高度可达 2m 以上，提高铲刀的下降速度，对缩短铲刀作业循环时间，提高推土机的生产效率有着重要的意义。为此，在推土机升降回路上装有铲刀快速下降阀 8，用以降低铲刀升降油缸 9 的排油腔（有杆腔）的回油阻力。铲刀在快速下降过程中，回油背压增大，速降阀在液控压差作用下将自动开启，有杆腔的回油即通过速降单向阀直接向铲刀升降油缸进油腔补充供油，从而加快了铲刀的下降速度。

推土板在速降过程中，推土装置的自重对下降速度起加速作用，铲刀下降速度过快有可能导致升降油缸进油腔（无杆腔）供油不足，形成局部真空，产生气蚀现象，影响升降油缸工作的平稳性。为防止气蚀现象的产生，确保油缸动作的平稳，在油缸的进油道上均设有推土板升降油缸单向吸入阀（补油阀）6、7，在进油腔出现负压时，吸入阀 6、7 迅速开启，进油腔可直接从油箱中补充吸油。

同样，松土器液压回路也具有快速补油功能，松土机构吸入阀 12、13 在松土器快速升降或快速倾斜时可迅速开启，直接从油箱中补充供油，实现松土机构快速平稳动作，提高松土作业效率。

在铲刀倾斜回油的进油道上，设有流量控制单向阀 20，该阀可调节和控制铲刀倾斜油缸的倾斜程度，实现铲刀稳速倾斜，并保持油缸内的恒定压力。

在松土器液压回路上，还装有松土机构安全过载阀 14 和控制单向（锁紧）阀 18。

松土机构安全过载阀 14 可在松土器突然过载时起安全保护作用。当松土器固定在某一工作位置作业时，其升降油缸闭锁，油缸活塞杆受拉，如遇突然载荷，过载（有杆）腔油压将瞬时骤增。当油压超过安全阀调定压力时，安全阀即开启卸荷，油缸闭锁失效，从而起到保护系统的作用。为了提高安全阀的过载敏感性，应将该阀安装在靠近升降油缸的位置上。通常松土机构安全阀的调定压力要比系统主溢流阀 3 的压力高 15%～25%。

松土器倾斜油缸控制单向阀 18 安装在倾斜油缸无杆腔的进油道上。松土器松土作业时，倾斜油缸处于闭锁状态，油缸活塞杆受压，无杆腔承受载荷较大，该腔闭锁油压相应较大，装有倾斜油缸闭锁控制单向阀 18，可提高松土器控制阀 11 中位闭锁的可靠性。

采用单齿松土器作业时，松土齿杆高度的调整也可实现油液操纵。用液压控制齿杆高度固定拉销，只需在系统中并联一个简单的拉销回路，执行元件为拉销油缸 31。

第二节　推土机维护保养

对推土机进行及时正确地维护保养，能提高其工作的可靠性。推土机的技术保养，就是按使用要求，经常地、定期地检查各零部件和机构是否清洁，有无足够的润滑油，动作是否正常并进行必要的调整，从而避免过早的磨损和发生意外故障，以延长推土机的使用寿命、提高工作效率，降低其修理成本。

按推土机机构对保养间隔周期的不同要求，可分为日常（每班）、50h、250h、500h 及 1000h 后的保养等不同的五个周期。后一级的保养内容除规定的项目外，还应包括前一级的内容在内。

1. 日常保养

① 检查紧固件是否紧固，应特别注意刀片、履带板螺栓及支重轮螺栓是否紧固。

② 检查发动机油底壳、主离合器、后桥箱、工作油箱的油位是否符合规定。

③ 检查燃油箱及冷却水是否注满。

④ 检查浮动油封、液压系统的接头是否漏油。

⑤ 检查发动机有无漏水、漏油及漏气现象。

⑥ 按润滑表加注润滑油或润滑脂。

⑦ 清除推土机上的油污。

⑧ 检查电路系统工作是否正常。

2. 工作 50h 保养

① 按润滑表加注润滑油或润滑脂。

② 检查和清洗主燃油箱加油口盖的过滤网并清洗之，洗后在机油内浸一下。

③ 向不经常注油处的杠杆和活动关节的摩擦部分，加注润滑脂。

④ 检查蓄电池电解液的密度和高度。

⑤ 检查履带的张紧度，必要时予以调整。

⑥ 补充主离合器、转向离合器（后桥箱）的液压油。

3. 工作 250h 保养

① 按润滑表加换润滑油或润滑脂。

② 放出主燃油箱内积存的沉淀物和水分。

③ 清洗主离合器液压油箱及转向液压系统粗滤器、精滤器的过滤元件。

④ 放出主离合器壳、变速箱、中央传动锥齿室、最终传动齿轮室以及液压油箱中混入的水分。

⑤ 检查主离合器的压紧力，必要时加以调整。

⑥ 检查并拧紧油管接头、油缸、油缸横轴和履带连接螺栓。

⑦ 检查和清洁空滤器。

⑧ 检查蓄电池。

⑨ 检查制动踏板的行程，必要时予以调整。

4. 工作 500h 保养

① 按润滑表加换润滑油或润滑脂。

② 检查并拧紧水箱、油箱、燃油箱，发动机前后支承，翼板，机罩两侧柱板，横轴支座，万向节，半轴轴承盖等处的连接螺栓。

③ 检查和清洁散热器。

④ 更换冷却水。

⑤ 更换发动机机油。

5. 工作 1000h 后的保养

① 按润滑表加换润滑油或润滑脂。

② 检查中央传动锥齿轮对的啮合间隙及大锥齿轮轴的轴向游隙，必要时调整轴向游隙。

③ 清洗转向离合器制动带及摩擦片。

④ 更换主离合器、后桥箱，终传动、液压油箱的液压油或润滑油。

⑤ 清洗主离合器滤油网，转向系统的粗滤器、精滤器及工作油箱的滤清器。

⑥ 清洗燃油箱的内腔及滤清器。

⑦ 检查行走装置的润滑点，必要时应加油。

⑧ 向万向节注油。

⑨ 检查各部所有螺栓是否有松动，若松动，要拧紧。

第二章 平 地 机

推土机可以进行推平作业，但由于推土板在机身前面，推土板高度受地面影响较大，不平度被放大，难以达到路基平整度标准，铲运机具有运输铺卸土方、初步平整与压实的功能，但与平地机在平整作业方面有一些区别。平地机的刮刀比推土机的铲刀具有较大的灵活性，它能连续改变刮刀的平面角和倾斜角，也可以横向伸出机体，尤其是现代平地机具有铲刀自动调平功能，控制精度高，适用于公路路基基底处理、路堤的断面整修、开挖路槽和边沟、修刷边坡、清除路面积雪、拌和、摊铺路面基层材料等各类施工和养护工程中。

第一节 平地机构造

一、平地机总体结构

自行式平地机主要由发动机、机架、动力传动系统、行走装置、工作装置以及操纵控制系统等组成。图 2-1 所示平地机工作装置除安装刮刀外，还装有推土板和松土装置。图 2-2 为安装有耙土装置和刮刀的平地机。图 2-3 为 PY180 型平地机的整机外形及主要组成。

图 2-1 装有推土板和松土装置的平地机

图 2-2 装有耙土装置和刮刀的平地机

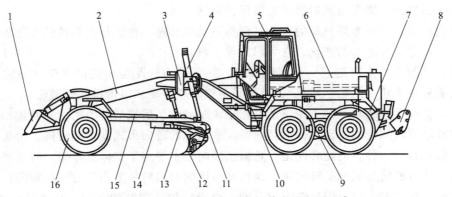

图 2-3　PY180 型平地机的整机外形及主要组成

1—前推土板；2—前机架；3—摆架；4—刮刀升降油缸；5—驾驶室；6—发动机罩；

7—后机架；8—后松土器；9—后桥；10—铰接转向油缸；11—松土耙；12—刮刀；

13—铲土角变换油缸；14—转盘齿圈；15—牵引架；16—转向轮

平地机一般采用工程机械专用柴油机，如风冷或水冷柴油机，多数柴油机还采用了涡轮增压技术，以适应施工中的恶劣工况，在高负荷低转速下可以较大幅度地提高输出转矩。通常在传动系统中装设液力变矩器，使发动机的负荷比较平稳。

机架是连接前桥与后桥的弓形梁架。在机架上安装有发动机、传动装置、驾驶室和工作装置等。在机架中间的弓背处装有油缸支架，上面安装刮刀升降油缸和牵引架引出油缸。PY160B 型平地机采用整体式机架，PY180 型平地机则采用铰接式机架，图 2-4 为普通的箱形结构的整体式机架，它是一个弓形的焊接结构，平地机的工作装置及其操纵机构悬挂或安装在弓形纵梁 2 上，机架后部由两根纵梁和一根后横梁 5 组成。托架上面安装发动机、传动机构和驾驶室，机架下面则通过轴承座 4 固定在后桥上，机架的前鼻则以钢座支承在前桥上。PY180 型平地机的前后机架采用铰接方式连接，并设有左右转向油缸，用以改变和固定前后机架的相对位置。前机架为弓形梁架，它的前端支承在摆动式前桥上，后端与后机架铰接，前机架弓形梁的下端装有刮刀和松土耙，前端装有推土板。

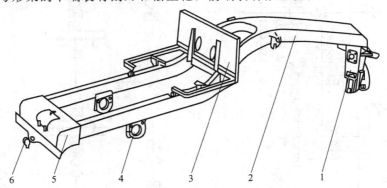

图 2-4　整体式机架

1—铸钢座；2—弓形纵梁；3—驾驶室底座；4—轴承座；5—后横梁；6—拖钩

动力传动系统一般由主离合器（或液力变矩器）、变速器、后桥传动、平衡箱串联传动装置等组成。

主离合器的作用是在机械起步时使所传递的动力接合柔顺，机械起步平稳；换挡时齿轮间产生的冲击减小；能在过载时通过打滑保护传动系统。

液力变矩器可以根据外负荷的变化，调整发动机转速，使机械在挡位速度范围内实现无级变速，自动适应外阻力的变化，它可以取代主离合器。

后桥传动的主要作用是进一步减速增扭，并将动力分配至两侧的车轮（四轮平地机），或传给两侧的平衡箱（六轮平地机），再由平衡箱串联传动装置传递给驱动轮。

行走装置有后轮驱动型和全轮驱动型，全轮驱动时，后轮的动力由变速器输出，并由万向节和传动轴或液压传动把动力传递至前桥。平地机的转向形式有前轮转向、全轮转向、前轮转向与铰接转向三种。前轮转向是前轮偏摆转向，主要用于整体式车架，转弯半径大，全轮转向时平地机的前后轮都是转向轮，四轮平地机的前后轮都采用车轮偏摆转向，六轮平地机采用前轮偏摆转向，后桥回转转向，目前，由于后轮转向结构复杂，转动角较小，所以，后轮转向逐渐被铰接转向方式取代。

平地机的工作装置包括回转刮刀、松土耙、前推土板和重型松土器等，其中，刮刀是主要工作装置。多数平地机将耙土器装在刮刀与前轮之前，用来帮助清除杂物和疏松表层土壤。此外，通常在平地机尾部安装松土器，而在机器前面安装推土板，用来配合刮刀作业。耙土器、松土器和推土板均属平地机的附属工作装置，根据实际需求，可加装其中一种或两种。

操纵控制系统包括作业装置操纵系统和行驶操纵系统。作业装置操纵系统用来控制刮刀、耙土器、松土器和推土板的运动，完成作业过程。

二、动力传动系统

PY180 型平地机传动系统采用发动机—液力变矩器—动力换挡变速器的传动形式。它的传动原理简图如图 2-5 所示。发动机输出的动力经液力变矩器，进入动力换挡变速器，由

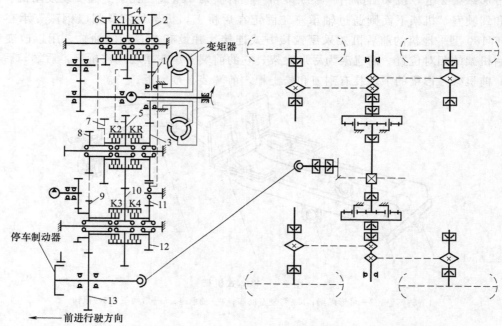

图 2-5　PY180 型平地机传动系统示意图
1—涡轮轴齿轮；2～13—常啮合传动齿轮；
KV、K1、K2、K3、K4—换挡离合器；KR—换向离合器

变速器输出轴输出，经万向节和传动轴输入三段型驱动桥的中央传动。中央传动设有自动闭锁差速器，左右半轴分别与左右行星减速装置的太阳轮相连，动力由齿圈输出，然后输入左右平衡箱轮边减速装置，通过重型滚子链轮减速增扭，再经车轮轴输出到左右驱动轮。

三、平地机的工作装置

1. 刮刀

刮刀是平地机的主要工作装置，结构如图 2-6 所示。刮刀安装在弓形梁架下方牵引架的回转圈上。回转圈是一个带内齿的大齿圈，它支承在牵引架上，可在回转驱动装置的驱动下绕牵引架转动，从而带动刮刀回转。牵引架的前端是一球形铰，与车架前端铰接，使得牵引架可绕球铰在任意方向转动和摆动。刮刀背面的上下两条滑轨支承在两侧角位器的滑槽上，在侧移油缸活塞杆的推动下，刮刀可以侧向伸出。松开角位器的固定螺母，可以调整角位器的位置即调整刮刀的切削角（也称铲土角）。

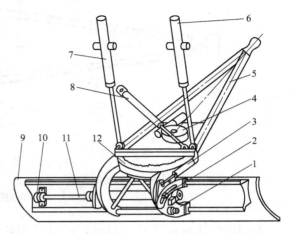

图 2-6　刮刀工作装置

1—角位器；2—角位器紧固螺母；3—切削角调节油缸；4—回转驱动装置；5—牵引架；6—右升降油缸；7—左升降油缸；8—牵引架引出油缸；9—刮刀；10—油缸头铰接支座；11—刮刀侧移油缸；12—回转圈

平地机的刮刀在空间的运动形式比较复杂，可以完成六个自由度的运动，即沿空间三个坐标轴的移动和转动。具体说来，刮刀可以有如下六种形式的动作：①刮刀升降；②刮刀倾斜；③刮刀回转；④刮刀侧移（相对于机架左右侧伸）；⑤刮刀切削角的改变；⑥刮刀随回转圈一起侧移，即牵引架引出。

其中①、②、④、⑥一般通过油缸控制；③采用液压马达或油缸控制；而⑤一般由人工调节或通过油缸调节，调好后再用螺母锁定。

不同结构的平地机，刮刀的运动也不尽相同，有些小型平地机为了简化结构没有角位器机构，切削角是固定不变的。

2. 牵引架及转盘

图 2-7 所示 A 形牵引架为箱形截面三角形钢架，其前端通过球铰与弓形前机架前端铰接，后端横梁两端通过球头与刮刀提升油缸活塞杆铰接，并通过两侧刮刀提升油缸悬挂在前机架上。牵引机架前端和后端下部焊有底板，前底板中部伸出部分可安装转盘驱动小齿轮。

转盘的结构如图 2-8 所示，它通过托板悬挂在牵引架的下方。驱动小齿轮与转盘内齿圈相啮合，用来驱动转盘和刮刀回转。转盘两侧焊有弯臂，左右弯臂外侧可安装刮刀液压角位器。角位器弧形导槽套装在弯臂的角位器定位销上，上端与铲土角变换油缸活塞杆铰接。刮刀背面的下铰座安装在弯臂下端的刮刀摆动铰销 4 上。刮刀可相对弯臂前后摆动，改变其铲土角。刮刀后面弯臂的铰轴上可安装 1～6 个松土耙齿。刮刀背面上方焊有滑槽，刮刀滑槽可沿液压角位器上端的导轨左右侧移，刮刀可向左右两侧引出外伸或收回。刮刀背面还焊有刮刀引出油缸活塞杆铰接支座，液压引出油缸通过该铰接支承座将刮刀向左或向右侧移引出。

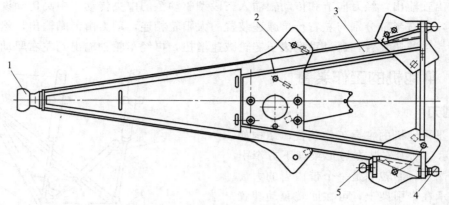

图 2-7　A 形牵引架结构

1—牵引架铰接球头；2—底板；3—牵引架体；4—刮刀升降油缸
铰接球头；5—刮刀摆动油缸铰接球头

　　刮刀的回转由液压马达驱动，可通过蜗轮减速装置驱动转盘，使刮刀相对牵引架做
360°回转，若将刮刀回转 180°，则可倒退进行平地作业。

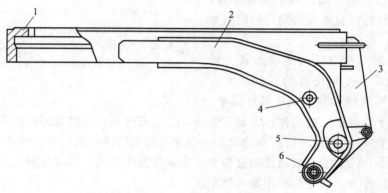

图 2-8　转盘结构

1—带内齿的转盘；2—弯臂；3—松土耙支承架；4—刮刀摆动铰销；
5—松土耙安全杆；6—液压角位器定位销

3. 回转圈及支承装置

　　回转圈（图 2-9）由齿圈 1，耳板 2，拉杆 3、4、5 等焊接而成；耳板承受刮刀作业时的
负荷，因此它应有足够的强度。回转圈在牵引架的滑道上回转，它与滑道之间有滑动配合间
隙且应便于调节。

　　如图 2-10 所示的回转支承装置为大部分平地机所采用的结构形式。这种结构的滑动性
能和耐磨性能都较好，不需要更换支承垫块。转圈的上滑面与青铜合金衬片接触，衬片上有
两个凸圆块卡在牵引架底板上，青铜合金衬片有两个凸方块卡在支承块上，通过调整垫片调
节上下配合间隙。

4. 松土工作装置

　　平地机的松土工作装置主要用于疏松比较坚硬的土壤，对于不能用刮刀直接切削的地

面，可先用松土装置疏松，然后再用刮刀切削、平整。松土装置按作业负荷大小分为耙土器和松土器。耙土器承受负荷较小，一般布置在刮刀和前轮之间，属于前置式松土装置。松土器承受负荷较大，属于后置式松土装置，布置在平地机尾部，安装位置离驱动轮近，车架刚度大，允许进行重负荷松土作业。

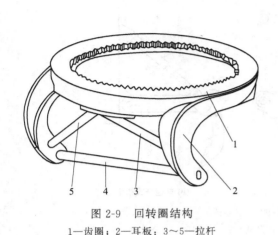

图 2-9　回转圈结构

1—齿圈；2—耳板；3～5—拉杆

图 2-10　回转支承装置

1—调节螺栓；2—牵引架；3—垫片；4—紧固螺栓；
5—支承垫块；6,7—衬片；8—回转齿圈

　　松土器的齿数较少，单齿的承载能力大，一般适应于疏松较硬的土壤或破碎硬路面。耙土器齿多而密，单齿的负荷比较小，适用于疏松松软的土壤、破碎土块或清除杂草。

　　耙土器的结构如图 2-11 所示，弯臂的头部铰接在机架前部的两侧，耙齿 7 插入耙子架 6 内，用齿楔 5 楔紧，耙齿磨损后可往下调整。耙齿用高锰钢铸成，经淬火处理，有较高的强度和耐磨性。摇臂机构 2 有三个臂：两侧的两个臂与伸缩杆铰接，中间的臂（位于机架正中）与油缸 1 铰接。油缸为单缸，作业时油缸推动摇臂机构 2，通过伸缩杆 4 推动耙齿入土。这样，作业时的阻力通过弯臂和油缸就作用于机架的弓形梁上，使弓形机架处于不利的受力状况，所以在这个位置一般不宜设重负荷作业的松土器。

　　松土器的结构有双连杆式和单连杆式两种（见图 2-12）。双连杆式近似于平行四边形机构，这种结构的优点是松土齿在不同的切土深度下松土角基本不变，这对松土有利。另外，双连杆同时承载，改善了松土器架的受力状态。单连杆式松土器的松土齿在不同的入土深度下的松土角变化较大，但结构简单。

　　松土器的松土角一般为 40°～50° 左右，松土器作业时松土齿受到水平方向的切向阻力和垂直于地面方向的法向阻力。法向阻力

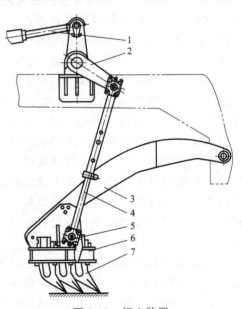

图 2-11　耙土装置

1—耙子收放油缸；2—摇臂机构；3—弯臂；
4—伸缩杆；5—齿楔；6—耙子架；7—耙齿

一般向下，这个力使平地机对地面的压力增大，使后轮减少打滑，增大了牵引力。

松土器的松土齿一般为单齿或 3 齿。轻型松土器可安装 5 个松土齿和 9 个耙土齿。作业时可根据需要选用安装松土齿。

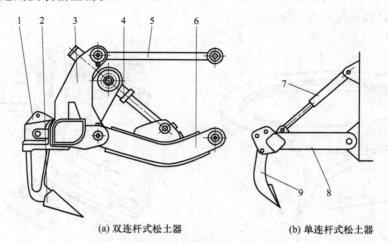

(a) 双连杆式松土器　　　　　　　　　(b) 单连杆式松土器

图 2-12　松土器的结构形式

1,9—松土器；2—齿套；3,8—松土器架；4—控制油缸；5—连杆；6—下连杆；7—油缸

四、液压控制系统

PY180 型平地机的液压控制系统包括工作装置液压系统、转向液压系统和制动液压系统。图 2-13 示出了其液压控制系统原理图。

1. 工作装置液压系统

如图 2-13 所示，工作装置液压系统由高压双联齿轮泵 13、刮刀回转液压马达、操纵控制阀、动作油缸和油箱等液压元件组成。

PY180 型平地机工作装置的液压油缸和液压马达均为双作用液压油缸和双作用液压马达。泵Ⅰ和泵Ⅱ分别向两个独立的工作装置液压回路供油，两液压回路的流量相同。当泵Ⅰ和泵Ⅱ两个液压回路的多路操纵阀组都处于"中位"位置时，则两回路的油流将通过油路转换阀组 18 与之对应的溢流阀，并经滤清器直接卸荷流回封闭式的压力油箱 24。此时，工作装置液压油缸和液压马达均处于闭锁状态。

双联齿轮泵中的泵Ⅱ通过多路操纵阀（下）20 向前推土板升降油缸 1、刮刀回转液压马达 2、前轮倾斜油缸 11、刮刀摆动油缸 6 和右刮刀升降油缸 7 提供压力油。泵Ⅰ可向制动单回路液压系统提供压力油，当两个蓄能器的油压达到 15MPa 时，限压阀 16 将自动中断制动系统的油路，同时接通连接多路操纵阀（上）19 的油路，并可通过 19 分别向后松土器升降油缸 10、铲土角调整油缸 3、铰接转向油缸 9、刮刀引出油缸 5 和左刮刀升降油缸 8 提供压力油。

双回路液压系统可以同时工作，也可单独工作。调节刮刀升降位置时，则应采用双回路同时工作，这样可以保证左右刮刀升降油缸同步动作，提高工作效率。

当系统超载时，双回路均可通过设在油路转换阀组 18 内的安全阀开启卸荷，保证系统安全（系统安全压力为 13MPa）。因刮刀回转液压马达 2 和前推土板升降油缸 1 工作时所耗用的功率较其他工作油缸大，故在泵Ⅱ液压回路中，单独增设一个刮刀回转和前推土板升降

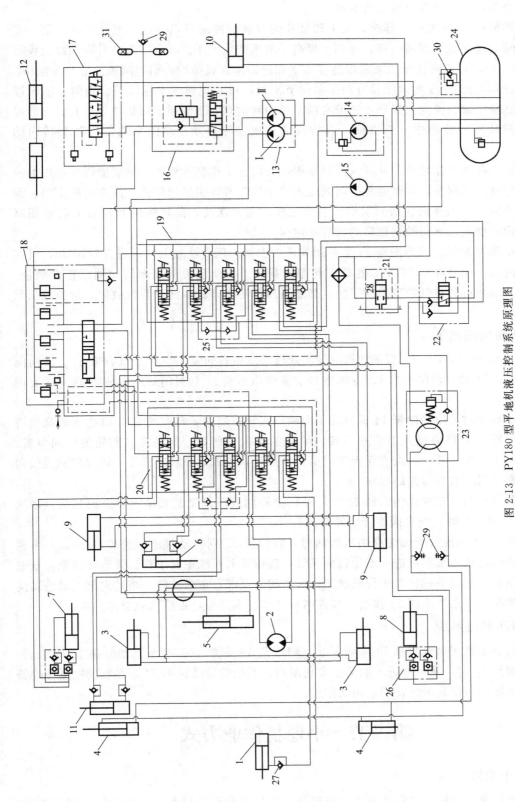

图 2-13 PY180 型平地机液压控制系统原理图

1—前推土板升降油缸；2—刮刀回转液压马达；3—铲土角调整油缸；4—前轮调整油缸；5—刮刀引出油缸（I、II）；6—刮刀摆动油缸；7、8—右、左刮刀升降油缸；9—转向油缸；10—后松土器升降油缸；11—前轮倾斜油缸；12—制动分泵；13—双联齿轮泵；14—转向泵；15—紧急转向泵；16—限压阀；17—制动阀；18—油箱；19—多路换向阀组；20—多路操纵阀（上）；21—旁通指示阀；22—转向阀；23—液压转向器；24—压力油箱；25—补油阀；26—双向液压锁；27—单向节流阀；28—微型测量接头；29—冷却器；30—进排气阀；31—蓄能器

油路的安全阀，其系统安全压力为 18MPa。

油路转换阀组 18 左位工作时，泵Ⅰ和泵Ⅱ的双液压回路可以合流，流量提高一倍，工作装置的运动速度也可提高一倍，有利于提高平地机的生产率。在刮刀左右升降油缸上设有双向液压锁 26，可以防止牵引架后端悬挂重量和地面垂直载荷冲击引起闭锁油缸产生位移。

在前轮倾斜油缸 11 的两腔设有两个单向节流阀，可实现前轮平稳倾斜。为防止前轮倾斜失稳，在前轮倾斜换向操纵阀上还设有两个单向补油阀，当倾斜油缸供油不足时，可通过单向补油阀从压力油箱中补充供油，以防气蚀造成前轮抖动，确保平地机行驶和转向的安全。

在平地机各种工作装置的并联液压回路中，为防止工作装置液压油缸或液压马达进油腔的液压油出现倒流现象，同时避免换向阀进入"中位"时发生油液倒流，故在后松土器、刮刀铲土角变换、铰接转向、刮刀引出、前推土板、刮刀摆动、前轮倾斜和刮刀回转各回路中，各封闭式换向操纵阀的进油口均设有单向阀。

PY180 型平地机的压力油箱 24 为封闭式压力油箱。压力油箱上装有进排气阀 30，可控制油箱内的压力保持在 0.07MPa 的低压状态，有助于工作装置油泵和转向油泵正常吸油。封闭式压力油箱可防止气蚀现象的产生，防止液压油污染，减少液压系统故障，延长液压元件的使用寿命。

2. 转向液压系统

如图 2-13 所示，PY180 型平地机的转向液压系统由转向泵 14、紧急转向泵 15、转向阀 22、液压转向器 23、转向油缸 4、冷却器 28、旁通指示阀 21 和封闭式压力油箱 24 等主要液压元件组成。

平地机转向时，由转向泵 14 提供的压力油经流量控制阀和转向阀 22，以稳定的流量进入液压转向器 23，然后进入前桥左右转向油缸的反向工作腔，推动左右前轮的转向节臂，偏转车轮，实现左右转向。左右转向节用横拉杆连接，形成前桥转向梯形，可近似满足转向时前轮纯滚动对左右偏转角的要求。

转向器安全阀（在液压转向器 23 内）可保护转向液压系统的安全。当系统过载（系统油压超过 15MPa）时，安全阀即开启卸荷。

当转向泵 14 出现故障无法提供压力油时，转向阀 22 则自动接通紧急转向泵 15，由紧急转向泵提供的压力油即可进入前轮转向系统，确保转向系统正常工作。紧急转向泵由变速器输出轴驱动，只要平地机处于行驶状态，紧急转向泵即可正常运转。当转向泵或紧急转向泵发生故障时，旁通指示阀 21 接通，监控指示灯即显示信号，提醒驾驶操作人员。

3. 制动液压系统

平地机制动系统由双联泵 13 中油泵Ⅱ、限压阀 16、制动阀 17 及制动分泵 12 等组成。当踩下制动阀 17 时，液压油进入制动缸实现制动，当松开制动阀 17 时，在制动缸复位弹簧作用下，液压油回流到油缸，不起制动作用。

第二节 平地机作业方式

1. 刮土侧移

刮土侧移作业是将刮刀保持一定的回转角，在切削和运土过程中，土沿刮刀侧向流动，回转角越大，切土和移土能力越强。刮刀侧移时应注意不要使车轮在料堆上行驶，应使物料从车轮中间或两侧流过，必要时可采用斜行方法进行作业，使料离开车轮更远一些。刮土侧移作业常用于物料混合，将待混合的物料用刮刀一端切入，从刮刀另一端流出，这时应注意刮刀的回转角大小要适当，并要有较大的铲土角。但如果回转角过大，物料也得不到充分的滚动混合，影响混合质量。

刮土侧移作业用于刮平铺平时还应当注意采用适当的回转角，始终保证刮刀前有少量的但却是足够的料，既要运行阻力小，又要保证铺平质量。图 2-14 为平地机基本作业示意图。

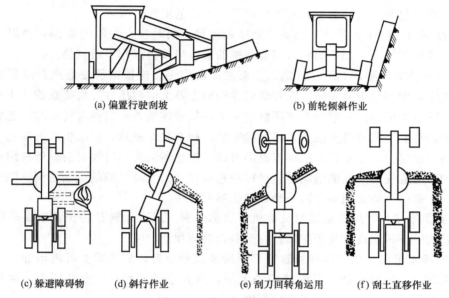

(a) 偏置行驶刮坡　　　　　　　　(b) 前轮倾斜作业

(c) 躲避障碍物　　(d) 斜行作业　　(e) 刮刀回转角运用　　(f) 刮土直移作业

图 2-14　平地机的基本作业

平地机作业时，除了采用前轮或后轮转向操纵机器沿要求的行驶路线作业外，还常需要同时操纵刮刀侧移来辅助实现刮刀的运动轨迹。当在弯道上或作业面边界呈不规则的曲线状地段作业时，可以同时操纵转向和刮刀侧向移动，机动灵活地沿曲折的边界作业。当侧面遇到障碍物时，一般不采用转向的方法躲避，而是将刮刀侧向收回，过了障碍物后再将刮刀伸出。这种作业方式主要用于移土填堤、平整场地、回填沟渠和铺筑散料等作业。

2. 刮土直移

刮土直移作业是将刮刀回转角置为 0°，即刮刀轴线垂直于行驶方向，此时切削宽度最大，但只能以较小的切入深度作业，主要用于铺平作业。

3. 机外刮土

平地机在作业时，由于刮刀有一定回转角，或由于刮刀在机体外刮侧坡，使机器受到一个侧向力的作用，常会迫使机器前轮发生侧移以致偏离行驶方向，加剧轮胎的磨损，并对前轮的转向销轴产生很大的力矩，使前轮转向（偏摆）的阻力增大，这时，可以采用倾斜前轮的方法来避免。

4. 斜行作业

利用车架铰接或全轮转向的特点，平地机可以斜行作业。在很多作业场合需要采用斜行作业方法，使车轮避开料堆，保持机器更加稳定。

第三节　平地机维护保养

平地机日常保养方法和程序主要分为四种：开机前检查，预热检查，日常操作检查和关机检查。

1. 开机前检查

① 先从轮胎开始，看看气压如何，保持正确的气压，可以最大程度地延长轮胎的使用寿命，同时查看轮胎的过分磨损处和割伤以及轮胎臂的损坏。

② 检查刮板，确保上面没有松动的螺栓和螺母。同时检查切割齿是否有磨损，检查还包括磨损或损坏的反齿，如果切割齿需要调换的话，应按照操作手册调换。

③ 查看液体的渗漏，如果发现地面上有潮湿的痕迹，应根据所处地点查出其来源，有时还需检查车轮中间是否有渗漏。在转盘配件和松土器上的液压缸处也要查找一下是否有液压油渗漏，液压油的渗漏一般是在液压缸密封圈和软管连接处，当检查转盘时，正好也查一下其顶部和斜杆。当完成转盘液压系统的检查后，检查发动机舱，发动机舱的渗漏一般是在过滤器底面的螺栓上，看是否有机油或燃油渗漏，散热器的渗漏可能是由软管松懈或散热器损坏造成的。检查完液压油的渗漏后就可以检查油位了。发动机舱的机油必须达到油标尺所要求的位置，如果不够必须增加同一种类的足够的机油。

④ 检查风扇皮带，风扇是控制发动机温度的装置，风扇运转是否正常取决于风扇的皮带，用手感觉一下风扇皮带是否张紧，查看是否有磨损处。

⑤ 检查冷却液位，油位应达到制造厂商所要求的位置，如果需要可再增加一点，当发动机预热的时候，绝对不能打开散热箱的盖子，因为盖子下面有一定的压力，如果打开盖子，散热箱的压力可能会使操作者造成伤害。

⑥ 检查空气过滤系统，先从传感器开始检查起。如果传感器板上已淤结了灰尘或脏物，应清扫一下，先将脏物倒掉，然后再用刷子刷一下，要注意如果传感器是塑料做的，应避免与硬物相撞以防断裂或撞坏，每日清扫清洁器可大大减少空气过滤的阻塞。清扫空气过滤器时先将要清洗的部件取下，用手轻轻拍打几下，不要用硬物敲打，以防损坏部件，也可以用压缩空气来清扫，压缩空气应从上到下，从里往外吹。

⑦ 检查电池，如果电池需要加水的话，给每个电池加上干净的蒸馏水，水位应达到电池板顶部和隔板之间，决不要将水加满超过顶部，检查离开之前应确保电池已安装牢固，同时要检查电池的线夹钳和连接处是否有腐烂和黏结。

⑧ 检查油箱内的沉淀物和淤结物。油箱底下有个油盆专用于清扫该类脏物，把排泄口打开，将沉淀物和淤结物清除掉，像这样的沉淀物如不清洁，将严重损坏发动机系统。在做此工作时，决不允许抽烟和附近有明火。

⑨ 检查液压油位，此项检查可用进油标尺或仪表进行，液压油是平地机的控制和操作用的必需品，和发动机油一样，液压油也需采用同一种类。

2. 预热检查

发动机发动之前，应确保所有控制杆部在空挡上，刹车是锁行的，所有的部件是着地的，开机时先让机体预热 5～10min，天热也应如此，预热是让油压上升，润滑机体的所有部分，并使冷却的油温达到发动机可工作的状态，如果机器使用压缩空气，预热可使机体气

工程机械概论

26

压上升，机器运行时要听一下机体声音。

查看一下这些仪表，确保每项读数都处于正常工作状态，电压表是否在正极，油压是否在安全范围以内，燃油表是否工作，油箱是否加满，油温是否处于安全范围，液压油表或警告指示灯是否显示安全操作的压力。

要做其他项目检查时要确保其他人员要离开机器有一段距离，将配件从地面升起，升起后就可以检查其他操作情况了。将刮板升起，转动转盘，检查移动装置灵活程度和刮板的倾斜程度。

最后一项预热检查是运行一下平地机放下刹车，使机体开动，然后刹车，刹车应感觉到有力。

3. 日常操作检查

具体来说，查听异常声音，观察仪表，同时感觉机体在工作时是否有异常，听一听发动机和机体的声音，异常声音表明平地机有可能会损坏，操作时要注意仪表，仪表显示机体操作时任何变化，如果任何仪表的读数表示处于危险范围之内，应立即停机检查。

4. 关机检查

在关机前，让机体再空转 5min。这样可降低压力减少渗漏，停机后用润滑油枪给机体连接处加润滑脂，适当给机体加润滑脂可以延长平地机的使用寿命，参照操作程序进行正确的加油。加注润滑脂后要给它们打上标记，如果平地机的水泵配有加润滑油的附件，也要给水泵轴加润滑油。

第三章　装　载　机

第一节　装载机概述

装载机是一种广泛用于公路、铁路、矿山、建筑、水电、港口等工程的土方施工机械。它主要用来铲、装、卸、运散装物料（土、砂、石、煤、矿料等），也可对岩石、硬土进行轻度铲掘作业，如图 3-1 所示。

图 3-1　装载机

装载机的工作特点是作业速度快、工作效率高、机动性能好、操作轻便。

一、用途

① 在较长距离的物料转运工作中，与运输车辆配合可以提高工作效率。

② 更换不同的工作装置，可扩大使用范围，完成推土、起重、装卸其他物料或货物。

③ 在公路特别是高等级公路施工中，它主要用于路基工程的填挖，沥青和水泥混凝土料场的集料、装料等作业。

④ 可对岩石、硬土进行轻度铲掘作业，短距离转运工作。

二、分类

装载机按不同的方式有不同的分类方法。

1. 按发动机功率分类

（1）小型装载机：功率小于 74kW。

（2）中型装载机：功率在 74～147kW。

（3）大型装载机：功率在 147~515kW。

（4）特大型装载机：功率大于 515kW。

2. 按传动形式分类

（1）机械传动　机械传动的特点：结构简单、制造容易、成本低、使用维修较容易，传动系冲击振动大，功率利用低，仅在小型装载机采用。目前，机械式装载机已趋于淘汰。

（2）液力机械传动　液力机械传动的特点：传动系冲击振动小、传动件寿命高、车速随外载自动调节、操作方便、减少操作人员疲劳，大中型装载机多采用液力机械传动方式。

（3）液压传动　液压传动的特点：无级调速、操作简单但启动性差，液压元件寿命较短，仅在小型装载机上采用。

（4）电传动　电传动的特点：无级调速、工作可靠、维修简单，设备质量大、费用高，大型装载机上采用。

3. 按行走方式分类

（1）轮胎式装载机　轮胎式装载机的特点是质量轻、速度快、机动灵活、效率高、不易损坏路面、接地比压大、通过性能差、稳定性差、对场地和物料块度有一定要求，应用范围广泛。

轮胎式装载机大多采用铰接式车架，铰接式车架转弯半径小、纵向稳定性好，生产效率高，不但适用于路面作业且可用于井下物料的装载运输作业。

（2）履带式装载机　履带式装载机的特点是接地比压小、通过性好、重心低、稳定性好、附着性能好、牵引力大、比切入力大、速度低、灵活机动性差、制造成本高、行走时易损坏路面、转移场地需托运，用于工程量大、作业点集中、路面条件差的场合。

4. 按装载方式分类

（1）前卸式　前端铲装卸载，结构简单、工作可靠、视野好，适用于各种作业场地。

（2）回转式　工作装置安装在可回转 90°~360°转台上，侧面卸载不需调车，作业效率高，结构复杂、质量大、成本高、侧稳性差，适用于狭小的场地作业。

（3）后卸式　前端装料，后端卸料，作业效率高，作业安全性差，应用不广。

（4）侧卸式　前端装料、侧面卸料，作业效率高，适用于狭小的场地作业。

目前，最常见的装载机是液力机械传动装载机、前卸式、铰接式转向为主。

三、装载机的基本工作过程

单斗装载机的基本工作过程由铲装、转运、卸料和返回四个过程构成，并习惯地称之为一个工作循环。

铲装过程——斗口朝前平放地面，机械前行使斗齿插入料堆，若遇较硬土壤，则机械前行同时收斗，边收斗边升动臂到斗满时斗口朝上为止。

转运过程——斗口向上、铲斗离地 50mm 左右，驶向卸料点。若向自卸车卸料，则在到达自卸车附近时需对准车厢并调整卸料高度。根据卸料高度同时调整卸料高度和对准性。

卸料过程——向前翻斗卸料到运输车上。

返回过程——返回途中调整铲斗位置到铲装开始处，重复上述过程。

四、装载机的型号编制

我国装载机的型号编制如表 3-1 所示。

表 3-1　装载机产品分类和型号编制方法（JB/T 9725—2014）

类		组		型		特性	产品		主参数	
名称	名称	代号	名称	代号	代号	名　　称	代号	名称	单位表示法
铲土运输机械	装载机	Z（装）	履带式	—	—	履带式机械装载机	Z	额定载重量	t×10
					Y（液）	履带式液力机械装载机	ZY		
					Q（全）	履带式全液压装载机	ZQ		
			履带湿地式	—	—	机械湿地式装载机	ZS		
					Y（液）	液力机械湿地式装载机	ZSY		
					Q（全）	全液压湿地式装载机	ZSQ		
			轮胎式	L（轮）	—	轮胎式液力机械式装载机	ZL		
					Q（全）	轮胎式全液压装载机	ZLQ		
			特殊用途	—	LD（轮井）	轮胎式井下装载机	ZLD		
					LM（轮木）	轮胎式木材装载机	ZLM		

例如：ZL50 表示额定装载质量为 5t 的第一代轮式装载机。

第二节　装载机的结构及性能参数

一、概述

装载机是由动力装置、传动系统、转向系统、制动系统、行走装置、工作装置、操纵系统等部分组成的，如图 3-2 所示。

履带式装载机是以专用底盘或工业履带式拖拉机为基础车，机械传动采用液压助力湿式离合器，湿式双向液压操纵转向离合器和正转连杆工作装置。轮胎式装载机为特制的轮胎式基础车，大多采用铰接车架折腰转向方式，也有采用整体式车架，轮距宽、轴距短、偏转后轮或偏转全轮转向方式以实现转弯半径小和提高横向稳定性的目的。

动力装置大多采用水冷却多缸四冲程柴油机。轮胎式装载机普遍采用液力变矩器与动力换挡变速器组合而成的液力机械传动系统。轮胎式装载机的制动系统一般有行车制动和停车制动两套。行车制动系统有气压、液压或气液混合方式进行控制，制动器则多采用盘式，履带式装载机一般只采用一套制动系统。轮胎式装载机转向一般采用液压随动助力转向器。

二、ZL50 装载机传动系统及"三合一"机构

1. 传动系统

ZL50 装载机传动系统及"三合一"机构如图 3-3 所示。

动力传动路线如下：发动机—液力变矩器 1—行星齿轮变速器—齿轮（外蜗齿轮通过单向离合器）—变速器齿轮 8—齿轮 10—前（后接合）—主减速器—差速器（及锁）—轮边行星减速器—驱动轮。

动力反向传递路线如下：齿轮 10—滑套 7 左移—齿轮 6—超越离合器与齿轮 4—3—2—泵轮—发动机。

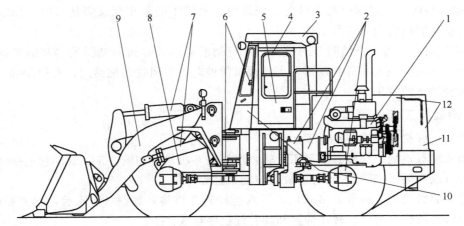

图 3-2　轮式装载机机构简图

1—柴油机；2—传动系统；3—防滚翻与落物保护装置；4—驾驶室；5—空调系统；6—转向系统；

7—液压系统；8—车架；9—工作装置；10—制动系统；11—电子仪表系统；12—覆盖件

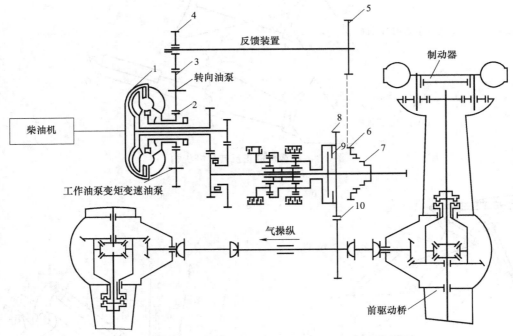

图 3-3　ZL50 装载机传动系统及"三合一"机构

1—液力变矩器；2,3,5,6,8,10—传动系统；4—超越离合器；7—离合器滑套；9—摩擦离合器

2. "三合一" 机构

（1）"三合一" 机构产生的原因　在一些液压、液力机械传动的工程机械中，存在着柴油机熄火后动力不能反向传递，出现液压系统不能正常工作，机械不能拖动启动，转向发生困难等问题。

（2）"三合一" 机构的功能

① 拖启动：通过动力反传实现发动机启动，发动机启动后，由于超越离合器的作用避免了发动机反过来带动车轮出现撞车事故。

② 熄火转向：当发动机在拖启动过程或由于故障不能着车而又需拖行时，能够顺利转向，反传机构能使转向泵正常工作。

③ 排气制动：为在下坡时节约燃料，避免制动器因长时间制动而发热和缩短制动器的使用寿命，该发动机上装有制动器，当装载机滑坡时，关闭发动机油门，利用发动机的排气阻力来实现制动的效果。

3. 装载机工作装置

正反转连杆机构如图 3-4 所示。

轮胎式装载机的工作装置多采用反转六连杆转斗机构，如图 3-5 所示，它包括铲斗、动臂、连杆（或托架）、摇臂、动臂油缸及转动油缸等。

履带式装载机的工作装置多采用正转八连杆转斗机构，如图 3-6 所示，它主要由铲斗、动臂、摇臂、拉杆、弯臂、转斗油缸和动臂油缸等组成。

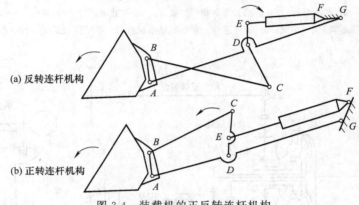

图 3-4 装载机的正反转连杆机构

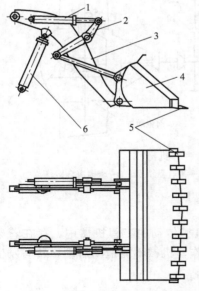

图 3-5 ZL50 型装载机工作装置
1—转斗油缸；2—摇臂；3—动臂；
4—铲斗；5—斗齿；6—动臂油缸

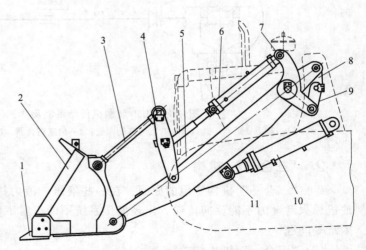

图 3-6 履带式装载机工作装置
1—斗齿；2—铲斗；3—拉杆；4—摇臂；5—动臂；6—转斗油缸；
7—弯臂；8—销臂装置；9—连接板；10—动臂油缸；11—销轴

（1）铲斗　各种装载机的铲斗结构基本相似，主要由斗底、后斗壁、侧板、加强板、主刀板和斗齿组成。

如图 3-7 所示，斗体用低碳、耐磨、高强度钢板弯成弧形焊接而成。为了加强斗体的刚度，铲斗背面上方焊有角钢，经常与物料接触的斗底外壁焊有加强板，并在斗底内壁与侧板的连接处焊有加强板，斗底前缘和侧壁上焊有主刀板和侧刀板，均为高强度耐磨材料制成。为了减小铲掘阻力和延长刀板的使用寿命，在主刀板上用螺钉装有可更换的斗齿。铲斗背面焊有上、下支撑板，其上销孔分别与连杆和动臂铰接。上、下限位块用来限制铲斗上转和下转的极限位置。铲斗上方的挡板和加强板用于防止铲斗高举时斗内物料散落。铲斗的其他结构形式如图 3-8 所示。

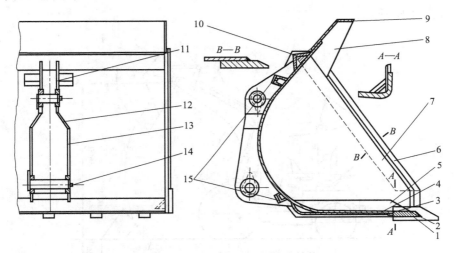

图 3-7　ZL50 型装载机的铲斗结构

1—斗齿；2—主刀板；3,5,8—加强板；4—斗壁；6—侧刀板；7—侧板；
9—挡板；10—角钢；11—上支撑板；12—连接板；13—下支撑板；14—销轴；15—限位块

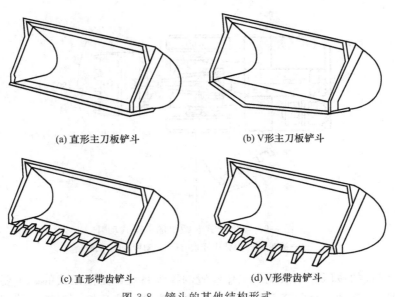

(a) 直形主刀板铲斗　　　　　　(b) V形主刀板铲斗

(c) 直形带齿铲斗　　　　　　(d) V形带齿铲斗

图 3-8　铲斗的其他结构形式

（2）动臂和连杆机构　动臂用来安装铲斗并使铲斗实现铲装、升降等动作。动臂的类型有单梁式、双梁式（ZL50）和臂架式。

① 单梁式动臂是由钢板焊成的整体箱形断面结构，其下端铰装在座架上，上端铰装着铲斗。铲斗的倾翻和收起是通过一组摇臂连杆机构来完成的。如图 3-9 所示。

② 双梁式动臂是动臂的两根梁是用钢板焊成的箱形断面结构，两梁之间焊有横梁，从而增强了整个结构的刚度。铲斗的倾翻和收起也是由工作油缸通过装在动臂上的摇臂-连杆机构来完成的。铲斗的倾翻支点直接与动臂端部的耳座相铰接。

③ 臂架式动臂的上下动臂均由后钢板制成并分别焊有横梁。上、下动臂的端部分别铰接在斗架的对应耳座上，共同组成一个平行四边形臂架，使得铲斗升降时斗口始终保持一定的角度。如图 3-10 所示。

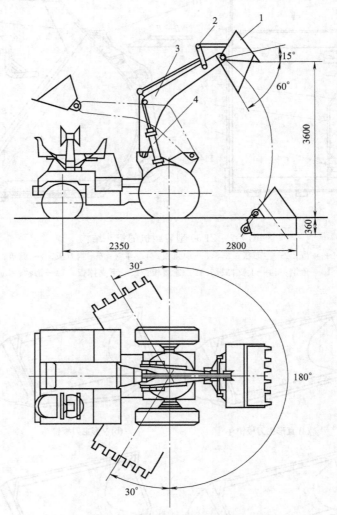

图 3-9　半回转式装载机的单梁式动臂
1—铲斗；2—摇臂连杆系统；3—动臂；4—油缸

（3）工作装置的液压操纵系统　工作装置的操纵系统都是液压式的。主要是控制动臂上升、下降、固定、浮动四个状态，转斗油缸操纵阀必须具有后倾、保持和前倾三个位置。以

ZL50 型装载机工作装置的液压系统为例讲解。如图 3-11 所示。

ZL50 型装载机工作装置液压系统简介如下。

① 油箱 5 是工作装置与转向系统共用的，装有滤清器。

② 油泵（主泵 2 与辅助泵 1）采用双联齿轮泵，固定在变速器箱体上，由柴油机直接驱动。

③ 操纵阀是由转斗滑阀 3 和动臂滑阀 11 所组成的双联滑阀，阀内设有安全阀 4，当液压油压力超过 15MPa 时安全阀打开，以保证系统安全。

转斗滑阀 3 是三位六通阀，在转斗油缸小腔与回油路之间并联一个单向安全补油阀 10，铲斗上转时，补油阀 10 中的安全阀限制其最高压力，当铲斗下转时止回阀又起到补油的作用。

动臂滑阀 11 是四位六通阀，有动臂提升、下降、固定和浮动四种状态。它主要依靠泵 2 为其供油，当转向系统不工作时，泵 1 自动与泵 2 合流为动臂和转斗供油。

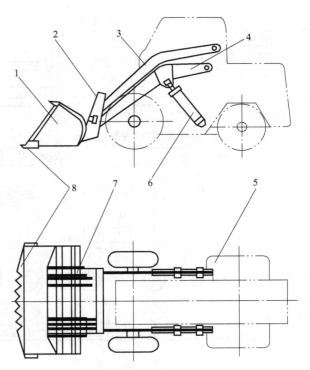

图 3-10　装载机的臂架式动臂

1—铲斗；2—斗架；3,4—上下动臂；5—基础车；6—动臂油缸；7—铲斗油缸；8—斗齿

④ 流量转换阀 18 的作用是当装载机不转向时，由于阀 13 的进口油压较低，使泵 17 出口与阀 13 入口的压差增大，阀 18 处于左位，泵 1 自动与泵 2 合流为工作装置供油；当转向装置阻力不大时，阀 18 处于中位，此时，泵 1 根据转向阻力和工作装置液压系统阻力的大小自动决定向阻力小的一侧供油；当转向阻力增大，阀 13 的进口油压升高，泵 17 出口与阀 13 入口的压力差减小，此时阀 18 处于右位，强制使泵 1 与泵 17 合流为转向系统供油。

⑤ 为了提高作业效率和保护机件，在液压系统中装有滑阀自动复位装置（储气筒 7、电磁开关 8 等），以实现作业中铲斗自动放平，动臂提升与下降的自动限位。

三、装载机技术性能参数

1. 装载机自重

装载机的自重通常指由装载机本身的制造装配质量以及发动机的冷却液、燃料油、润滑油、液压系统用油、随车必备工具、操作人员体重等质量因素引起的重力。

2. 装载机额定装载质量

装载机额定装载质量是在保证装载机必要的稳定性能前提下的最大载重能力，单位为千牛（kN）。

3. 装载机铲斗容量

装载机铲斗容量分为两种：一种称为额定容量，是指铲斗四周均以 1/2 坡度堆积物料

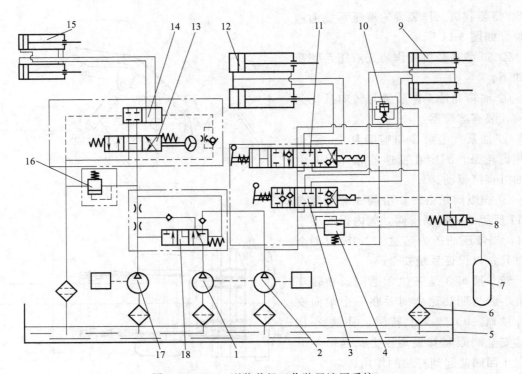

图 3-11　ZL50 型装载机工作装置液压系统

1—辅助泵；2—主泵；3—转斗滑阀；4,16—安全阀；5—油箱；6—滤油器；7—储气筒；
8—电磁开关；9—转斗油缸；10—单向安全补油阀；11—动臂滑阀；12—动臂油缸；
13,14—转向阀；15—转向油缸；17—转向油泵；18—流量转换阀

时，由物料破面与铲斗内廓所形成的容积；另一种称为平装容量，是指铲斗的平装容积。通常所说的铲斗容量是指其额定容量。

4. 发动机功率

发动机功率是表明装载机作业能力的一项重要参数。装载机发动机应选择专门为其设计的工程用柴油机。考虑到装载机的工作状况，通常发动机的功率按 12h 标定。

5. 最大牵引力

最大牵引力是指装载机驱动轮缘上所产生的推动车轮前进的作用力。

6. 最大插入力

最大插入力是装载机插入料堆时在铲斗斗刃上产生的作用力，其值取决于牵引力，牵引力越大，插入力也越大。在平地匀速运动不考虑空气阻力时，插入力等于牵引力减去滚动阻力。

7. 掘起力

装载机掘起力是指铲斗绕着某一规定铰接点回转时，作用在铲斗切削刃后面 10cm 处的最大垂直向上的力（对于非直线形斗刃的铲斗，掘起力是指其斗刃最前面一点后 10cm 处的位置）。

8. 最大卸载高度和铲斗最大举升高度

最大卸载高度是指动臂在最大举升高度、铲斗斗底与水平面呈 45°角卸载时，其斗刃最

低点距离地面的高度，露天装载机的卸载高度可以根据配用车辆车厢高度确定。

铲斗最大举升高度是指铲斗举升到最高位置卸载时，铲斗后壁挡板顶部运动轨迹最高点到地面的距离。

9. 铲斗最大卸载高度时的卸载距离

铲斗最大卸载高度时的卸载距离是指铲斗在最大卸载高度时，铲斗斗刃到装载机本体最前面一点（包括轮胎或车架）之间的水平距离。这个距离小于铲斗处于非最高位置卸载时的卸载距离，所以也简称为最小卸载距离。

10. 铲斗的卸载角与后倾角

铲斗被举升到最大高度卸载时，铲斗底板与水平面间的夹角为卸载角。在任何举升高度时，卸载角都应大于45°，这样才能保证铲斗在任何举升高度都能卸净物料。

装载机处于运输工况时，铲斗底板与水平面间的夹角称为后倾角。后倾角过小，不但影响铲斗的装满程度，而且使铲斗举升初期物料向前撒落，易造成设备事故，一般后倾角取40°～46°，铲斗举升过程中允许后倾角在15°以内变动。

11. 最大行驶速度

最大行驶速度是指前进和后退的最大速度，它影响装载机的生产效率和安排施工方案。

12. 最小转弯半径

最小转弯半径是指自后轮外倾或铲斗外倾所构成的弧线到回转中心的距离。

13. 最小离地间隙

装载机最小离地间隙是指通过性的一个指标，它表示装载机无碰撞地越过石块、树桩等障碍的能力。一般离地间隙为30～40cm。

14. 轴距和轮距

装载机轴距是指前后桥中心线的距离。轴距的大小影响装载机的纵向稳定性、转弯半径和整机质量，要适当选择。

轮距是指两侧轮胎中线之间的距离，大部分装载机前后桥采用相同的轮距及同类轮胎。轮距影响装载机的横向稳定性、转弯半径和单位长度斗刃上的插入能力。

不同品牌、不同规格装载机的具体技术参数应查阅生产厂家提供的技术手册。

第三节　装载机的作业方式

一、装载机生产作业

1. 装载作业

装载作业是装载机与自卸汽车配合来完成物料的搬运作业，即利用装载机铲装起物料后，转运到自卸车旁，把物料卸载到自卸车车厢内。装载机的装载作业方式是根据场地大小、物料堆积情况和装载机的卸料形式而确定的。因此，选择正确的铲装、转运等作业方式，可提高装载机的作业效率和经济效率。

装载机进行铲装作业时，应使铲斗缓慢切入料堆，边提升动臂边上翻铲斗，直到装满物料。

2. 铲运作业

铲运作业是指铲斗装满物料并转运到较远的地方卸载的作业过程，通常在运距不超过500m，用其他运输车辆不经济或不适于车辆运输时采用。

运料时的行驶速度应根据运距和路面条件决定。运距较长而地面有比较平整时，可用中速行驶，以提高作业效率。铲斗越过土坡时要低速缓行。上坡时适当踩下加速踏板。当到达坡顶、重心开始转移时，适当放松加速踏板，使装载机缓慢通过以减少颠簸振动。

3. 铲掘作业

铲掘作业是指装载机铲斗直接开挖未经疏松的土体或路面的作业过程。铲掘路面或有砂、卵石夹杂物的场地时，应先将动臂略微升起，使铲斗前倾 $10°\sim15°$，然后一边前进一边下降动臂，使斗齿尖着地。这时，前轮可能浮起，但仍可继续前进，同时及时上转铲斗使物料装满。

4. 推运作业

推运作业是将铲斗前面的土堆或物料直接推运到前方的卸载点。推运时动臂下降使铲斗平贴地面，柴油机中速运转向前推进。装载机推运作业时根据阻力大小控制加速踏板，调整动臂的高度和铲斗的切入角度，低速直线行驶。

5. 刮平作业

刮平作业是指装载机后退时，利用铲斗将路面刮平的作业方法。作业时将铲斗前倾到底，使刀板或斗齿触及到地面。刮平硬质地面时应将动臂操纵杆放在浮动位置。刮平软质地面时应将动臂操纵杆放在中间位置，用铲斗将地面刮平。

为了进一步平整，还可以将铲斗内装上松散土壤，使铲斗稍前倾放置于地面，倒车时缓慢蛇行，边行走边铺土压实，以便对刮平后的地面再进行补土压实。

6. 牵引作业

装载机可以配置装载质量适当的托平车进行牵引运输。运输时装载机工作装置置于运输状态，被牵引的拖平车要有良好的制动性能。此外，装载机还可以完成起重作业。

二、装载机的施工作业方法

1. "I"型作业法

"I"型作业法就是自卸汽车平行于工作面适时地做往复前进和后退，而装载机则穿梭地垂直于工作面做前进和后退，这种作业方法也称为穿梭作业法。如图 3-12 所示。

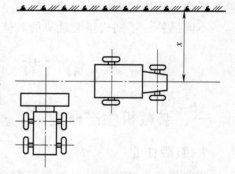

图 3-12 装载机 "I" 型作业法

2. "V"型作业法

"V"型作业法就是车辆不动，装载机前后转弯运行完成铲装。作业循环时间短，但装载机转向频繁，要求地面坚实。这种作业方法适用于轮式装载机。如图 3-13 所示。

3. "L"型作业法

"L"型作业法就是自卸卡车垂直于工作面，装载机铲装物料后倒退调转 $90°$，然后向前驶向自卸卡车卸载，空载的装载机后退并调转 90°，然后向前驶向料堆进行下次铲装。这种作业方法在运距较小而作业场合比较宽广时，装载机可同时与两台自卸汽车配合工作。如图 3-14 所示。

4. "T" 型作业法

"T" 型作业法就是自卸汽车平行于工作面，但距离工作面较远，装载机铲装物料后倒退并调转 90°，然后在向相反方向调转 90°驶向自卸汽车卸料。如图 3-15 所示。

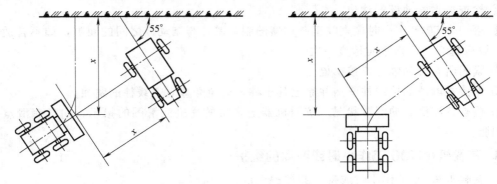

图 3-13　装载机 "V" 型作业法

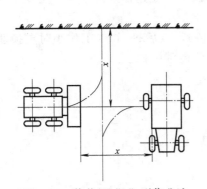

图 3-14　装载机 "L" 型作业法

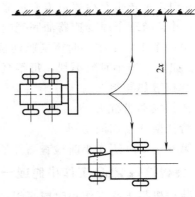

图 3-15　装载机 "T" 型作业法

第四节　装载机维护保养

1. 装载机每 10 工作小时或每天的维护

① 检查发动机的油位。

② 检查冷却液液位。

③ 检查液压油油位。

④ 检查燃油油位，排除燃油预滤器及发动机上的燃油粗滤器中的水和杂质。

⑤ 围绕装载机目测检查各系统有无异常情况（比如泄漏）。目测检查发动机风扇和驱动带。

⑥ 检查灯光及仪表的工作状况。

⑦ 检查轮胎气压及损坏情况。

⑧ 检查后退报警器工作状况。

⑨ 按照机器上张贴的整机润滑图的指示向各传动轴加注润滑脂。

⑩ 向外拉动储气罐下方的手动放水阀的拉环，给储气罐排水。

2. 装载机每 50 工作小时或每周的维护

① 装载机每 10 工作小时或每天的维护项目。

② 检查变速器油位。

③ 检查加力器油杯的油位。

④ 第一个 50 工作小时检查驻车制动器的制动蹄片与制动鼓之间的间隙，如不合适进行调整，以后每 250 工作小时检查一次。

⑤ 紧固所有传动轴的连接螺栓。

⑥ 保持蓄电池的接线柱清洁并涂上凡士林，避免酸雾对接线柱的腐蚀。

⑦ 检查各润滑点的润滑状况，按照机器上张贴的整机润滑图的指示，向各润滑点加注润滑油脂。

3. 装载机每 100 工作小时或两周的维护

① 装载机每 50 工作小时或每天的维护项目。

② 第一个 100 工作小时更换变速器油，以后每 1000 工作小时更换变速器油。如果工作小时数不到，每年也至少要更换变速器油一次。在每次更换变速器油的同时，更换变速器油精滤器，并且清理干净变速器油底壳内的粗滤器。

③ 第一个 100 工作小时更换驱动桥齿轮油（ZF 桥），以后每 1000 工作小时更换驱动桥齿轮油。如果工作小时数不到，每年至少更换驱动桥齿轮油一次。

④ 清扫散热器组。

⑤ 清扫发动机缸头。

⑥ 清洗柴油箱加油滤网。

⑦ 第一个 100 工作小时检查蓄能器氮气预充压力。

4. 装载机每 250 工作小时或一个月的维护

① 装载机每 100 工作小时或每天的维护项目。

② 检查轮毂固定螺栓的拧紧力矩。

③ 检查变速器和发动机安装螺栓的拧紧力矩。

④ 检查工作装置、前后车架各受力焊缝及固定螺栓是否有裂纹及松动。

⑤ 检查前后桥油位。

⑥ 目测检查空气滤清器指示器，如果指示器的黄色活塞升到红色区域，应清洁或更换空气滤清器滤芯。

⑦ 检查发动机的进气系统。

⑧ 更换发动机和机油滤清器。

⑨ 更换发动机冷却液滤清器。

⑩ 第一个 250 工作小时清理液压系统回油过滤器滤芯。以后每 1000 工作小时更换液压系统回油过滤器滤芯。

⑪ 检查发动机驱动带、空调压缩机传动带张力及损坏情况。

⑫ 检测行车制动能力及驻车制动能力。

⑬ 第一个 250 工作小时检查蓄能器氮气预充压力。

5. 装载机每 500 工作小时或三个月的维护

① 装载机每 250 工作小时或每天的维护项目。

② 检查防冻液浓度和冷却液添加剂浓度。

③ 更换燃油预滤器和发动机上的燃油粗滤器、精滤器。

④ 紧固前后桥与车架连接螺栓。

⑤ 检查车架铰接销的固定螺栓是否松动。

⑥ 第一个 500 工作小时更换驱动桥齿轮油，以后每 1000 工作小时更换驱动桥齿轮油。如果工作小时数不到，每年也至少要更换驱动桥齿轮油一次。

⑦ 第一个 500 工作小时检查蓄能器氮气预充压力。

6. 装载机每 1000 工作小时或六个月的维护

① 装载机每 500 工作小时或每天的维护项目。

② 调整发动机气门间隙。

③ 检查发动机的张紧轮轴承和风扇轴壳。

④ 更换变速器油；更换变速器滤油器，并清理干净变速器油底壳内的过滤器。

⑤ 更换驱动桥齿轮油。

⑥ 更换液压系统回油过滤器滤芯。

⑦ 清洗燃油箱。

⑧ 拧紧所有蓄电池固定螺栓，清洁蓄电池顶部。

⑨ 第一个 1000 工作小时检查蓄能器氮气预充压力。

7. 装载机每 2000 工作小时或每年的维护

① 装载机每 1000 工作小时或每天的维护项目。

② 检查发动机的减振器。

③ 更换冷却液、冷却液滤清器，清洗冷却系统。如果工作小时数不到，至少每两年更换一次冷却液。

④ 更换液压油，清洗油箱，检查吸油管。

⑤ 检查行车制动系统及驻车制动系统工作情况，必要时拆卸检查摩擦片磨损情况。

⑥ 通过测量油缸的自然沉降量，检查分配阀及工作油缸的密封性。

⑦ 检查转向系统的灵活性。

⑧ 第一个 2000 工作小时检查蓄能器氮气预充压力。工作小时数满 2000 以后，每 2000 工作小时检查一次。

第四章 挖 掘 机

第一节 概 述

一、用途

挖掘机在建筑、筑路、水利、电力、采矿、石油、天然气和国防建设等施工中被广泛使用，其主要用途为：在建筑工程中开挖建筑物基坑，拆除旧建筑物等；在筑路工程中开挖路堑，填筑路堤，完成桥梁基坑、城市道路两侧的各种管道沟（下水管道沟、煤气、天然气、通信、电力管道沟等）的开挖作业；在水利工程中开挖沟渠、河道，在露天采矿工程中进行剥离表土和矿物的挖装作业。

挖掘机是土石方工程施工中的主力机械，具有挖掘效率高、产量大的特点，挖掘机一般与自卸汽车配合作业，可完成土方工作总量约 70％的工程量。同时，挖掘机又是一种多功能作业机械，发动机动力通过机械或液压传动系统传递，控制工作装置动作，通过更换工作装置挖掘机还可进行浇筑、起重、捣固、平整、打桩、夯土和拔桩等工作。

挖掘机按作业特点分为周期性作业式和连续性作业式两种，前者为单斗挖掘机，后者为多斗挖掘机，由于筑路工程相对土方量小且不集中，故基本上都是采用单斗挖掘机，如图4-1 所示。

二、分类及表示方法

单斗挖掘机可以按以下方式进行分类。

① 按动力装置分为电驱动式、内燃机驱动式、复合驱动式等；

② 按传动装置分为机械传动式、半液压传动式、全液压传动式；

③ 按行走机构分为履带式、轮胎式、汽车式；

④ 按工作装置在水平面可回转的范围分为全回转式（360°）和非全回转式（270°）。

挖掘机的类代号用字母 W 表示，主参数为整机的机重。如 WLY 表示轮胎式液压挖掘机，WY100 表示机重为 10t 的履带式液压挖掘机。不同厂家，挖掘机的代号表示方法各不相同。

第二节　单斗液压挖掘机构造

挖掘机主要由发动机、机架、传动系统、行走装置、工作装置、回转装置、操纵控制系统和驾驶室等部分组成。

机架是整机的骨架，它支承在行走装置上。除行走装置外，发动机、变速器和工作装置等零部件均安装在机架上。传动系统将发动机的动力传递给工作装置、回转机构和行走装置，工作装置可以根据施工要求和作业对象的不同进行更换。

现代挖掘机主要采用液压传动传递动力。单斗液压挖掘机液压系统由液压泵、液压马达、液压油缸、控制阀以及液压管路等液压元件组成。

图 4-2 所示为单斗液压挖掘机的总体结构，工作装置主要由动臂 8、斗杆 4、铲斗 1、连杆 2、摇杆 3、动臂油缸 7、斗杆油缸 6 和

图 4-1　履带式挖掘机

铲斗油缸 5 等组成。各构件之间的连接以及工作装置与回转平台的连接全部采用铰接，通过三个油缸的伸缩配合，实现挖掘机的挖掘、提升和卸土等作业过程。

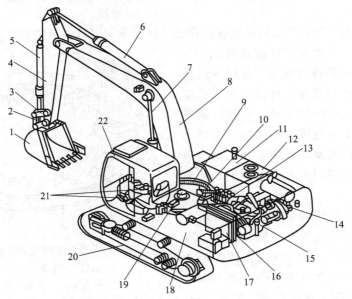

图 4-2　单斗液压挖掘机的总体结构

1—铲斗；2—连杆；3—摇杆；4—斗杆；5—铲斗油缸；6—斗杆油缸；7—动臂油缸；8—动臂；9—回转支承；10—回转驱动装置；11—燃油箱；12—液压油箱；13—控制阀；14—液压泵；15—发动机；16—水箱；17—液压油冷却器；18—回转平台；19—中央回转接头；20—行走装置；21—操作系统；22—驾驶室

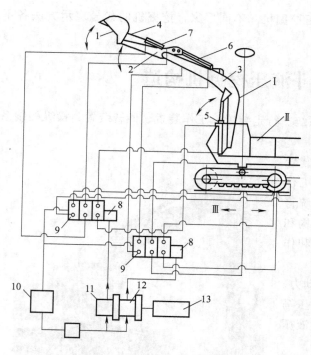

一、传动系统

图 4-3 为一种单斗全液压挖掘机液压传动示意图。柴油机驱动两个油泵 11、12，把压力油输送到两个分配阀中。操纵分配阀将压力油再送往有关液压执行元件，这样就可驱动相应的机构工作，完成所需要的动作。

二、回转装置

回转平台是液压挖掘机重要组成部分之一。在转台上安装有发动机、液压系统、操纵系统和驾驶室等，另外还有回转装置。回转平台中间装有多路中心回转接头，可将液压油传至底座上的行走液压马达、推土板液压缸等执行元件上。

图 4-4 为液压挖掘机的回转装置示意图。工作装置铰接在平台的前端。回转平台通过回转支承与行走装置相连，回转驱动装置使平台相对于行走装置作回转运动，并带动工作装置绕其回转中心转动。

图 4-3 单斗全液压挖掘机液压传动示意图

1—铲斗；2—斗杆；3—动臂；4—连杆；5~7—液压油缸；8—安全阀，9—分配阀；10—油箱；11,12—油泵；13—发动机；Ⅰ—挖掘装置；Ⅱ—回转装置；Ⅲ—行走装置

挖掘机回转支承的主要结构形式有转柱式回转支承和滚动轴承式回转支承两种。滚动轴承式回转支承是一个大直径的滚动轴承，与普通轴承相比，它的转速很慢，常用的结构形式有单排滚球式和双排滚球式两种。单排滚球式回转支承主要由内圈、外圈、隔离体、滚动体和上下密封装置等组成。钢球之间由滚动体隔开，内圈或外圈被加工成内齿圈或外齿圈。内齿圈固定在行走架上，外圈与回转平台固连。

回转驱动装置与回转平台固连，一般由回转液压马达、行星减速器和回转驱动小齿轮等组成。通过驱动小齿轮与内齿圈的啮合传动，回转驱动装置在自转的同时绕内齿圈作公转运动，从而带动平台作 360° 转动。

转柱式回转支承的结构中回转体与支承轴组成转柱，插入轴承座的轴承中。轴承座用螺栓固定在机架上。摆动油缸的外壳也固定在机架上，它的输出轴插入下轴承中。驱动回转体相对于机架转动。工作装置铰接在回转体

图 4-4 液压挖掘机回转装置示意图

1—回转驱动装置；2—回转支承；
3—外圈；4—内圈，5—钢球；
6—隔离体，7—上下密封圈

上，随回转体一起回转，回转角度不大于 180°。

三、行走装置

行走装置是挖掘机的支承部分，它承载整机重量和工作载荷并完成行走任务，一般有履带式和轮胎式两种，常用的是履带式行走底盘。单斗液压挖掘机的履带式行走装置都采用液压传动，且基本构造大致相同。图 4-5 所示是目前挖掘机履带式行走装置的一种典型形式。

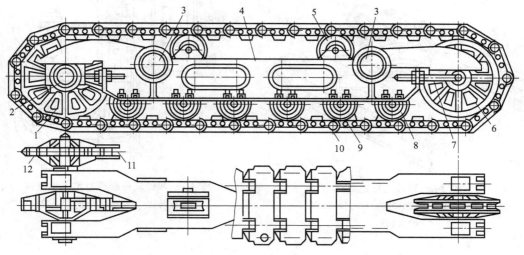

图 4-5　履带式行走装置

1—驱动轮；2—驱动轮轴；3—下支承架轴；4—履带架；5—托链轮；6—引导轮；7—张紧螺杆；
8—支重轮；9—履带；10—履带销；11—链条；10—链轮

1. 履带式行走装置的构造

履带式行走装置主要由行走架、中心回转接头、行走驱动装置、驱动轮、引导轮和履带及张紧装置等组成。行走架（如图 4-6 所示）由 X 形底架、履带架和回转支承底座组成。压力油经多路换向阀和中央回转接头进入行走液压马达。通过减速箱把马达输出的动力传给驱动轮。驱动轮沿着履带铺设的轨道滚动，驱动整台机器前进或后退。

驱动轮大都采用整体铸件，其作用是把动力传给履带，要求能与履带正确啮合，传动平稳，并要求当履带因连接销套磨损而伸长后仍能保证可靠地传递动力。

引导轮用来引导履带正确绕转，防止跑偏和脱轨。每条履带设有张紧装置，调整履带保持一定的张紧度，现代液压挖掘机都采用液压张紧装置。

行走驱动多数采用高速小扭矩马达或低速大扭矩液压马达驱动，左右两条履带分别由两个液压马达驱动，独立传动。图 4-7 所示为液压挖掘机的行走驱动机构，它有双速液压马达经一级正齿轮减速，带动驱动链轮。

当两个液压马达旋转方向相同，履带直线行驶时，如一侧液压马达转动，并同时制动另一侧马达，则挖掘机绕制动履带的接地中心转向；若使左、右两液压马达以相反方向转动，则挖掘机可实现绕整机接地中心原地转向。

2. 轮胎式行走装置的构造

轮胎式液压行走装置如图 4-8 所示。行走液压马达直接与变速器相连接（变速器安装在底盘上），动力通过变速器由传动轴输出给前后驱动桥，或再经轮边减速器驱动车轮。

　　轮胎式单斗液压挖掘机的行走速度不高，其后桥常采用刚性连接，结构简单。前桥轴可以悬挂摆动。

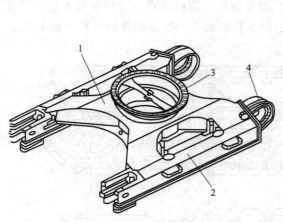

图 4-6　履带式行走架

1—X 形底架；2—履带架；3—回转支承
底座；4—驱动装置固定座

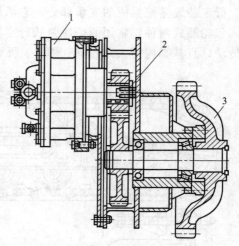

图 4-7　履带式挖掘机行走驱动机构

1—液压马达；2—减速齿轮；3—链轮

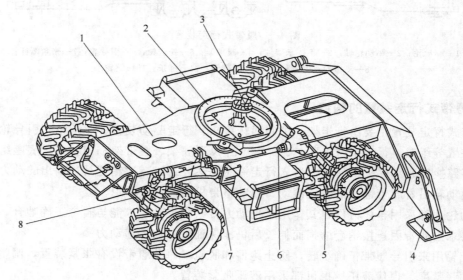

图 4-8　轮胎式液压行走装置

1—车架；2—回转支承；3—中央回转接头；4—支腿；5—后桥；
6—传动轴；7—液压马达及变速器；8—前桥

四、工作装置

　　液压挖掘机的工作装置最常用的是反铲和正铲，也可以更换抓斗和拉铲工作装置。

1. 反铲工作装置

　　图 4-9 为反铲工作装置。工作装置主要由动臂、斗杆、连杆和铲斗组成，分别由动臂油

缸、斗杆油缸和铲斗油缸驱动，完成挖掘、回转等作业过程。三个液压油缸配合工作可以使铲斗在不同的位置挖掘，组合成许多铲斗挖掘位置。动臂和斗杆是工作装置的主要构件，由高强度钢板焊接而成，多采用整体式结构，等强度设计。另外，工作装置的结构决定了挖掘机的工作尺寸，并影响整机的工作性能和稳定性。

铲斗的结构如图 4-10 所示，它的形状和大小与作业对象有很大关系，在同一台挖掘机上可以配装不同形式的铲斗。常用的反铲斗的斗齿结构普遍采用橡胶卡销式和螺栓连接式。

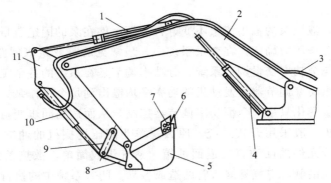

图 4-9 液压反铲工作装置

1—斗杆油缸；2—动臂；3—液压管路；4—动臂油缸；5—铲斗；6—斗齿；
7—切齿；8—连杆；9—摇杆；10—铲斗油缸；11—斗杆

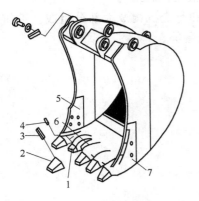

图 4-10 反铲铲斗

1—齿座；2—斗齿；3—橡胶卡销；
4—卡销；5～7—斗齿板

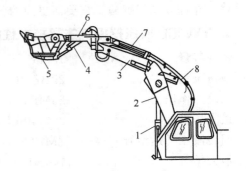

图 4-11 正铲机构

1—动臂油缸；2—动臂；3—加长臂；4—斗底油缸；
5—铲斗；6—斗杆；7—斗杆油缸；8—液压软管

2. 正铲工作装置

单斗液压挖掘机的正铲如图 4-11 所示，主要由动臂 2、动臂油缸 1、铲斗 5、斗底油缸 4 等组成。铲斗的斗底利用液压缸来开启，斗杆 6 铰接在动臂的顶端，由双作用的斗杆油缸 7 使其转动。斗杆油缸的一端铰接在动臂上，另一端铰接在斗杆上。其铰接形式有两种：一种是铰接在斗杆的前端；另一种是铰接在斗杆的尾端。其铲斗的结构与反铲挖掘机的相似。为了换装方便，正反铲斗常做成通用的。

五、液压控制系统

单斗液压挖掘机的传动系统将柴油机的动力传递给工作装置、回转装置和行走装置等机构进行工作，它的多种动作都是由各种不同液压元件所组成的液压传动系统来实现的。

液压传动系统常按主泵的数量、功率、调节方式和回路的数量来分类。单斗液压挖掘机上的液压控制系统一般有单泵或双泵单回路定量系统、双泵双回路定量系统、双泵双回路分功率调节变量系统和双泵双路全功率调节变量系统等形式，按油液循环方式的不同还可分为开式系统和闭式系统。

在定量系统中，液压泵的输出流量不变，各液压元件在泵的固定流量下工作，泵的功率按固定流量和最大工作压力确定。在变量系统中，最常见的是双泵双回路恒功率变量系统，可分为分功率变量与全功率变量调节系统。分功率调节是在系统的各个工作回路上分别装一台恒功率变量泵和恒功率调节器，发动机的功率平均输出到每个工作泵。全功率调节是控制系统中所有泵的流量变化只用一个恒功率调节器控制，从而达到同步变量。

单斗液压挖掘机一般采用开式系统，原因是单斗液压挖掘机的油缸工作频繁，发热量大。该系统的各执行元件的回油直接返回油箱，系统组成简单，散热条件好，但油箱容量大，低压油路与空气接触，空气易渗入管路造成振动。闭式系统中的执行元件的回油直接返回油泵，该系统结构紧凑，油箱小，进回油路都有一定的压力，空气不易进入管路，运转比较平稳，避免了换向时的冲击，但系统较复杂，散热条件差，一般应用在液压挖掘机回转机构等局部系统中。

下面以 YW160 液压挖掘机为例简要介绍挖掘机液压控制系统。

YW160 单斗液压挖掘机由工作装置、回转机构和行走机构 3 大部分组成。工作装置包括动臂、斗杆以及根据施工需要而更换的各种换装设备等。

1. YW160 液压挖掘机主要技术性能参数

铲斗容量	1.6m³
液压泵型号	2ZBZ140
系统工作压力	28MPa
最大排量	2×140mL/r
回转液压马达型号	ZM732
最大排量	140mL/r
行走液压马达型号	ZM732
最大排量	2×140mL/r

2. 系统特点

YW160 挖掘机液压系统为双泵双回路总功率变量系统（如图 4-12 所示）。双泵有各自的调节器，两调节器之间采用液压联系，液压泵工作时始终保持两台泵的摆角相等，输出流量也就相等。

液压泵 A（P_A）输出的压力油通过多路换向阀组 Ⅰ 供给斗杆缸、回转马达和左行走马达外，还通过合流阀 18 向动臂或铲斗缸供油，以加快起升或挖掘速度。液压泵 B（P_B）输出的压力油通过多路换向阀组 Ⅱ 供给右行走马达、动臂缸、铲斗缸和开斗缸。

YW160 挖掘机液压系统具有以下特点。

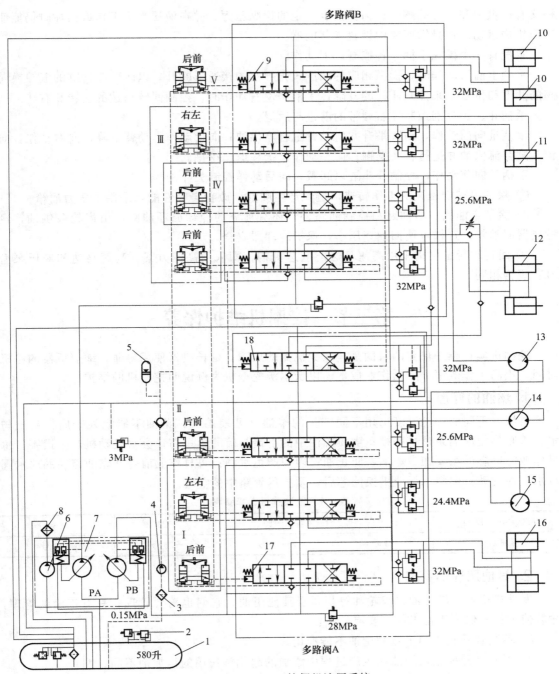

图 4-12　YW160 挖掘机液压系统

1—压力油箱；2—限压阀；3—滤油器；4—操纵齿轮泵；5—蓄能器；6—冷却齿轮泵；7—双联泵（PA、PB）；
8—散热器；9,17—液控多换向阀；10—开斗缸；11—铲斗缸；12—动臂缸；13,14—行走马达；
15—回转马达；16—斗杆缸；18—合流阀；Ⅰ、Ⅱ、Ⅲ、Ⅳ、Ⅴ—先导阀操纵阀（多路换向阀）

① 多路换向阀采用手动减压阀式先导阀操纵。手动减压阀式先导阀的控制油路由齿轮泵 4 单独供油，组成操纵回路。操纵先导阀手柄和不同方向和位置，可使其输出压力在 0～3MPa 压力范围内变化，以控制液控多路阀的开度和换向，使驾驶员在操纵先导阀时，既轻

松又有操纵力和位置的感觉。为保证有一定的操纵压力，并在液压泵不工作或损坏时仍能使工作机构运动。在操纵回路中设置了蓄能器。

本机有 5 个操纵手柄，各控制以下动作。

手柄 Ⅰ 前后动作时，操纵相应的减压式先导阀的接通或断开，以改变斗杆缸的液控换向阀的开度和位置，来控制斗杆的升降；手柄 Ⅰ 左右动作时，控制回转马达的左转和右转。

手柄 Ⅱ、Ⅳ 分别控制左右履带的前进与后退。

手柄 Ⅲ 向前动作，动臂举升并向动臂缸合流供油；向后动作，动臂下降；向右动作，向铲斗缸合流供油并进行转斗挖掘；向左动作，铲斗退出挖掘。

手柄 Ⅴ 向前动作，控制开斗缸以卸载，向后动作控制关斗。

② 除了提高液压泵的工作转速，避免产生吸空，改善自吸性能，采用了压力油箱。

③ 除了主油路、泄油路和控制油路外，还有独立的冷却循环油路，由齿轮泵供油，经散热器回油箱。这样可使回油背压小，保护冷却器安全。

④ 回转和行走机构采用高速马达配减速机构，即采用高速方案。高速马达和液压泵型号、规格相同。

第三节　挖掘机维护保养

挖掘机实行维护保养的目的是：减少机器的故障，延长机器使用寿命；缩短机器的停机时间；提高工作效率，降低作业成本。以沃尔沃挖掘机为例说明挖掘机的维护

1. 燃油的管理

要根据不同的环境温度选用不同牌号的柴油（见表 4-1）；柴油不能混入杂质、灰土与水，否则将使燃油泵过早磨损；劣质燃油中的石蜡与硫的含量高，会对发动机产生损害；每日作业完后燃油箱要加满燃油，防止油箱内壁产生水滴；每日作业前打开燃油箱底的放水阀放水；在发动机燃料用尽或更换滤芯后，须排尽管路中的空气。

表 4-1　柴油牌号选择参考

最低环境温度/℃	0	-10	-20	-30
柴油牌号	0 号	-10 号	-20 号	-35 号

2. 其他用油的管理

发动机机油、液压油、齿轮油等都属于其他用油。它们也需要管理，只有正确的管理，才能使挖掘机保证正常工作。要点如下：

① 不同牌号和不同等级的用油不能混用。

② 不同品种挖掘机用油在生产过程中添加的起化学作用的添加剂不同。

③ 保证用油清洁，防止杂物（水、粉尘、颗粒等）混入。

④ 根据环境温度和用途选用不同油的标号。环境温度高应选用黏度大的润滑油，环境温度低应选用黏度小的润滑油。

⑤ 齿轮油的黏度相对较大，以适应较大的传动负载。

⑥ 液压油的黏度相对较小，以减少液体流动阻力。

3. 润滑油脂管理

采用润滑油（脂）可以减少运动表面的磨损，防止出现噪声。润滑脂存放保管时，不能

混入灰尘、砂粒、水及其他杂质；用锂基型润滑脂 G2-L1，抗磨性能好，适用重载工况；加注时，要尽量将旧油全部挤出并擦干净，防止沙土黏附。

4. 滤芯的保养

滤芯起到过滤油路或气路中杂质的作用，阻止其侵入系统内部而造成故障，各种滤芯要按照《操作保养手册》的要求定期更换，更换滤芯时，应检查是否有金属附在旧滤芯上，如发现有金属颗粒应及时诊断和采取改善措施，使用符合机器规定的纯正滤芯。伪劣滤芯的过滤能力较差，其过滤层的面积和材料质量都不符合要求，会严重影响机器的正常使用。

5. 沃尔沃挖掘机的维护

沃尔沃挖掘机配有《操作员手册》，按《操作员手册》的要求对挖掘机进行维护。

（1）维护前的准备工作

① 挖掘机维护时的停放位置（如图 4-13 所示） 挖掘机维护时的停放位置有两种；一种是完全缩回铲斗和动臂油缸，然后降低大臂到地面，如图 4-13（a）所示；另一种是完全伸展铲斗油缸，完全缩进小臂油缸并把大臂降低到地面，如图 4-13（b）所示。

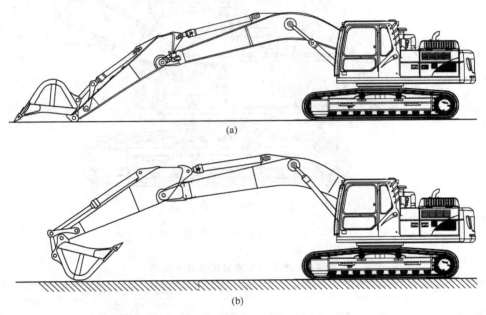

(a)

(b)

图 4-13　沃尔沃挖掘机维护时的停放位置

在不同维修操作的描述中应说明一个合适的位置，如果没有说明任何特别的位置，机器应该以图 4-13（a）所示维修位置停放。

② 停放要点

a. 把机器停放在平坦、坚实和水平地面。

b. 将附属装置放到地面。

c. 关闭发动机。释放系统和油箱压力后，拔下点火钥匙。

d. 确保向下移动安全锁定杆以牢固锁定系统。

e. 加压的管道和容器都应该逐渐放掉压力，以免造成危险。

f. 要让机器冷却。

（2）维护的要点　如图 4-14、表 4-2 所示。

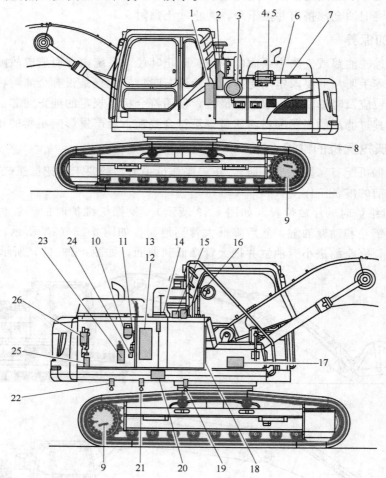

图 4-14　沃尔沃挖掘机维护保养要点

表 4-2　沃尔沃挖掘机维修要点说明

1	空调滤清器	14	液压油箱通气装置滤清器
2	X1 滤清器	15	燃油箱通气装置滤清器
3	空气滤清器	16	燃油,加注
4	冷却液,液位检查	17	蓄电池
5	冷却液,加注	18	燃油,液位检查
6	发动机机油,检查	19	燃油,排放
7	发动机机油,加注	20	液压油箱吸滤网
8	冷却液,排放	21	液压油,排放
9	行走马达机油,液位检查	22	发动机机油,排放
10	液压油排放滤清器	23	发动机机油滤清器
11	液压油,液位检查	24	液压油导流滤清器
12	液压油回流滤清器	25	燃油滤清器
13	液压油加注	26	油水分离器

（3）清洁机器

① 把机器停放到用于清洁的场地。

② 遵照附加在挖掘机保养产品内的说明书操作。

③ 水温不可超过 60℃（140℉）。

④ 如果使用高压水龙头冲洗，在喷嘴和机器表面之间要保持至少 20～30cm（8～12in）的距离。压力太高或距离太短，可能引起机器损坏。要用合适方式来保护电器导线。

⑤ 使用软海绵。

⑥ 最后只可用清水冲洗全机，完成清洁工作。

⑦ 在清洗后始终要给机器重新润滑。

⑧ 必要时要补漆。

（4）发动机机油油位检查与更换（如图 4-15所示）

① 检查发动机机油油位的步骤

a. 打开发动机罩。

b. 把机油尺（A）拉出来，并用一块干净的布将其擦干。

c. 将其重新插入，然后再拉出。

d. 如果发动机机油油位处于 C 和 D 之间，表明正常。如果油位低于 D，则通过加油口（B）加注油至合适的油位。

② 更换发动机机油要求

a. 每 50h 检查一次机油液位。每 500h 更换一次机油。最长的机油更换间隔是 12 个月。

b. 机油更换间隔为 500h 的条件如下：

——每次更换机油时要更换机油滤清器。

——机油滤清器是原装的 Volvo 滤清器。

——柴油燃油中的硫磺含量不可超过重量的 0.3%。

——使用的机油具有一定的质量等级。

——选择了相对周围环境温度正确的机油黏度。

③ 更换发动机机油步骤（如图 4-16 所示）

a. 把机器放在维修保养位置。

b. 在发动机机油盘底部的保护帽（E）下放一个大小合适的容器。

c. 打开加注口帽。

d. 松开螺栓（G）并旋转盖子（H）。

e. 拆下保护帽（E）并附加一根排油软管（F），该软管是作为随机维护工具提供的。

f. 将机油排到一个容器中。

g. 断开软管并安装保护帽。

h. 从机油加注口盖加注机油。

i. 检查油尺上的机油液位。

j. 再次关闭加注口盖。

k. 关闭盖子（H）并拧紧螺栓（G）。

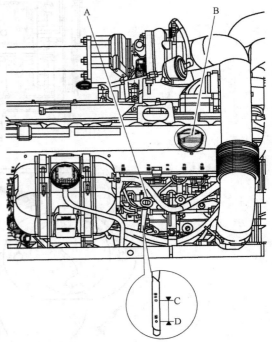

图 4-15　发动机机油油位检查与更换
A—油尺；B—加注节门；C—机油
液位，高；D—机油液位，低

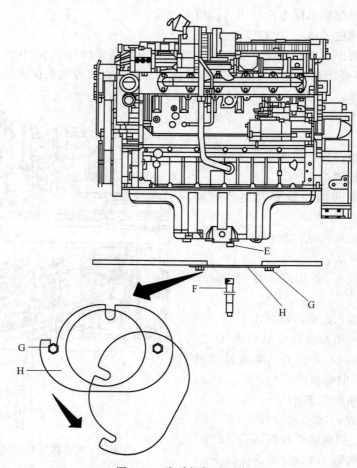

图 4-16　发动机机油更换

（5）发动机机油滤清器的更换

① 注意要点

a. 每次更换机油时要更换机油滤清器。

b. 滤清器安装前加满油以确保发动机在启动后立即润滑。

c. 更换机油滤清器后，以低怠速运转发动机至少 1min。

② 发动机机油滤清器更换步骤

a. 使用一个合适的滤清器扳手，拆下滤清器。

b. 给新滤清器加注发动机机油。

c. 清洗滤清器壳体底座，并给新滤清器的垫圈涂一层薄薄的发动机机油。

d. 用手旋上滤清器，直到底座刚好碰到密封表面。

e. 再拧紧滤清器 1/2 圈。

f. 启动发动机并检查底座是否密封。如果没有密封，拆卸滤清器，检查密封表面。

（6）主燃油滤清器的更换

① 更换要求

a. 每 500 个作业小时要更换燃油滤清器。

b. 如果使用较低质量的燃油，要更经常地更换滤清器。

② 更换步骤

a. 用一个合适的滤清器扳手松开滤清器并将它拆除。

b. 给新滤清器的垫圈涂上柴油。

c. 用手旋上滤清器，直到底座刚好碰到密封表面。

d. 再拧紧滤清器 1/2 圈。

e. 由于使用了自动脱泡系统，更换滤清器后不需要再放气。

（7）油水分离器的排放（如图 4-17 所示）

① 排放要求　去除燃油中的水分。

② 排放步骤

a. 将一个大小合适的容器放在排放软管的下面（E）。

b. 打开排放塞（C）并将沉淀物排放到容器中。

c. 关闭排放塞。

d. 给系统放气。

（8）油水分离器芯的更换（如图 4-17 所示）

① 更换要求　每 500h 更换一次油水分离器芯。

② 更换步骤

a. 将一个大小合适的容器放在排放软管的下面（E）。

b. 打开排放塞（C）并从油水分离器中排出燃油。

c. 关闭排放塞。

d. 断开传感器连接器（D）。

e. 拆除滤清器（A）包括杯形总成（B）、传感器和排放塞（C）。擦去所有溅出的燃油。

f. 拆除杯形总成并将它放在一边以便稍后安装。

g. 检查 O 形圈的状况。如果损坏，则进行更换。

h. 小心用新滤清器安装杯形总成。只用手拧紧。

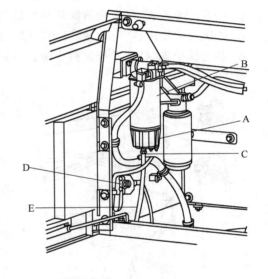

图 4-17　油水分离器的排放
A—滤清器滤芯；B—杯形总成；C—排放旋塞；
D—传感器连接器；E—排油软管

i. 清洁分离器芯的安装面，给滤清器加满燃油，并给新滤清器的垫片施用少量燃油。

j. 安装新滤清器，直到其接触到安装面。拧紧滤清器和杯形总成。

k. 再连接传感器连接器（D）。

l. 给系统放气。

（9）燃油系统的放气（如图 4-18 所示）

① 放气要求

a. 当发动机运转时，无论机器何时耗尽燃油，都必须使空气从燃油喷射系统中排出。

b. 不要在任何情况下试图启动发动机，直到系统中的空气完全放出，否则喷射泵会严重损坏。

② 放气步骤

a. 清洁通气孔塞（F）周围。

b. 打开通气孔塞，并将切断阀转到关闭位置（H）。

c. 开动手动输送泵（E），直到燃油流出且没有气泡。

d. 关闭通气孔塞。

e. 作动手动输送泵（E），直到手泵上感觉到阻力。

f. 转动切断阀到正常位置（G）并锁上手动输送泵。

g. 启动发动机并让它怠速运转 3min。

h. 如果发动机难以启动，重复步骤 a～f。

i. 检查是否渗漏。

（10）燃油箱上的通风滤清器的更换（如图 4-19 所示）

① 更换要求　每 2000h 更换一次通风滤清器。

② 更换步骤

a. 松开两个螺钉（1）后拆除保护盖（3）。

b. 松开一个夹钳（2）后拆除通风滤清器（4）。

c. 更换通风滤清器（4），然后用夹钳（2）拧紧滤清器（4）。

d. 装上保护盖（3）并拧紧两个螺钉（1）。

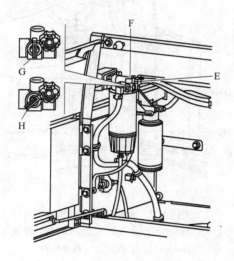

图 4-18　燃油系统的放气

E—手动输送泵；F—通气孔塞；G—切断阀，
正常位置；H—切断阀，闭合位置

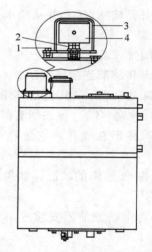

图 4-19　燃油箱上的通风滤清器的更换

1—螺钉；2—夹钳；3—保护盖；4—通风滤清器

（11）散热器、机油冷却器和冷凝器片的清洁（如图 4-20 所示）

① 清洁要求　清洁间隔取决于机器操作的环境条件。因此在需要时或至少每 500h 清洁所有冷凝器片。

② 清洁步骤

a. 拆下螺栓（A）。

b. 旋转盖子（D）。

c. 拆下五个蝶形螺母（E）并将网（B）分离。

d. 用压缩空气除去附着在冷却器散热片和冷凝器散热片上的污泥或灰尘。

e. 清洁拆下的网。

f. 检查橡胶软管是否有磨损和裂缝。如果损坏，要更换。检查软管的夹具是否松动。

g. 重新安装网并拧紧螺栓（A）。

（12）冷却液液位检查（如图4-21所示）

① 检查要求

a. 每日检查冷却液液位。

b. 当低冷却液液位警告屏幕在I-ECU中弹出时，检查冷却液液位。

② 检查步骤

a. 打开发动机罩。

b. 检查冷却液液位。

如果冷却液液位低于油箱上的"MIN"（最低）标记，通过"MIN"（最低）和"MAX"（最高）液位之间的膨胀箱盖（A）加满冷却液。

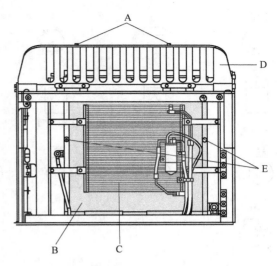

图4-20 散热器、机油冷却器和冷凝器片的清洁
A—螺栓；B—网；C—冷凝器；D—盖子；E—蝶形螺母

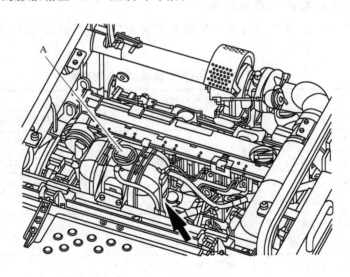

图4-21 冷却液液位检查
A—膨胀箱盖

挖掘机的维护与保养还有很多，主要参照沃尔沃挖掘机操作手册进行维护。

6. 沃尔沃挖掘机保养符号

如图4-22所示

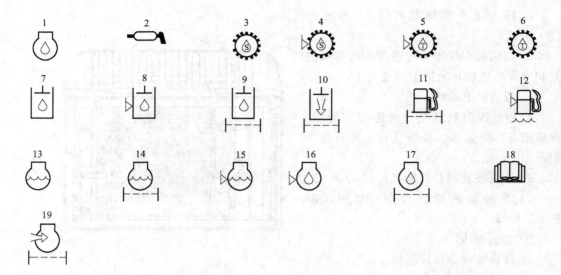

图 4-22　沃尔沃挖掘机保养符号

1—发动机机油；2—润滑脂润滑；3—回转驱动齿轮油更换；4—回转驱动齿轮油检查；

5—履带驱动齿轮机油检查；6—履带驱动齿轮油更换；7—液压油；8—液压油油位；

9—液压油滤清器；10—液压油箱通气装置滤清器；11—燃油滤清器；12—油水分离器；

13—发动机冷却液；14—发动机冷却液滤清器；15—发动机冷却液液位；

16—发动机机油油位；17—发动机机油滤清器；18—操作员手册；19—空气滤清器

7. 沃尔沃挖掘机维护保养周期表

下面以沃尔沃"EC210BP 挖掘机维护保养周期表"（见表 4-3）为例来说明设备的保养周期。

表 4-3　EC210BP 挖掘机维护保养周期表

定期检查和保养项目				
保养间隔	维护保养内容	要求标准	规格或配件号	数量
每天	发动机机油油位检查	适度，如有不足须立即添加	沃尔沃特级柴机油 VDS-3	
	发动机冷却液位检查		沃尔沃 VCS 黄色冷却液	
	液压油油位检查		沃尔沃 XD3000 液压油	
	油水分离器底部放残水			
	空气滤芯外罩壳清洁			
	履带板紧固螺栓检查	拧紧力矩 80～90kgf·m		
每 50h	大小臂/铲斗连接销轴的润滑	初期 100h 内，每 10h 或每天加注；恶劣工矿条件，每 10h 或每天加注	沃尔沃 2 号极压锂基脂	
	油缸连接销轴的润滑			
	柴油箱底部放残水和沉积物	每天停工前应加满柴油箱，以防止油箱内冷凝水生成	柴油箱容积 350L	
每 100h	履带张紧度检查和调整	根据路面土壤特性，调整履带张紧度		

定期检查和保养项目				
保养间隔	维护保养内容	要求标准	规格或配件号	数量
每250h	蓄电池电解液液位检查	电解液液位应保持在电池板以上约10mm	如果液位过低,须加注蒸馏水	
	空调预过滤器清洁	安装时注意滤芯壳体的箭头方向	VOE14503269	
	回转减速箱齿轮油位检查	适度,如有不足须立即添加	沃尔沃重负荷齿轮油GL-5 EP	
	行走减速齿轮油位检查		沃尔沃重负荷齿轮油GL-5 EP	
	回转轴承润滑脂加注	每250h加注一次润滑脂,注意:如果加注太多易使油封脱落	沃尔沃2号极压锂基脂	
	回转内齿圈润滑脂检查	适度,如有不足须立即添加	沃尔沃2号极压锂基脂	17L
每500h	发动机散热器翅片清洁			
	液压油冷却器翅片清洁			
	空调冷凝器翅片清洁			
	空调主过滤器清洁		VOE 14506997	
	发动机皮带检查及更换	检查皮带张紧度,必要时更换	VOE 15078671	1个
	空调压缩机皮带检查及更换		VOE 14881276	1个
根据工况定期清洁	空气外滤芯清洁	始终准备一个备用滤芯,存放在防灰良好的地方	VOE11110175	1个

常见维护保养图例,其余项目请具体参照《操作员手册》

检查液压油油位:
1. 将设备放置于平地上,暖机至液压油油温在50℃左右
2. 铲斗油缸完全伸出,小臂油缸完全缩回,将铲斗放至地面(如右图所示)
3. 发动机停止运转,并将启动钥匙在ON位置,抬起安全手柄
4. 前后左右操作控制手柄,释放液压系统压力
5. 按压液压油箱呼吸器,释放油箱内压力
6. 检查液压油油位,正常油位在测量管的中部

履带张紧度检查:
1. 如右图所示,抬起履带,并转动履带数周,清除履带板表面的积土
2. 测量履带架底部至履带板上表面的距离L
3. 根据路面土壤特性,调整履带张紧度

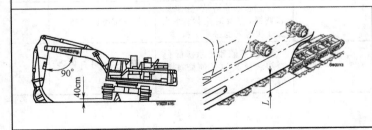

路面土壤工况	间隙L/mm
一般土堆	320~340
岩石地面	300~320
中等土壤(如砾石、砂子、雪地等)	340~360

定期更换滤芯及油品项目					
更换间隔	维护保养内容	磨合期初次保养时间	要求标准	规格或配件号	数量
每 250h	机油更换	100h		沃尔沃特级柴机油 VDS-3	25L
	机油滤芯更换			VOE3831236	1 个
	柴油滤芯更换		柴油质量不符合国际标准时应该每天在油水分离器沉淀杯处放水	VOE20805349	1 个
每 500h	油水分离器滤芯更换			VOE11110683	1 个
	液压油泄漏滤芯更换	250h		VOE14524170	1 个
每 1000h	液压油回油滤芯更换	1000h	50%时间使用破碎锤时,每 500h 换;100%使用破碎锤时每 300h 更换	VOE14509379	1 个
	液压油先导滤芯更换	250h		SA1030-61460	1 个
	回转减速箱齿轮油更换	500h		沃尔沃重负荷齿轮油 GL-5 EP	6L
	空调预过滤器		安装时注意滤芯壳体的箭头方向	VOE14503269	1 个
	空调主过滤器			VOE14506997	1 个
	空气外滤芯更换		外滤芯因视工况定期清洁,清洁 6 次后必须更换;如果滤芯破损,应及时更换	VOE11110175	1 个
每 2000h	行走减速箱齿轮油更换	500h		沃尔沃重负荷齿轮油 GL-5 EP	5.8L ×2
	液压油		50%时间使用破碎锤时,每 500h 换;100%使用破碎锤时每 300h 更换	沃尔沃 XD3000 液压油	275L
	液压油吸油滤芯清洗或更换			SA1141-00010	1 个
	液压油箱呼吸器滤芯更换			VOE14596399	1 个
	柴油箱吸呼器滤芯更换			VOE11172907	1 个
	空气内滤芯更换		内滤芯不能清洁,如果滤芯破损,应及时更换;外滤换 3 次时内滤必须更换	VOE11110176	1 个
每 6000h	冷却液更换		注意:不能和沃尔沃绿色冷却液及其他任何防冻液混合	沃尔沃 VCS 黄色冷却液	27.5L

第五章 静力式压路机

第一节 压实机械概述

压实机械是一种利用机械自重、振动或冲击的方法，对被压实材料重复加载，排除其内部的空气和水分，克服其材料之间的黏聚力和内摩擦力，迫使材料颗粒之间产生位移，相互楔紧，增加密实度，以达到必需的强度、稳固性和平整度的作业机械。

压实机械可对土壤、砂砾石、石碴基础及沥青混合料进行压实，以提高构筑物的强度、不透水性和稳定性，使之具有足够的承载力和平整表面，同时也可防止因受雨水风雪侵蚀而产生沉陷破坏。

压实机械广泛应用于公路、铁路、市政、机场、港口、堤坝和矿山等各种工程建设中。

一、压实机械分类

压实机械主要分类见表 5-1。

表 5-1 压实机械分类

序号	分类根据	名称	特点	图示
1	压实原理	静作用碾压机械	依靠机械自重的静压力作用,利用滚压轮在碾压层表面往复滚动使被压实层产生一定程度的永久变形而达到压实目的	
2		振动碾压机械	利用专门的振动机构以一定的频率和振幅振动,并通过滚压轮往复滚动传递给压实层,使压实材料的颗粒在振动力和静压力联合作用下产生振动位移而重新组合,使之提高密实度和稳定性,从而达到压实的目的	

序号	分类根据	名称	特点	图示
3	压实原理	夯实机械	利用冲击力达到材料被压实的目的	
4	碾压轮形状	光面碾压路机	碾压轮为光面	
5		羊足碾压路机	碾压轮有凸块,像羊足	
6		轮胎压路机	碾压轮为充气轮胎	
7		凸轮压路机	碾压轮为多边形,像梅花	
8	行走方式	拖式	需要动力拖动才能工作	
9		自行式	不需要外力拖动即可工作	
10		手扶式	用手来掌控工作方向	
11		三轮式	有三个碾压轮,碾压轮分布像三轮车	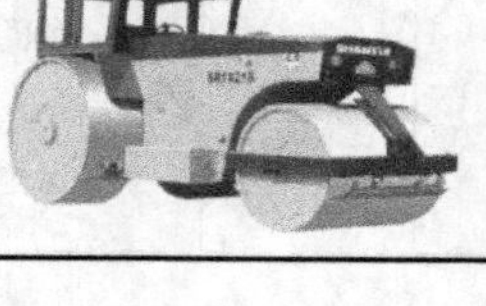

序号	分类根据	名称	特点	图示
12	结构质量	轻型	0.5~2t	
13		小型	2~5t	
14		中型	6~10t	
15		重型	10~15t	
16		特重型	15t以上	

二、压路机型号编制规则

压路机的型号编制规则见表5-2。

表5-2 压路机型号编制规则

类	组	机械名称	代号	主参数	
				名称	单位表示法
压实机械	静作用压路机	拖式光轮压路机	YT	工作质量	t
		拖式凸块压路机	YTK		
		拖式羊足压路机	YTY		
		拖式格栅压路机	YTG		
		两轮光轮压路机	2Y	最小工作质量/最大工作质量	t/t
		两轮铰接光轮压路机	2YJ		
		三轮压路机	3Y		
		三轮铰接光轮压路机	3YJ		
	振动压路机	两轮串联振动压路机	YZC	工作质量	t
		两轮并联振动压路机	YZB		
		两轮铰接振动压路机	YZJ		
		四轮振动压路机	4YZ		
		轮胎驱动光轮振动压路机	YZ		
		轮胎驱动凸块振动压路机	YZK		
		光轮轮胎组合振动压路机	YZZ		
		手扶振动压路机	YZS		
		拖式振动压路机	YZT		
	轮胎压路机	自行式轮胎压路机	YL		
		拖式轮胎压路机	YLT		
	振动平板夯实机	内燃式振动平板夯	HZR		kg
		电动式振动平板夯	HZD		
	振动冲击夯实机	内燃式振动冲击夯	HCR		
		电动式振动冲击夯	HCD		
	爆炸式夯实机	爆炸式夯实机	HB		
	蛙式夯实机	蛙式夯实机	HW		

三、技术性能参数

以 YZ18C 型振动压路机的性能参数为例讲解压路机的技术性能参数。

YZ18C 型振动压路机是轮胎光轮全驱动振动压路机，适合于压实道路沥青混凝土、砂石混合料和干硬性水泥混凝土，是公路、市政道路、停车场和工业场所碾压平整的通用施工设备。

YZ18C 型振动压路机主要性能参数如表 5-3 所示。

表 5-3　YZ18C 型振动压路机主要性能参数

序号	参　数	数　值
1	工作质量	18800kg
2	前轮分配质量	12500kg
3	后轮分配质量	6300kg
4	静线压力	576N/cm
5	振幅	9/0.95mm
6	振动频率	29/35Hz
7	激振力	380/260kN
8	工作速度 Ⅰ、Ⅱ	0～6.5km/h 或 0～8.6km/h
9	行驶速度 Ⅲ、Ⅵ	0～10.2km/h 或 0～12.5km/h
10	外侧转弯半径	12600mm
11	转向角度	＋(－)35°
12	摆动角度	＋(－)15°
13	理论爬坡能力	48%
14	发动机	DEUTZBF6M1013C 涡轮增压水冷发动机
15	额定功率	133kW
16	额定转速	2300r/min
17	燃油箱容积	300L
18	电气系统	24V 直流、负极搭铁
19	驱动液压系统	变量柱塞泵＋双变量柱塞马达
20	振动液压系统	变量柱塞泵＋定量柱塞马达
21	转向液压系统	定量齿轮泵＋全液压转向器

第二节　静力式压路机概述

静力式压路机又称为静力式光面滚压路机。依靠机械自重的静压力作用，利用滚压轮在碾压层表面往复滚动使被压实层产生一定程度的永久变形而达到压实目的。

静力式压路机可用来压实公路路基和路面、铁路路基、建筑物基础及土石坝、河堤、广场和机场跑道等各类工程的地基等，以提高基础的强度、不透水性及稳定性，使之达到足够的承载能力和表面平整度。

一、静力式压路机分类

静力式压路机分类见表 5-4。

表 5-4　静力式压路机分类

序号	分类根据	名称	特点	图示
1	碾压轮结构特点	刚性光轮压路机	碾压轮为光面	
2		羊脚轮压路机	碾压轮有凸块,像羊足	
3		凸块轮压路机	碾压轮为多边形,像梅花	
4	行走方式	自行式压路机	不需要外力拖动即可工作	
5		拖式压路机	需要动力拖动才能工作	
6	碾压轮数量	单轮压路机		
7		双轮压路机		
8		三轮压路机		

二、工作特点

① 结构简单，使用与维修简便，系列化程度高。可供选择的机型较多，能适应某些特定条件下的压实工作。

② 在构造上具有滚压时行驶缓慢、转移时行驶较快、滚压终点时能迅速换向的特点。因此其传动系统中具有变速机构和换向机构。

③ 循环延续时间长，材料应力状态的变化速度不大，但应力较大。

④ 静力式光面滚压路机工作过程是沿工作面前进与后退反复地滚动，使被压实材料达到足够的承载力和平整的表面。

⑤ 与振动压路机相比其压实功能受到一定程度的限制，压实厚度一般不超过200～250mm。

第三节　静力式压路机总体构造

所有静力式光面滚压路机都是由发动机（国产设备以柴油机为主）、传动系统、操纵系统和行驶滚轮和机架等组成。

发动机：是一种能够把其他形式的能转换为另一种能的机器，通常是把化学能转化为机械能。动力装置是机器的心脏，向行走驱动及振动等提供动力，由柴油机及其附件组成。

传动系统：是指由发动机到作业装置和换向装置的传动机构，包括液压系统、传动系统、电气系统、操纵机构等。

操纵系统：驾驶室与操纵装置，是操作人员工作的地方。要求工作条件舒适，保证操作员能正确、方便地操纵机器。

行走装置：行走与传动系统的作用是最终用来驱动机器前进与后退。采用由油泵与马达组成的液压传动系统、全轮驱动。后轮由一个液压马达通过驱动桥把动力传给左右驱动力；前轮则由液压马达经减速器直接驱动钢轮。

机架是机器的骨架，它把机器的所有部件连成一个整体。采用铰接机架使机器转向灵活，转弯半径小，操纵方便，并具有一定的隔振能力。

一、二轮二轴式压路机（2Y6/8 与 2Y8/10）

二轮二轴式压路机（2Y6/8 与 2Y8/10）传动系统结构如图 5-1 所示。

1. 结构

发动机和传动系统都装在由钢板和型钢焊接成的机架内，机架的前端和后部通过轴承分别支承在前后轮轴上，前轮是从动方向轮，在机架外面，后轮是驱动轮，在机架里面。在前后轮的轮面上都装有刮泥板（每个轮上前后各装一个），用来刮除黏附在轮面上的土壤或结合料，在机架的上面装有操纵台。

2. 组成

二轮二轴式压路机传动系统由主离合器、变速器、换向机构和传动轴等组成。

3. 传动路线

从发动机上输出的动力经主离合器、螺旋锥齿轮副、换向离合器（左或右），长横轴、一挡主动齿轮和一挡从动齿轮或二挡主动齿轮或二挡从动齿轮，传到万向节，再经第一级主动小齿轮和第一级从动大齿轮,最后传给驱动轮。

4. 方向轮(如图5-2所示)

(1) 操作方式　方向轮的操纵是液压式的。

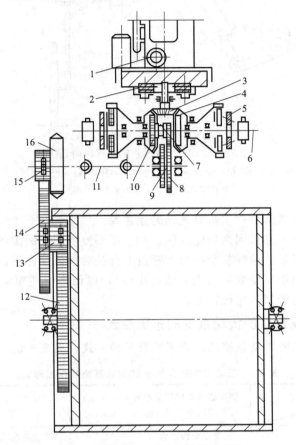

图 5-1　2Y8/10型压路机传动系统

1—柴油机;2—主离合器;3—锥形驱动齿轮;4—锥形从动齿轮;5—换向离合器;6—长横轴;7——挡主动齿轮;

8——挡从动齿轮;9—二挡从动齿轮;10—二挡主动齿轮;11—万向节轴;12—第二级从动大齿轮;

13—第二级主动小齿轮;14—第一级从动大齿轮;15—第一级主动小齿轮;16—制动鼓

(2) 组成　液压操纵系统由油箱、齿轮泵、操纵阀、双作用工作油缸及连接管道等组成。

(3) 液压油传递路线　油泵将液压油从油箱中吸出提高油压后输入操纵阀,当转向手柄在中间位置时,高压油通过操纵阀仍流回油箱。当拨动转向手柄时,高压油通过操纵阀的控制进入油缸的前腔或后腔,推动油缸活塞运动,活塞杆的伸缩带动转向臂向某一方向摆动,从而通过转向立轴、转向Ⅱ形架带动转向压轮转向。

二、三轮二轴式压路机

1. 三轮二轴式压路机和二轮二轴式压路机在结构上的不同处

主要区别:三轮二轴式压路机具有两个装在同一根后轴上的较窄而直径较大的后驱动压

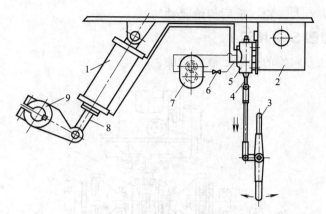

图 5-2　2Y8/10 型压路机液压转向系统

1—工作油缸；2—油箱；3—转向手柄；4—操纵阀柱塞；5—操纵阀；6—阀门；
7—齿轮油泵；8—活塞杆；9—转向臂

轮，同时在传动系统中增加了一个带差速锁的差速器。

差速器的作用是当压路机因两后轮的制造和装配误差所造成的滚动半径的不同、作业面不平整、作业场地地形地质条件复杂以及在弯道上行驶时起差速作用。

差速锁是使两后驱动压轮联锁（失去差速作用），以便当一边驱动压轮打滑时，靠另一边不打滑的驱动压轮仍能使压路机行驶。

2. 三轮二轴式压路机的传动系统的布置形式

三轮二轴式压路机的传动系统的布置形式有两种形式，见表 5-5。

表 5-5　三轮二轴式压路机的传动系统的布置形式

机型 比较项目	洛阳建筑机械厂生产的 3Y12/15A 型压路机（如图 5-3 所示）	上海产 3Y12/15A 型压路机（如图 5-4 所示）
换向机构位置	在变速机构之后	变速器的前部
换向离合器	干式	多片湿式
换向离合器的位置	装在变速器的外部	与变速机构装在同一个箱体内
特点	发动机输出的动力经主离合器先传给变速器，再经换向机构、差速器、终传动传给驱动轮	零部件尺寸小，质量轻，结构紧凑，润滑冷却好，寿命长。换向机构的调整维修较困难

3. 三轮二轴式压路机的操纵系统的布置形式

三轮二轴式压路机的操纵系统的布置形式及某些总成的结构也略有不同，见表 5-6。

表 5-6　三轮二轴式压路机的操纵系统的布置形式

机型 比较项目	洛阳建筑机械厂生产的 3Y12/15A 型压路机（如图 5-3 所示）	上海产 3Y12/15A 型压路机（如图 5-4 所示）
方向轮的操纵	同二轮二轴式压路机	采用摆线转子泵液压操纵随动系统
制动器	采用带式	采用盘式结构
制动器的位置	在后驱动轮轴上	在变速器输出横轴的端部

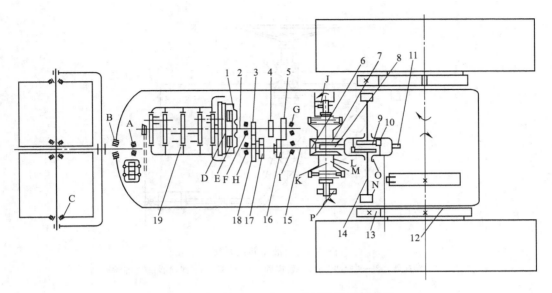

图 5-3　洛阳产 3Y12/15A 型压路机传动系统

1—离合器；2—变速器一轴；3~5—主动变速齿轮；6—主动锥齿轮；7—从动锥齿轮；8—驱动圆柱齿轮；

9—差速齿轮；10,11—中央传动齿轮；12—最终传动从动齿轮；13—最终传动主动齿轮；

14—左右半轴；15—变速器第二轴；16~18—变速从动齿轮；19—发动机；A~P—轴承

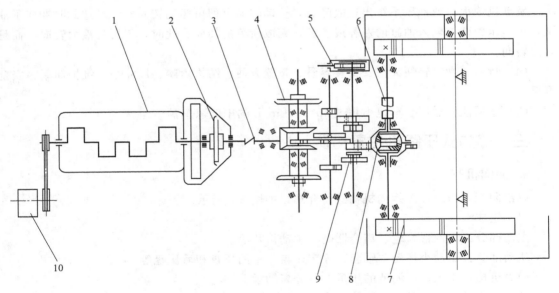

图 5-4　上海产 3Y12/15A 型压路机传动系统

1—发动机；2—主离合器；3—挠性联轴器；4—换向离合器；5—盘式制动器；6—差速锁；

7—最终传动；8—差速器；9—变速机构；10—齿轮油泵

4. 摆线转子泵液压操纵随动系统

压路机全液压转向系统如图 5-5 所示。

(1) 组成　由转阀式转向加力器、转向油缸、齿轮油泵、油箱、滤油器等组成。

(2) 反馈系统　因该系统的转向盘与方向轮之间无机械连接，所以此系统为内反馈

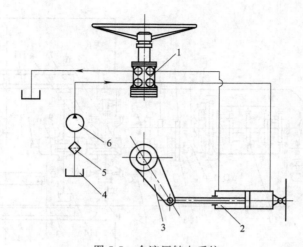

图 5-5　全液压转向系统

1—转向器；2—转向油缸；3—转向臂；4—油箱；5—滤油器；6—油泵

系统。

（3）工作原理　转动方向盘时，油泵来的压力油进入转向器，并通过计量马达再进入油缸的左或右腔，使转向轮向左或右偏转。当压路机直线行驶时，油泵来的压力油通过转向器直接回油箱。

发动机熄火后或液压系统出现故障时，转动转向盘即可驱动转向器，马达此时变成了油泵，于是压力油被输入油缸的左腔或右腔，完成所需的转向。此时，不再是液力转向，而是人力转向。

（4）特点　操纵轻便灵活、安装容易、布置方便、结构紧凑、尺寸小、维护简单、安全可靠。

（5）适用性　适用于车速不超过 40～50km/h 的中低速车辆。

三、静力式压路机主要构件

1. 换向机构

以洛阳产 3Y12/15A 换向机构进行介绍，如图 5-6 所示。

（1）组成

主动部分：大锥形齿轮、离合器壳、主动齿片等。

从动部分：驱动小齿轮、轴套、固定压盘、中间压盘和后压盘等。

操纵机构：压爪、可调节的压爪架、分离轴承等。

（2）各构件连接关系

主动部分：两个大锥形齿轮通过滚柱轴承支承在横轴上，与变速器输出轴上的小锥形齿轮常啮合。离合器外壳用花键装在大锥形齿轮轮毂上，并通过滚珠轴承支承在变速器壳体两侧的端盖上。两面铆有摩擦衬片的主动齿片的外齿与离合器壳的内齿相啮合，同时还可轴向移动。

从动部分：驱动小齿轮装在横轴上，轴套装在横轴外端的花键上，固定压盘以螺纹形式与轴套连接，中间压盘与后压盘以花键形式与轴套相连接，也可沿轴向移动。

操纵部分：换向机构的操纵的左右两个分离轴承由同一个操纵杆操纵。

（3）工作原理　当操纵杆处于中立位置时，则左右两离合器在分离弹簧的作用下处于分

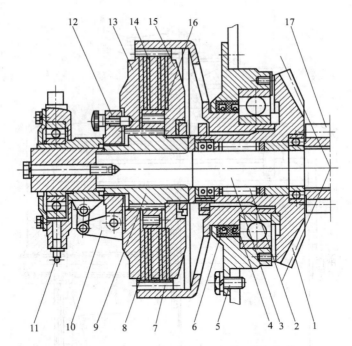

图 5-6　洛阳产 3Y12/15A 型压路机换向机构

1—从动锥齿轮；2—滚柱轴承；3—横轴；4—滚珠轴承；5—端盖；6—油封；7—离合器外壳；8—离合器主动片；
9—离合器轴套；10—压爪；11—离合器分离轴承；12—压爪架；13—活动后压盘；14—中间压盘；
15—固定压盘；16—分离弹簧；17—圆柱小驱动齿轮

离状态，此时主动部分在横轴上空转。

当操纵杆处于任一结合位置（左或右）时，使一边离合器结合，而另一边离合器分离。结合的一边大锥齿轮则通过主、从动离合器片所产生的摩擦力带动横轴连同驱动小齿轮一起向一个方向旋转，使动力输出。反之，横轴又以反方向旋转，将动力输出。

（4）间隙调整　离合器摩擦片的间隙可通过转动压爪架的方法进行调整。压爪架向旋紧螺纹的方向转动，则间隙减小，反之，则间隙增大。

调整时可将压爪架上的弹簧销从压盘孔拉出，即可转动压爪架，调好后再将弹簧销插入调整后的销孔内即可。

2. 方向轮和悬架

以洛阳产 3Y12/15A 的方向轮和悬架进行介绍，如图 5-7 所示。

（1）组成　由滚轮、轮轴、轴承、Ⅱ形架、转向立轴、机架等组成。

（2）构件连接关系　方向轮由轮圈和轮辐焊接而成。因为滚轮较宽，为了便于转向，减小转向阻力，一般都把方向轮分成两个完全相同的滚轮，分别用轴承支承在方向轮轴上。

为了润滑轴承，在轮轴外装有储油管，方便加注黄油，一年加注一次。轮内可灌砂或水，以调节压路机的重量。

前轮轴的两端被固定在Ⅱ形架的叉脚处。Ⅱ形架的中间用横销与立轴相铰接，当方向轮遇到道路不平时，维持机身的水平度，保证压路机的横向稳定性。

立轴轴承座焊接在机架的端部，立轴靠上、下两个锥形滚柱轴承支承在轴承座内，它的上端固装着转向臂。

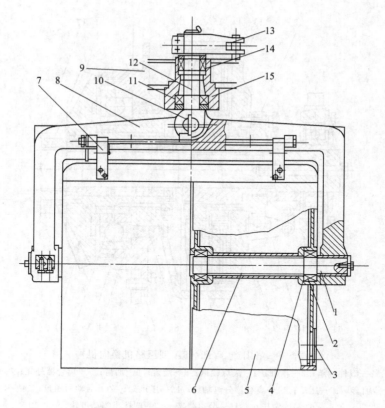

图 5-7 洛阳产压路机的方向轮与悬架

1—方向轮轴；2—锥形滚柱轴承；3—圆形挡板；4—轮辐；5—轮圈；6—储油管；7—刮泥板；8—Π形架；
9—机架；10—横销；11,14—轴承；12—转向立轴；13—转向臂；15—转向立轴轴承座

（3）转向原理　压路机转向时，转向臂被转向工作油缸的活塞杆推动并转动立轴和Π形架，使方向轮按照转向的需要，向左（或右）转动一定的角度。

3. 驱动轮

以二轮二轴式的驱动轮为例进行讲解，如图 5-8 所示。

（1）组成　由轮圈、轮辐、齿轮、座圈、撑管等组成。

（2）构件连接关系　从动大齿轮用螺钉固定在左端轮辐的座圈上，为了增加驱动轮的刚度，在左右轮辐之间焊接有 4 根撑管。轮辐外侧装有轴颈，以便通过轴承与轴承座将机架支承在驱动轮上。

（3）特点　二轮二轴式驱动轮的结构形式及尺寸与方向轮基本相同，不同的是驱动轮是一个整体，并装有最终传动装置的从动大齿轮。

4. 差速器与差速锁

（1）类型　国产三轮二轴式压路机上采用的差速器有两种形式：锥形行星齿轮式和圆柱行星齿轮式。上海产三轮二轴式压路机的差速器属于锥形行星齿轮式，洛阳产三轮二轴式压路机的差速器属于圆柱行星齿轮式。

（2）结构　以圆柱行星齿轮式差速器结构进行讲解，如图 5-9 所示。

（3）各构件连接关系　在差速器壳体内装有第一幅和第二幅行星齿轮各 4 个。第一幅行

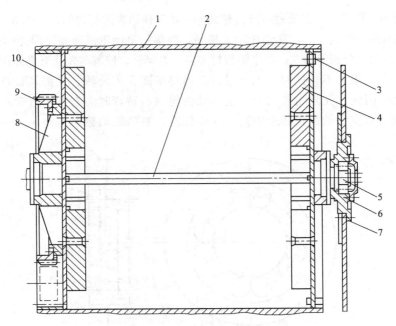

图 5-8　二轮二轴式压路机的驱动轮

1—轮圈；2—撑管；3—水塞；4—配重铁；5—轴颈；6—滚珠轴承；7—轴承座；8—座圈；

9—最终传到大齿轮；10—轮辐

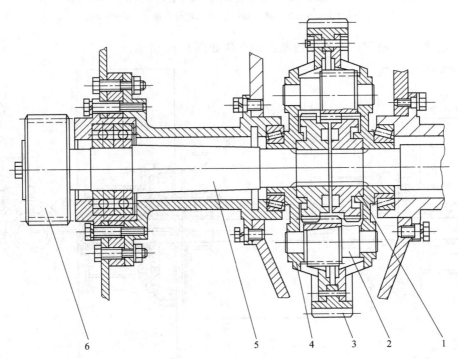

图 5-9　圆柱行星齿轮式差速器

1—差速齿轮；2—行星齿轮；3—差速器齿圈；4—差速器壳体；5—左半轴；6—小齿轮

星齿轮与右半轴齿轮相啮合，第二幅行星齿轮与左半轴齿轮相啮合。第一幅行星齿轮与第二幅行星齿轮在中部互相啮合。

（4）差速器工作原理　以圆柱行星齿轮式差速器工作原理进行讲解，如图 5-10 所示。

当压路机直线行驶时，左右驱动轮阻力相同，两幅行星齿轮都随差速器壳体公转而无自转，同时两幅行星齿轮又分别带动左、右半轴齿轮和左、右半轴，使其与差速器壳体同速旋转。

当压路机左右阻力不相同时，则两幅行星齿轮即随壳体公转，又绕其轴自转，但它们的自转方向相反。因此，受阻力较大的一边半轴齿轮（右转弯时为右半轴齿轮）转速减小，相反，受阻力较小的左半轴齿轮转速增高，从而使左、右两驱动轮产生差速。

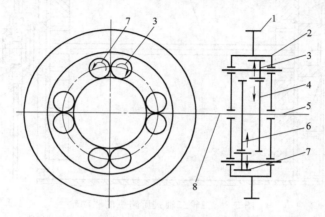

图 5-10　圆柱行星齿轮式差速器工作原理

1—中央传动从动大齿轮；2—差速器壳体；3—第一副行星齿轮；4—右半轴齿轮；
5—右半轴；6—左半轴齿轮；7—第二副行星齿轮；8—左半轴

（5）差速锁　洛阳产压路机的差速锁结构如图 5-11 所示。

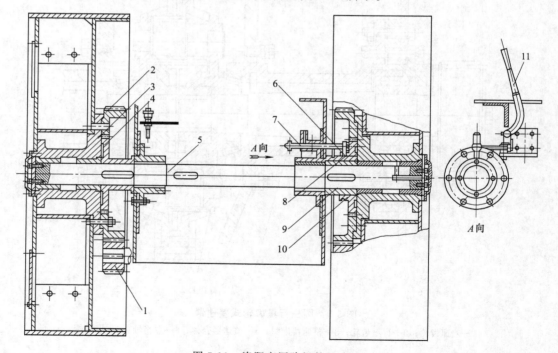

图 5-11　洛阳产压路机的差速锁

1—主动小齿轮；2—从动大齿轮；3—后轮毂；4—连接齿轮；5—驱动轮轴；6—拨叉；
7—滑杆；8—滑键；9—轴套；10—分离齿轮；11—操纵手柄

其工作原理如下：从动大齿轮的内齿和固装在轮轴上的连接齿轮常啮合，使轮轴与后轮一起转动。与右大齿轮内齿相啮合的分离齿轮可在轴套上沿导向滑键做轴向移动，使分离齿轮啮合或分离。啮合时使空套在后轴上的右驱动轮与左驱动轮一起转动，此时差速器不起差速作用，即为锁死状态；分离时，则允许左右驱动轮阻力差速。分离齿轮的操纵是通过手柄、滑杆与拨叉实现的。

差速锁只能在一只后轮打滑时才允许使用，正常行驶和工作时均不得使用，以防损坏机件。

第四节　压实机械维护保养

1. 压路机试运转维护

（1）压路机试运转维护准备

① 查阅随机资料，了解机械结构、性能，熟悉操作驾驶技术和安全。

② 清除机械污垢，检查，必要时清洗曲轴箱、气门室、传动齿轮箱以及燃油、冷却液容器。

③ 检查紧定各部螺母、螺栓、锁销等紧固件。

④ 检查传动带的紧度和轮胎的气压，必要时予以调整。

⑤ 检查发电机、电动机的绝缘情况。

⑥ 加注润滑油、燃油、冷却液。

⑦ 拆下柴油机增压器进油管接头，向油道内注入 50～60g 柴油机油。

⑧ 将变速操纵杆置于启动位置。

⑨ 摇转柴油机，在确认无卡死、碰撞等现象后再启动。

（2）柴油机空运转　柴油机空运转应由低速开始，逐渐增大到正常转速。柴油机空运转应注意以下几点。

① 各仪表指数是否正常。

② 有无敲击、摩擦等杂音，各运转机件有无过热现象。

③ 燃料系、润滑系、冷却系各管道有无渗漏现象。

④ 气缸垫和进、排气管垫有无冲裂和漏气现象。

⑤ 柴油机在各种转速下，有无不正常的振动和排烟（白烟、黑烟、蓝烟）现象。

（3）机械无负荷运转　行驶部分应由低到高，以各种速度行驶，并进行倒车、转向、制动等无负荷运转。工作装置部分除应进行相应的动作试验，还必须检查以下项目。

① 制动器等有无打滑、发热、冒烟的现象；各传动齿轮箱有无高热、渗漏的现象。

② 行驶和作业各阶段动作是否灵敏。

③ 液压系统各元件和管道有无高热和渗漏的现象。

（4）机械有负荷运转　机械有负荷运转通常按照先轻后重、逐渐增加负荷的原则，并结合工程任务进行。在机械负荷运转过程中，应继续进行无负荷运转阶段的各项检查，并核实机械各项性能指标。机械负荷运转结束后，应进行以下工作。

① 清洗压路机传动齿轮箱、曲轴箱、液压油箱，更换润滑油、液压油。

② 检查调整压路机制动器的配合间隙，各操纵杆行程、拉力，各弹簧张力。

③ 检查液压系统压力，压力不当应进行调整。

④ 紧固整机连接紧固件。

⑤ 排除试运转中出现的故障。

2. 压路机常规维护

（1）日常维护

① 严格按各系统使用维护说明书进行定期维护。

② 新机在规定的第一次维护中，应做好严格的维护，这样有助于延长整机使用寿命，并定时对各注润滑脂点加注润滑脂以免烧结。

③ 每次作业完毕后，应对各系统进行清洁，并检查各管路接口是否有渗漏现象，并对散热器进行清理，有助于增强散热性。

④ 如果长期不使用，应垫起后轮，使轮胎离地并顶起前车架，使减振块不受压力；每三个月必须启动一次，使压路机低速运转 10～15min。

（2）换季维护　对运行在年最低气温低于 5℃ 地区的机械，于每年春夏和秋冬交替时进行的一种适应性维护，换季维护若与二级和三级维护周期重合时，可结合进行，主要有以下项目。

① 清洗柴油机冷却系，检查节温器的工作性能。

② 清洗润滑系，更换润滑油。

③ 检查柴油机的预热装置，检查柴油机预热塞的工作性能，清除其积炭，检查线路连接是否牢固，开关是否灵活。

④ 燃料系维护：柴油机应更换规定牌号的柴油。

⑤ 检查传动润滑油的数量、质量，换加黏度适当的传动润滑油（齿轮油等）。

⑥ 清洗液压油箱，更换液压油。放净液压系统内的液压油，清洗液压油箱和滤清器，更换规定牌号的液压油：入冬后，东北、西北等寒冷地区使用 40 号低温液压油，江南及一般地区可换用 N32 或 N46 抗磨液压油；入夏时，除东北、西北等寒冷地区可继续使用 40 号低温液压油外，江南等炎热地区可换用 N68 抗磨液压油，一般地区可换用 6 号液力传动油或 N68 普通液压油。

⑦ 电气系统维护：检查蓄电池电解液密度。调整发电机的输出电压，入冬应调高，入夏应调低，24V 系统的可调范围为 27.6～29.6V，12V 系统的可调范围为 13.8～14.8V。

⑧ 入冬时，应检查、整理加温和保温器材。

⑨ 空调系统维护：不使用空调的季节，每月应使空调器工作 8～10min。

（3）压路机的定期维护　在用的机械使用到规定的台班、工作小时或里程后所要求进行的维护，称为定期维护。定期维护按间隔时间长短，可分为三级：一级维护的维护重点是润滑、紧固、突出解决"三滤"清洁；二级维护的重点是检查、调整；三级维护的重点是检查、调整、消除隐患，平衡各部机件的磨损程度等。

从目前采用的各种维护制度来看，定期维护仍是平时维护中涉及最多的一种维护制度和模式。除此之外，结合实际，采用积极灵活的定检维护、视情维护制度，也受到业内人士的积极推崇，但具体执行效果仍有待验证。尽管定期维护制度有时会造成"过维护"或"欠维护"的现象，但是定期维护在实际运用过程中容易掌控。

第六章　轮胎式压路机

第一节　概　述

一、轮胎压路机的特性

轮胎式压路机是一种靠机械自身的重力并利用充气轮胎的特性对铺层材料来进行压实的机械。

轮胎式压路机有垂直压实力，还有水平压实力。水平压实力在行驶方向和机械横向方向都有压实力的作用。压实力能沿各个方向作用于材料颗粒，同时橡胶轮胎的弹性所产生的"揉搓作用"有较好的压实效果，因此可得到最大的密实度。轮胎压路机还具有可增减配重、改变轮胎充气压力的特点。

轮胎压路机广泛应用于压实各类建筑基础、路基和路面，而且更有益于压实沥青混凝土路面。

二、轮胎压路机分类

轮胎式压路机分类见表 6-1。

表 6-1　轮胎式压路机分类

序号	分类项目	一级分类	二级分类项目	二级分类	内容	图例
1	行走方式	拖式	轴的个数	单轴式	所有轮胎都装在同一个轴上。特点:外形尺寸小,机动灵活,可用于较窄工作面的压实工作	
2				双轴式	所有轮胎分别装在前后两根轴上。特点:多用于大面积工作面的作业,重型和超重型轮胎压路机多采用这种形式	

序号	分类项目	一级分类	二级分类项目	二级分类	内容	图例
3	行走方式	自行式	轮胎的负载情况	多个轮胎整体受载	压路机的重力在不同连接构件的帮助下,将其重力分配给每个轮胎。当压路机在不平路面上运行时,轮胎的负载将重新分配,其中某个轮胎可能出现超载的现象	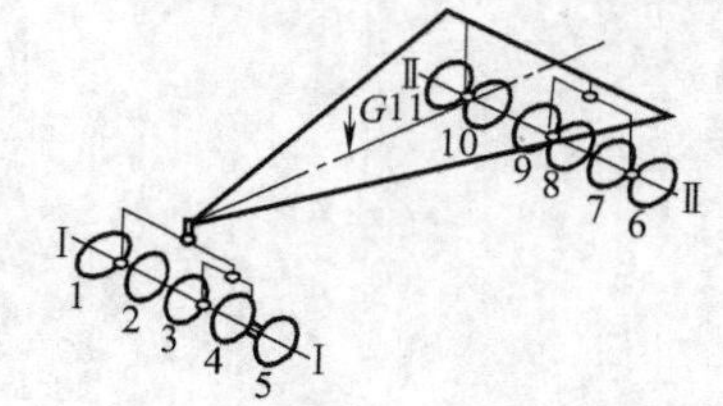
4				单个轮胎独立受载	压路机的每个轮胎是独立负载,不会出现个别轮胎的超载现象	
5				复合受载	一部分轮胎独立受载,另一部分轮胎整体受载	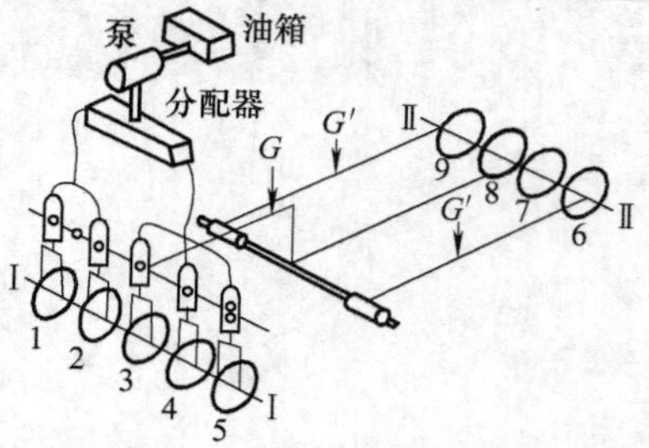
6			轮胎在轴上的安装方式	各轮胎单轴安装	每个轮胎具有不与其他轮胎轴有连接的独立轴。如右图Ⅰ-Ⅰ所示的各个轮胎	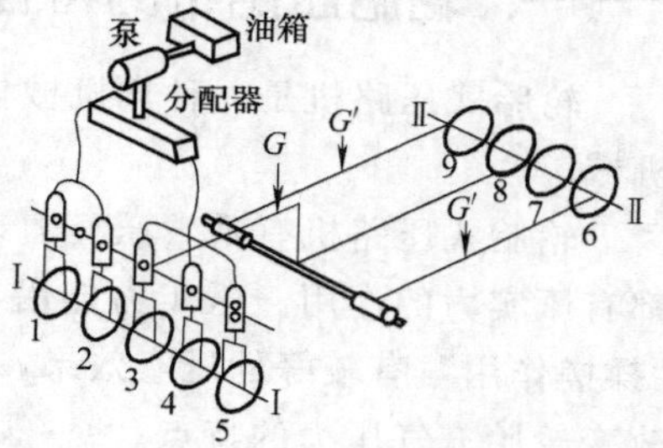
7				同轴安装	几个轮胎安装在同一根轴上。如右图的Ⅱ-Ⅱ轴线上的轮胎7、8	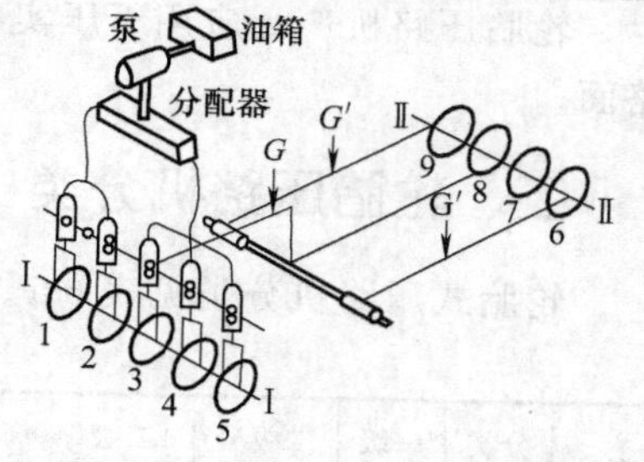
8				复合式安装	既有单轴安装,又有同轴安装	
9			平衡系统的形式	机械式		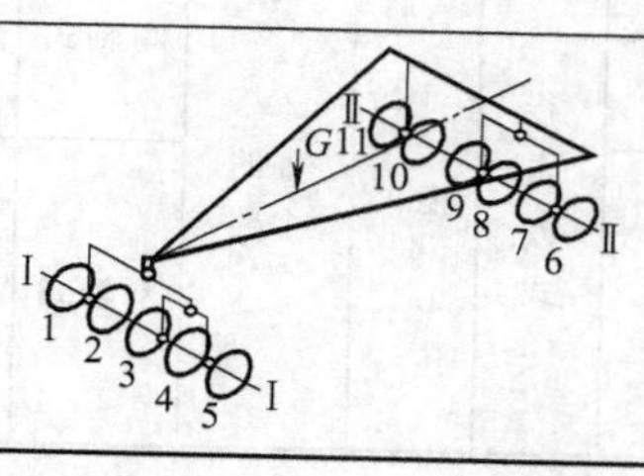

序号	分类项目	一级分类	二级分类项目	二级分类	内容	图例
10	行走方式	自行式	平衡系统的形式	液压式	可保证压路机在坡道上工作时其机身和驾驶室保持在水平位置。如右图中的Ⅰ-Ⅰ轴线	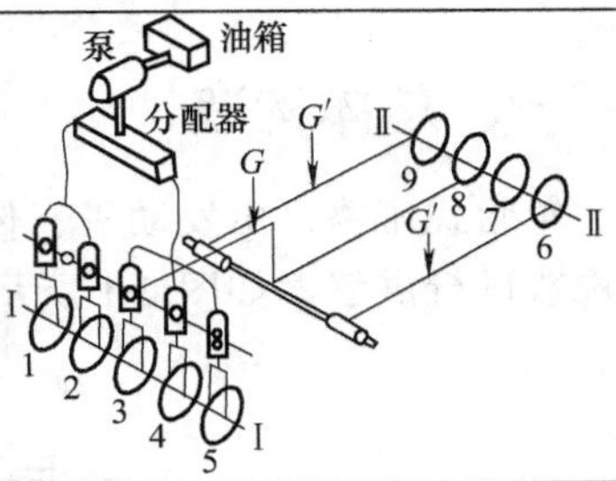
11				气压式	可保证压路机在坡道上工作时其机身和驾驶室保持在水平位置	
12			轮胎在轴上的位置	轮胎交错布置		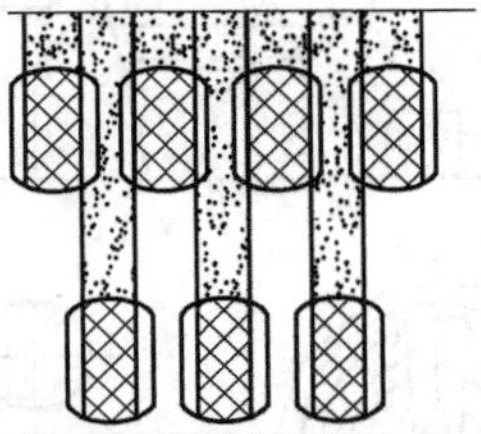
13				行列布置		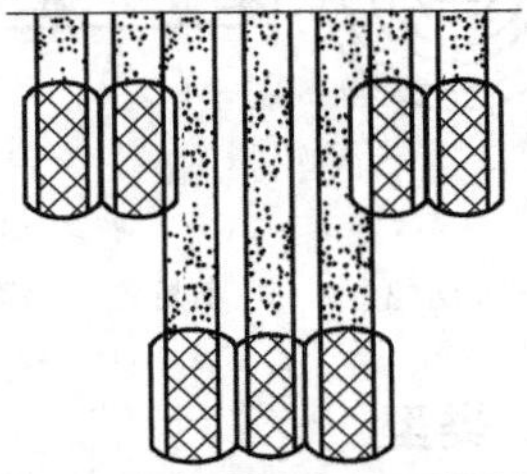
14				复合布置		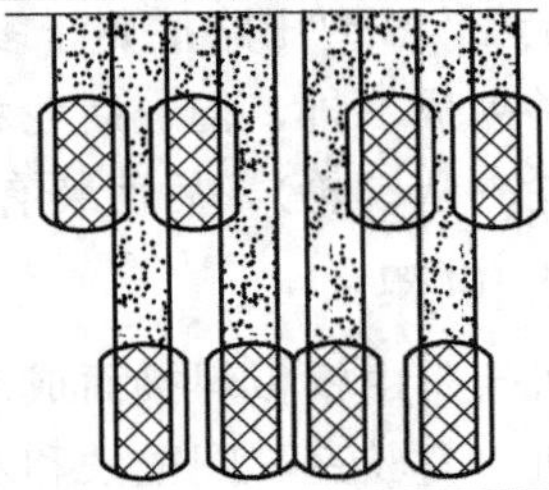
15			转向方式	偏转车轮转向	会引起前、后轮不同的转弯半径,其值相差很大,可使前、后轮的重叠宽度减小到零,会导致压路机沿碾压带宽度压实的不均匀性。如果提高压实质量,就必须增加重叠宽度,这样又会导致减小压实带的宽度和减低压路机的生产率	
16				转向轮轴转向	会引起前、后轮不同的转弯半径,其值相差很大,可使前、后轮的重叠宽度减小到零,会导致压路机沿碾压带宽度压实的不均匀性。如果提高压实质量,就必须增加重叠宽度,这样又会导致减小压实带的宽度和降低压路机的生产率	
17				铰接转向	在一定的条件下,可获得等半径的转向。但由于轴距减小,压路机的稳定性较差	

第二节　轮胎式压路机构造

一、总体构造

轮胎式压路机由发动机、传动系、操纵系和行走部分等组成。以 YL9/16 型压路机的总体构造进行讲解，如图 6-1 所示。

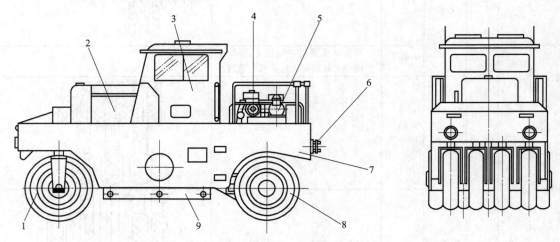

图 6-1　YL9/16 型压路机的总体构造

1—方向轮；2—发动机；3—驾驶室；4—汽油机；5—水泵；6—拖挂装置；7—机架；8—驱动轮；9—配重铁

1. 类型

YL9/16 型压路机属于多个轮胎整体受载式结构。轮胎采用交错布置的方案：前、后轮分别并列成一排，前、后轮相互叉开，后轮压实前轮的漏压部分。在压路机的前面装有 4 个方向轮（从动轮），后面装有 5 个驱动轮。

2. 机架

机架是由钢板焊接而成的箱型结构，其前后分别支承在轮轴上，其上部分分别固定装着发动机、驾驶室、配重铁和水箱等。

3. 传动系统

与静力式光面滚压路机相似，发动机输出的动力经由离合器、变速器、换向机构、差速器、左右半轴左右链轮等机构的传动，最后驱动后轮。

变速器是直接挡的三轴式四挡变速器，其操纵采用手动换挡式。压路机在一挡时的最低速度为 3.1km/h，四挡时最高速度为 23.55km/h。因此压路机既能保证滚压时的慢速要求，又能满足转移时的高速行驶要求。

差速器与差速锁和上海 3Y10/12 型静力式光面滚压路机相同，终传动为链传动。

4. 操纵系统

操纵系统包括转向操纵部分和制动操纵部分，转向操纵部分是采用摆线转子泵液压转向系统，制动操纵部分又包括手制动和脚制动两部分。手制动采用双端拉紧式带式制动器，供压路机停车制动用，脚制动为气推油蹄式制动器，供行车制动用。

二、主要部件

1. 换向机构

YL9/16型轮胎压路机的换向机构是齿轮式换向离合器（见图6-2）。

（1）机构连接关系 小主动锥齿轮装在变速器输出轴的后端，与通过滚柱轴承安装在横轴上的两个大从动锥齿轮常啮合。在横轴的中央通过花键安装着一个可用拨叉拨移的圆柱齿轮。

（2）工作原理 当小主动锥齿轮旋转时，两个大从动锥齿轮在横轴上自由且相互反向旋转。

圆柱齿轮向左或向右移动时，可分别与从动锥齿轮小端面的内齿（爪形离合器）相啮合。当圆柱齿轮被拨到与左或右锥齿轮内齿啮合位置时，就可使动力正向或反向向后传递，从而实现换向。

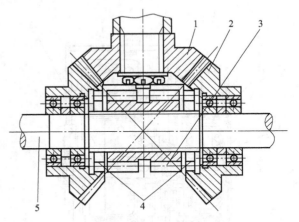

图 6-2 换向机构

1—主动锥齿轮；2—从动锥齿轮；3—圆柱齿轮；
4—爪形离合器；5—横轴

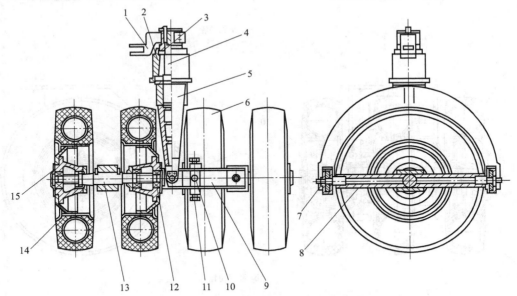

图 6-3 YL9/16型轮胎压路机的方向轮

1—转向臂；2—转向立轴壳；3，12—轴承；4—转向立轴；5—叉脚；6—轮胎；7—固定螺母；
8—摆动轴；9—框架；10—销子；11—螺栓；13—轮轴；14—轮辋；15—轮毂

（3）特点 体积小，结构紧凑，冲击较大。

2. 前轮

前轮即方向轮（见图6-3），4个方向轮都是从动轮，它们分成可以上下摇摆的两组，通过摆动轴铰装在前后框架上，再通过立轴、叉脚、轴承和立轴壳与机架连接。在立轴的上端固装着转向臂，转向臂的另一端与转向油缸的活塞杆端铰接。

两组轮胎可绕各自的摆动轴上下摆动，其摆动量可由螺栓来调整。当不需要摆动时，可用销子将其销死。

3. 后轮

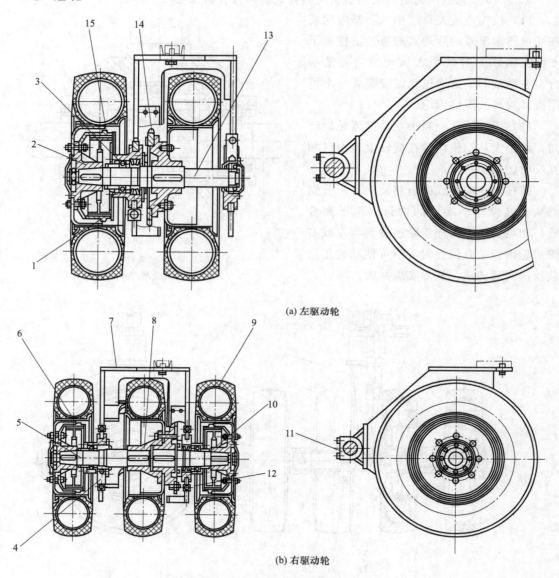

(a) 左驱动轮

(b) 右驱动轮

图 6-4　YL9/16 型轮胎压路机的驱动轮

1—制动鼓；2—轮毂；3—轴承；4—挡板；5—左后轮的左半轴；6—轮辋；7—Ⅱ形轮架；8—联轴器；9—轮胎；
10—左后轮的右半轴；11—轴承盖；12—链轮；13—右后轮轴；14—链轮；15—制动器

后轮即为驱动轮（见图 6-4）。后轮由两部分组成。左边一组由三个车轮组成，右边一组由两个车轮组成。每个后轮都用平键装在轮轴上，左边三个车轮的轮轴是由两根短轴组成的，期间是靠联轴器连接在一起。右边两个车轮共用一根短轴。左、右轮轴分别通过滚珠轴承装在各自的Ⅱ形轮架上，此轮架又通过轴承和螺钉安装在机架的后下部。

4. 制动器气助力系统

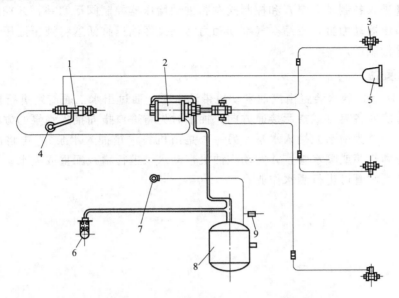

图 6-5　YL9/16 型轮胎压路机的制动器气助力系统

1—制动总泵；2—增压器；3—制动分泵；4—油箱；5—制动灯；6—空气压缩机；7—压力表；

8—储气筒；9—安全阀

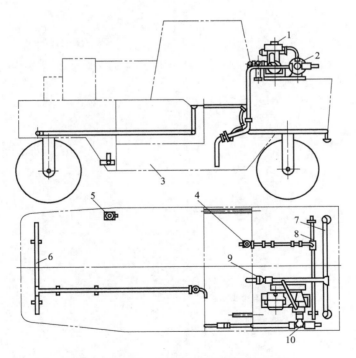

图 6-6　YL9/16 型轮胎压路机的洒水装置

1—汽油机；2—水泵；3—机身水箱；4—洒水阀门；5—放水阀门；6,8—洒水管；7—喷水管；

9—出水三通；10—进水三通

制动器气助力系统如图 6-5 所示，压缩空气由空气压缩机进入主储气筒，经管道与增压器气阀相通。当踏下制动器踏板制动时，总泵的液压油被压入增压器的油压缸右腔（并经出油阀、制动管进入各制动分泵）和控制阀左腔推动增压器控制阀活塞并打开控制阀门，于是高压气进入增压器动力缸，压缩空气推动动力活塞又经油压缸活塞将液压油压入制动分泵并张开制动蹄进行制动。

5. 洒水装置

如图 6-6 所示，洒水装置由汽油发动机带动水泵，通过出水三通旋塞进行抽水和洒水。

两个三通旋塞各有刻线指示接通方向，抽水时先将进口指向抽入水泵的方向（其中进水有两个方向，一个为由水源抽入水泵，另一个是由机身水箱抽入水泵），再将出水三通旋塞指向接通机身洒水箱或喷水管，并发动汽油机带动水泵进行增减配重或喷水。若打开洒水阀门，前后轮端洒水管可进行洒水作业。

第七章 振动压路机

第一节 概 述

一、振动压路机特性

振动压路机依靠机械自身质量及其激振装置产生的激振力共同作用，降低被压材料颗粒间的内摩擦力，将土粒楔紧，达到压实土壤的目的。

振动压实具有静载和动载组合压实的特点，其压实能力强，压实效果好，生产效率高。

振动压路机主要用在公路、铁路、机场、港口、建筑等工程中，用来压实各种土壤、碎石料、各种沥青混凝土等。在公路施工中，多用在路基、路面的压实。

二、振动压路机分类

（1）按结构重量分类（见图7-1）

① 轻型（<1t）。

② 小型（1~4t）。

③ 中型（5~10t）。

④ 重型（10~18t）。

⑤ 特重型（18t以上）。

（2）按行驶方式分类　如图7-2所示。

（3）按振动轮数量分类　如图7-3所示。

（4）按驱动轮数量分类　可分为单轮驱动、双轮驱动和全轮振动。

（5）按传动系传动方式分类　可分为机械传动、液力机械传动、液压机械传动和全液压传动。

（6）按振动轮内部结构分类　可分为振动、振荡和垂直振动，其中振动又可分为：单频单幅、单频双幅、单频多幅、多频多幅和无级调频调幅。

图 7-1 振动式压路机按重量分类

图 7-2 振动压路机按行驶方式分类

图 7-3 振动压路机按振动轮数量分类

（7）按振动激励方式分类 可分为垂直振动激励、水平振动激励和复合激励。

（8）按振动轮外部结构分类 如图 7-4 所示。

（9）按照结构形式进行分类 如表 7-1 所示。

图 7-4 振动压路机按外部结构分类

表 7-1 振动压路机按结构形式分类

序号	第一级分类	第二级分类
1	自行式振动压路机	轮胎驱动光轮振动压路机
2		轮胎驱动凸块振动压路机
3		钢轮轮胎组合振动压路机
4		两轮串联振动压路机
5		两轮并联振动压路机
6		四轮振动压路机
7	拖式振动压路机	拖式光轮振动压路机
8		拖式凸块振动压路机
9		拖式羊足振动压路机
10		拖式格栅振动压路机
11	手扶式振动压路机	手扶式单轮振动压路机
12		手扶式双轮整体式振动压路机
13		手扶式双轮铰接式振动压路机
14	新型振动压路机	振荡压路机
15		垂直振动压路机
16		复式振荡压路机

三、工作原理

振动压路机在作业时，由于振动轮的振动作用，对地面造成一个往复冲击力。在每次冲击时，对被压实的材料中产生一个冲击波，在冲击波的作用下，材料颗粒由静止的初始状态转变为运动状态，从而产生密实的效果。

由于材料中水分的离析作用，颗粒间的摩擦阻力大为下降，对加速颗粒运动更为有利。

四、主要参数

振动压路机主要参数包括振动频率和振幅、静质量和静线压力、振动轮个数、压路机速度、振动轮直径与宽度、振动轮与机架的质量比、激振力与振动轮的质量比等，这些参数直接影响其压实效果。

1. 频率和振幅

振动压路机机架借助于橡胶元件使其与振动轮隔振，振动发生于旋转的偏心块，旋转速度决定振动频率。用偏心块的质量和偏心尺寸可以算出偏心力矩，偏心力矩直接决定振动轮的名义振幅。当振动轮放在中等柔软的弹性垫层例如橡胶上振动时，所得振幅为名义振幅。工作中振动轮振幅会受到土壤性质的影响。在振动器－土壤共振时，实际振幅要比名义振幅更大，振动轮在很硬的地面上发生"蹦跳"时，振幅值将会更高。振幅的正确定义应该是，振幅等于振动轮上下运动时，振动波波峰至波谷最低点垂直距离的一半。

2. 静质量和静线压力

振动压路机静质量增加，而其他参数（频率、振幅等）不变，施加于土壤中的静态和动态压力与静质量成比例地增加。压实试验已经证明，振动压路机的影响深度大致上与振动轮质量成正比。静线压力为单位振动轮宽度上均匀分布的整机重量是一个重要的参数。

3. 振动轮个数

采用两个轮子全振动的振动压路机，碾压遍数能够减少，因而生产率可以提高。两个轮子全振动的两轮振动压路机与一个轮子振动另一个轮子不振动的两轮振动压路机在生产率方面比较，碾压土壤时，后者约为前者的 80%；碾压沥青混合料时，后者约为前者的 50%。但是根据受压材料的类型的不同有较大的差异。

4. 压路机速度

压路机速度对于土壤压实效果有显著的影响，每台压路机有一个最佳的碾压速度。在碾压土壤和岩石填方时，振动压路机最佳碾压速度一般是在 3～6km/h 之间，在此速度下的生产率最佳。在大型工程中，最佳碾压速度应通过压实试验来确定，需要高密实度、碾压难于压实的土壤和碾压厚铺层时最佳碾压速度建议采用 3～4km/h。

5. 振动轮直径与宽度

振动压路机振动轮直径与静线压力有关。线压力高，则振动轮的直径也必须大。现有结构振动压路机的滚轮宽度 B 一般大于滚轮直径 $D1.1～1.8$ 倍，即 $B \geqslant (1.1～1.8)D$。为了保证振动压路机在坡道上的近路边工作的稳定性，滚轮的宽度应不小于 $(2.4～2.8)R$（滚轮半径）。

6. 振动轮与机架的质量比

振动轮与机架的质量比对压实效果有一定影响。机架质量大一些是有利的，振动轮可以借助于机架的质量压向土壤，从而可以取得更有规律的振动。但是，机架的质量有一个上限，超过这个限度，机架的质量就如同一个阻尼器，对振动发生很大的阻尼作用，结果会增强自身振动，而使振动轮振动减弱。

7. 激振力与振动轮的质量比

激振力与振动轮的质量比对振动压路机的工作方式有比较大的影响，振动压路机通常是在冲击工况下工作。试验表明，当激振力 P 大于振动轮的分配重力 G 两倍，即 $P \geqslant 2G$ 时，振动轮的振动可转到冲击工况。压实非黏土时，在振动频率为 $25～100Hz$ 情况下，应按 $P \approx G$ 进行选取；当压实黏性土壤时，振动压路机应能具有冲击振动，此时相对激振力可按不等式 $P \geqslant (3.5～4)G$ 进行选取。

第二节　振动压路机构造

一、振动压路机总体构造

1. YZ18C 型振动压路机总体构造及参数（见图 7-5）

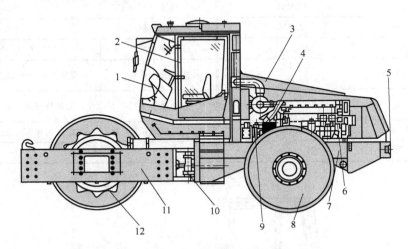

图 7-5　YZ18C 型振动压路机总体构造

1—操作系统总成；2—驾驶室总成；3—覆盖件总成；4—空调系统；5—电气系统；6—动力系统；7—后车架总成；
8—后桥总成；9—液压系统；10—中心铰接架；11—前车架总成；12—振动-驱动轮总成

（1）组成　自行式振动压路机总体构造一般由发动机、传动系统、操纵系统、行走装置（振动轮和驱动轮）以及车架（整体式和铰接式）等总成组成。

YZ18C 型振动压路机是超重型压路机。包括振动轮部分和驱动车部分，它们之间通过中心铰接架铰接在一起，采用铰接转向方式，提高通过性能和机动性。

振动轮部分包括振动轮总成、前车架总成等部件。振动轮内的偏心轴通过弹性联轴器与振动马达轴相连，由液压泵组中的振动泵供应高压油给振动马达带动偏心轴旋转而产生强大的激振力。振动频率和振幅可通过液压系统的控制来进行调整，以满足不同工况的要求。

另外，振动轮还具有行走的功能，由液压泵组中的行走泵输出的高压油驱动振动轮左边的液压马达旋转，从而驱动振动轮行走。为了减轻或消除振动，驱动车部分以及驾驶室与后车架之间都装有减振块。

车架是压路机的主骨架，其上装有发动机、行走和振动及转向系统、操作装置、驾驶室、电气系统、安全保护装置等。

（2）主要参数　以 YZ18C 型振动压路机为例介绍振动压路机的主要技术参数，如表 7-2 所示。

2. YZC12 型振动压路机总体构造及参数（见图 7-6）

（1）组成　前后轮驱动保证了高效的牵引力性能和良好的爬坡能力。行走泵、振动泵选用美国 Sund-strand 公司的变量泵，行走马达选用法国 Poclain 公司的低速大扭矩马达，振动马达选用国内获德国 Hydromatic 公司许可证生产的斜轴马达。

表 7-2　振动压路机的主要技术参数

项　目	技术参数	项　目	技术参数
工作质量/kg	18800	摆动角度/(°)	±15
前轮分配质量/kg	12500	理论爬坡能力/%	48
后轮分配质量/kg	6300	发动机	DEUTZBF6M1013C 涡轮增压水冷发动机
静线压力/(N/cm)	576	额定功率/kW	133
振幅/mm	9/0.95	额定转速/(r/min)	2300
振动频率/Hz	29/35	燃油箱容积/L	300
激振力/kN	380/260	电器系统	24V 直流,负极接地
工作速度Ⅰ,Ⅱ/(km/h)	0～6.5/ 0～8.6	驱动液压系统	变量柱塞泵＋双变量柱塞马达
行驶速度Ⅲ,Ⅳ/(km/h)	0～10.2/ 0～12.5	振动液压系统	变量柱塞泵＋定量柱塞马达
外侧转弯直径/mm	12600	转向液压系统	定量齿轮泵＋全液压转向器
转向角度/(°)	±35		

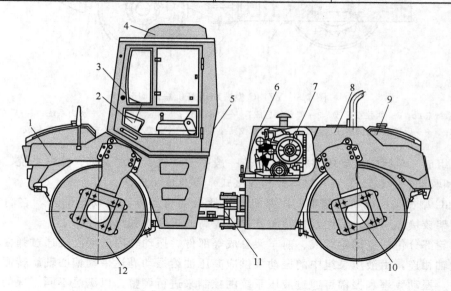

图 7-6　YZC12 型振动压路机总体构造

1—前车架总成；2—电气系统；3—操作系统总成；4—空调系统；5—驾驶室总成；6—发动机机罩；7—动力
系统总成；8—后车架总成；9—洒水系统；10—液压马达；11—中心铰接架；12—振动轮总成

　　行走系统是由单泵双马达并联组成的闭式回路低速传动，既有良好的驱动能力又方便安装和维修。行走泵装有中位启动开关，以避免带负荷启动。当行走操纵杆放在中位时，发动机才能启动点火，否则就无法启动；低速大扭矩马达有两个排量，可以实现电磁控制两挡无级变速。正常的行走控制靠液压自锁，利用行走操纵杆即可实现。

　　振动系统采用单泵双马达串联组成的闭式系统。在系统中安装有一个二位二通阀，搬动阀柄就可以实现前轮的单独振动。仪表盘上装有两个调频电磁旋钮，能够方便地实现变频变幅。

　　洒水系统采用双水泵单独给前后轮供水喷洒，喷洒冲击力强，喷洒扇形分布，效果好。

（2）主要参数 YZC12型振动压路机主要技术参数见表7-3。

表 7-3 YZC12 型振动压路机主要技术参数

项　目	技术参数	项　目	技术参数
工作质量/kg	12000	激振力（低频高幅/高频低幅）/kN	140/80
前轮分配质量/kg	6000	振动轮直径/mm	1250
后轮分配质量/kg	6000	振动轮宽度/mm	2130
静线压力（前/后）/（N/cm）	276/276	发动机型号	Cummins 4B3.9
速度范围/（km/h）	0～10	发动机形式	水冷
理论爬坡能力/%	30	发动机额定功率/kW	300
最小转弯半径/mm	6000	长×宽×高/mm	5330×2300×3170
最小离地间隙/mm	340	燃油箱容积/L	280
转向角/（°）	±40	液压油箱容积/L	220
摇摆角/（°）	±12	水箱容积/L	500×2
名义振幅/mm	0.8/0.4	发动机油耗/[g/（kW·h）]	20

二、振动压路机主要部件构造

1. 动力装置

（1）YZ18C 型振动压路机动力装置　YZ18C 型振动压路机采用德国道依茨公司 BF6M1013 涡轮增压型水冷柴油机，具有很高的工作可靠性和燃油经济性，低噪声，低排放。

（2）YZC12 型双钢轮振动压路机动力装置　YZC12 型双钢轮振动压路机采用 Cummins 4B3.9 涡轮增压水冷发动机，同样具有很高的工作可靠性和燃油经济性，低噪声，低排放。

2. 传动系统

振动压路机的传动系统可分为机械传动和液压传动两大类。

（1）机械传动式（见图 7-7）　发动机通过离合器、变速器、差速器、轮边减速器，最后到达驱动轮，转向和振动轮的动力通过分动箱引出。比如 YZ10B 型振动压路机。

（2）液压传动式　液压传动易于实现无级调速和调频，传动冲击小和闭锁制动功率损失小，易于功率分流，方便整机布置，操纵控制方便，易于实现自动化。

YZ18 型、YZC16 型、YZ25GD 型等振动压路机均采用全轮驱动、铰接转向机构。YZ20H、YZ16H、YZ25GD、YZC10、YZC16、YCC12 和 YS8 等型号振动压路机均采用全液压传动，而且大多为闭式全液压系统，流量损失少、效率高。

3. 振动轮总成

（1）YZ18C 型振动压路机振动轮总成（见图 7-8）　振动轮轮体外径 1.6m，宽度 2.1m，采用钢板卷制对接而成，外部光滑平整、壁厚均匀，可以保证振动压实效果均匀一致，压实效果较好。振动轮体内腔装有轴承支座、偏心轴、调幅装置。

偏心轴是振动发生器，机器的振动是通过振动马达带动偏心轴高速旋转而产生的。偏心轴一端和振动马达相连，改变振动马达的旋转方向就可以改变振幅。

调幅装置是调整振动轮振幅大小的装置。根据结构特点的不同可分为正反转调幅机构、

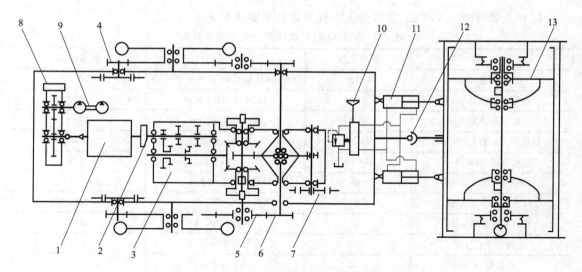

图 7-7　YZ10B 型振动压路机的传动系统

1—发动机；2—主离合器；3—变速器；4—脚制动；5—侧传动齿轮；6—末级减速主动小齿轮；7—手制动；
8—副齿轮箱；9—双联油泵；10—方向器和转向阀；11—转向油缸；12—铰接转向节；13—振动轮

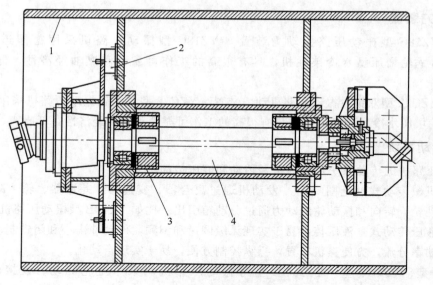

图 7-8　YZ18C 型振动压路机振动轮总成

1—振动轮体；2—减振块；3—偏心块；4—偏心轴

双轴调幅机构、套轴调幅机构三种形式。

（2）振动压路机常见的调幅机构

① 基本原理　振动压路机的振幅有名义振幅 A_0、工作振幅 A，名义振幅是指将压路机机身支起，让振动轮悬空所测得的振动轮的振幅，工作振幅是指工作时振动轮的实际振幅。名义振幅是一个理论值，对于特定的振动压路机，名义振幅是个定值，工作振幅是随机变量，不同的工况有不同的工作振幅。通常两者之间有一定的关系：$A=KA_0$。

对于一定的"振动压路机-土壤"振动系统，要改变振动压路机的工作振幅，只有靠改变其名义振幅来实现。

$$A_0 = M_E/M_d$$

式中　M_E——振动轴的净偏心距；

　　　M_d——下车质量引起的荷载。

对某一振动压路机而言，要改变工作振幅，就需改变名义振幅，要改变名义振幅就需改变振动轴的净偏心距。

② 调幅机构分析

a. 正反转调幅机构（见图 7-9）　通过变换振动马达的进回油腔而改变振动轴的旋转方向，由于挡销的作用可使固定偏心块与活动偏心块相叠加或相抵消，达到改变振动轴的合偏心距，从而实现调节振幅的目的。

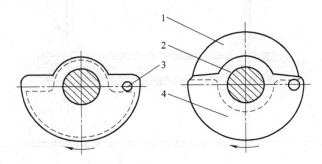

图 7-9　正反转调幅机构工作原理

1—活动偏心块；2—振动轴；3—挡销；4—固定偏心块

b. 双轴调幅机构（见图 7-10）　振动马达通过花键套 9 带动传动轴 10 旋转，再通过齿形皮带 13 带动皮带轮 12 和振动轴 11 旋转，同时带动皮带轮 4 和花键套 3，从而带动振动轴 6 旋转。振动轴 6 和振动轴 11 之上焊接有偏心块，而且旋转方向相同。

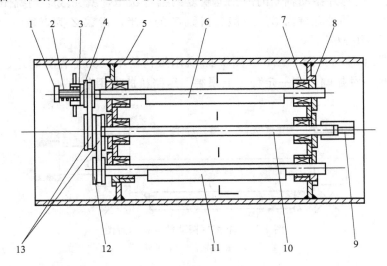

图 7-10　双轴调幅机构

1—挡板；2—弹簧；3,9—花键套；4,12—皮带轮；5—轮子焊接；6,11—振动轴；
7—轴承；8—轴承座；10—传动轴；13—齿形皮带

当需要调节工作振幅时，握住花键套 3 上的手柄，向左拉出，压缩弹簧 2，直到使花键套 3 的外花键与皮带轮 4 的内花键脱开，然后带动振动轴 6 旋转若干个花键齿，再将花键套 3 的外花键与皮带轮 4 的内花键恢复啮合状态，就完成了调幅工作。调幅的挡次取决于花键套 3 的外花键齿数，一般为齿数 Z 的一半，齿数 Z 为奇数时为 $(Z+1)/2$。

c. 套轴调幅机构（见图 7-11） 振动马达通过花键套 10 带动外振动轴 6 旋转，再通过花键套 11 带动内振动轴 7 旋转。外振动轴 6 上焊接有偏心块，内振动轴 7 为偏心轴。两轴旋转方向相同。

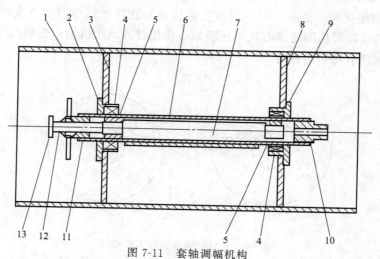

图 7-11 套轴调幅机构

1—轮圈；2—左轴承座；3—左辐板；4—振动轴承；5—铜套；6—外振动轴；7—内振动轴；8—右辐板；
9—右轴承座；10,11—花键套；12—弹簧；13—挡板

当需要调节工作振幅时，握住花键套 11 上的手柄，向左拉出，压缩弹簧 12，直到花键套 11 的外花键与外振动轴 6 的内花键脱开，然后带动内振动轴 7 旋转若干个花键齿，再使花键套 11 的外花键与外振动轴 6 的内花键恢复到啮合状态，就完成了调幅工作。调幅的挡次取决于花键套 11 的外花键齿数，一般为齿数 Z 的一半，齿数 Z 为奇数时 $(Z+1)/2$。

③ 振动轴结构分析

a. 单振幅振动轴（见图 7-12） 图 7-12 所示结构简单，具有容易制造、可靠性好的特点；但只能实现一种振幅，在一定程度上限制了压路机的使用范围。

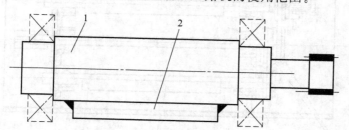

图 7-12 单振幅振动轴结构示意图

1—振动轴；2—偏心块

b. 双振幅振动轴（见图 7-13～图 7-15） 图 7-13 所示结构广泛应用于各种吨位级别的振动压路机上，具有容易制造、可靠性好等特点。这种结构利用振动轴的正反转实现两种不同的振幅，一般能够满足绝大部分工况的施工要求，但起振及停振时活动偏心块与挡销会产

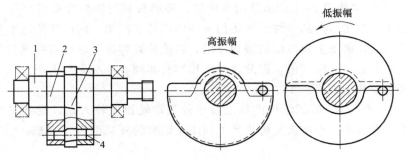

图 7-13 双振幅振动轴结构示意图 （一）

1—振动轴；2—固定偏心块；3—活动偏心块；4—挡销

生刚性撞击声，且频繁撞击容易产生铁屑，污染润滑油，从而影响骨架油封的密封性和振动轴承的使用寿命。改变固定偏心块或活动偏心块的厚度或轮廓半径可以改变高、低振幅值。

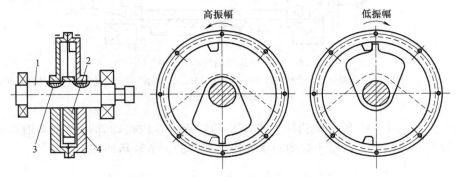

图 7-14 双振幅振动轴结构示意图 （二）

1—振动轴；2—活动偏心块；3,4—固定偏心壳

图 7-14 所示结构是图 7-13 所示结构的优化，两个固定偏心壳形成空腔，活动偏心块位于空腔内，固定偏心壳采用精密铸造，凸台结构代替了挡销。这种结构既降低了刚性撞击声，又可以有效地防止撞击产生的铁屑进入油室污染润滑油。如果采用相应的密封结构，空腔内可加注润滑油以进一步缓冲撞击，甚至对保护振动马达起到一定作用。

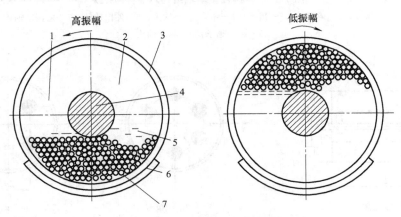

图 7-15 双振幅振动轴结构示意图 （三）

1—隔板；2—幅板；3—环型板；4—振动轴；5—油液；6—固定偏心块；7—钢球

图 7-15 所示结构是图 7-14 所示结构的优化，环形板和两块幅板形成空腔，大量钢球代替了活动偏心块，焊接固定的一块或两块挡板结构代替了挡销。刚球的流动本身就具有低噪声和冲击小的特点，再加上润滑油的缓冲作用，转换振幅容易"静悄悄"进行。改变钢球的数量，就可以改变高、低振幅值，因此这种结构容易实现"标准化"生产。

c. 多振幅振动轴（见图 7-16、图 7-17）

i. 拔套式　图 7-16 所示结构的特点在于外振动轴跨度较大，只能是两处支撑，因此对大振动轴承要求较高。该结构振幅数量可利用花键套的外花键齿数调整，一般设计 5～10 种振幅。

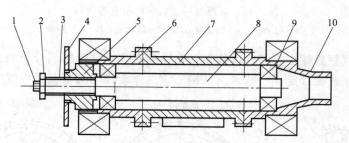

图 7-16　多振幅振动轴结构示意图（一）

1—螺栓；2—挡板；3—弹簧；4—调幅板；5—调幅花键套；6—轴头；7—外振动轴；8—内振动轴；
9—振动轴承；10—驱动轴头

ii. 拔轴式　图 7-17 所示结构除具有图示的特点外，内振动轴与小振动轴承之间的配合必须是较大的间隙配合，而小振动轴承使用大规格的关节轴承即可。

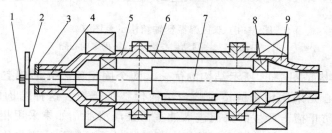

图 7-17　多振幅振动轴结构示意图（二）

1—螺栓；2—调幅板；3—挡板；4—弹簧；5—轴头；6—外振动轴；7—内振动轴；
8—振动轴承；9—驱动轴头

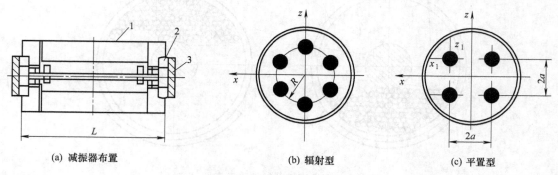

(a) 减振器布置　　　　　　(b) 辐射型　　　　　　(c) 平置型

图 7-18　减振块

1—振动轮；2—减振器；3—机架

④ 减振块（见图 7-18） 振动压路机的振动轮根据是否传递驱动力矩可分为驱动型和从动型两种。因此使振动轮与前机架之间的橡胶减振器具有不同的布置形式——辐射型布置和平置型布置。

辐射型布置的单个橡胶减振器除承受振动轮振动外，还要传递驱动力矩至振动轮，使振动轮处于驱动行驶状态，减振支承系统组成一个庞大的弹性联轴器，故只能采用圆截面的橡胶减振器。

平置型布置的橡胶减振器不传递振动轮行驶驱动力矩，橡胶减振器可采用圆截面与矩形截面形式。

4. 转向与制动系统

（1）YZ18C 型压路机转向系统（见图 7-19）

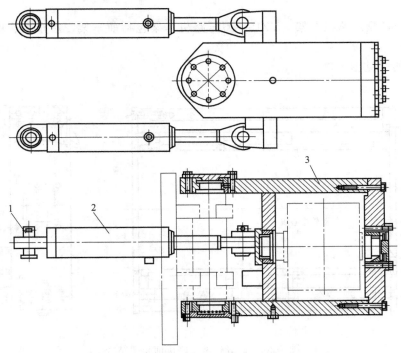

图 7-19 YZ18C 型压路机转向铰接机构
1—销轴；2—转向油缸；3—中心铰接架

① 组成 YZ18C 型压路机转向系统主要由转向齿轮泵、全液压转向器、转向油缸和压力油管等组成。

② 位置 液压转向系统安装在后车架上，通过转向油缸的伸缩控制整车的转向。

③ 铰接机构 这种压路机的转向机构采用铰接转向。中心铰接架由铰接架、轴端挡板、球形轴承等组成。通过它将前后车架铰接成一个整体，可以实现转向、前车架左右摆动。通过控制转向油缸的伸出长度来控制转向角。

（2）制动系统 这种压路机采用了液压三级制动系统。所谓三级制动，指的是振动压路机的三种制动形式，即工作制动、行车制动和紧急制动。三者根据不同的情况分别采用，但其作用原理不外乎两种，即静液制动和制动器制动。

① 工作制动 工作制动是压实过程中，在压路机进行前进、倒退转换时停车使用的，

要求制动过程平稳，以避免对作业面产生破坏。操作过程是将倒顺手柄回中位即行走泵斜盘回零位即可，依据的是闭式液压系统自身的闭锁功能，即静液制动。

②　行车制动　行车制动则是压路机在较高速度行驶时快速停车使用，要求制动时间和制动距离短，操作过程是先将倒顺手柄回中位，随即按下制动按钮，即静液制动和制动器制动同时作用，制动按钮控制的只是制动电磁阀。

③　紧急制动　紧急制动是指在非常紧急的情况下，来不及将倒顺手柄回中位，直接按下紧急制动按钮，使压路机在行走过程中强行制动，直至液压行走系统溢流而失去驱动能力并逐渐停车。

三级制动一级比一级制动安全系数高。

在使用过程中要求尽量不用紧急制动，少用行车制动。

5. 车架

（1）YZ18C 型压路机车架　YZ18C 型压路机车架包括前车架、后车架、中心铰接架三大部分。

①　前车架（见图 7-20）

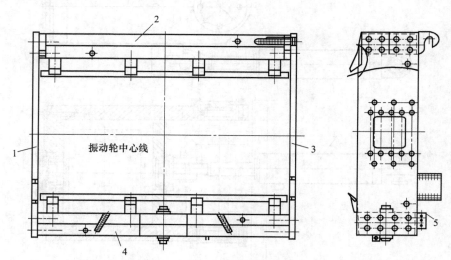

图 7-20　YZ18C 型压路机前车架结构

1,3—侧框板；2—前框板；4—后框板；5—刮泥板总成

组成：刮泥板总成、前框板、后框板、两块侧框板等。

主要功能：支撑振动轮总成。前车架为典型的方框结构，采用高强度钢板组合而成，具有足够的强度和刚度抵抗压路机工作时的强冲击力和转矩。刮泥板用于刮下粘在振动轮上的铺层材料，其前端与振动轮外圆表面的间隙可以调节。

②　后车架　YZ18C 型压路机的后车架由燃油箱、倾翻保护架、液压油箱、液压油箱支架、覆盖件、框架等组成。它的主要功能是支撑发动机和驾驶室，固定后桥。

（2）YZC12 型压路机车架　车架包括前车架、后车架、中心铰接架三部分。

①　前车架（见图 7-21）　前车架总成由前车架体、刮泥板等组成。它的主要作用是支撑振动轮、驾驶室、前水箱等。前车架采用高强度钢板焊接而成，具有足够的强度和刚度，以抵抗压路机工作时的强冲击力和转矩。刮泥板调整好之后可以刮除粘在振动轮上的杂物。

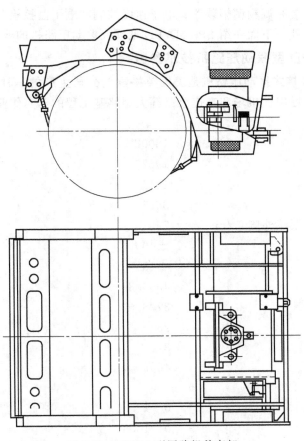

图 7-21　YZC12 型压路机前车架

为了安装和运输的方便，前车架设有两个吊耳。为了减轻振动对驾驶员的不利影响，在前车架与驾驶室连接处设有起减震缓冲作用的减振块。

② 后车架　后车架总成由后车架体、刮泥板等组成。它的主要功用是支撑发动机、振动轮、液压油箱、燃油箱、后水箱等。

后车架采用高强度钢板焊接而成，具有足够的强度和刚度，以抵抗压路机工作时的强冲击力和转矩。水箱是由模具成型的玻璃钢制品通过专门的造型设计，外形美观大方。前后水箱容积供油 2×500L。为了减轻振动产生的危害，水箱与车架连接处设有减振垫，发动机和后车架之间设有弹性减振块，可方便地将发动机调整到水平位置。

③ 中心铰接架　中心铰接架由双铰接架、轴端挡板、球形轴承等组成。通过它将前后车架铰接成一个整体，可以实现转向、前车架左右摆动的功能。通过控制转向油缸的伸出长度来控制转向角，在最大转向角时，前后车架和中心铰接架不发生干涉。转向机构限位由前铰接架限位挡铁实现，蟹行机构限位由后铰接架限位挡铁实现。

第三节　振动压路机液压系统

振动压路机已被广泛用于土石填方和沥青混合料路面的压实作业。振动压路机具有压实效果好、生产率高、适应能力强、使用范围宽等优点。振动压路机普遍采用液压传动和全液

压铰接转向技术，并装有调频调幅装置、电子速度控制和电子监控检测装置，可随时检测压实层的密实度和均匀性。下面介绍 SP-60D/PD 型现代振动压路机的液压系统。

1. SP-60D/PD 型振动压路机技术参数

SP-60D/PD 型铰接式振动压路机是美国英格索兰公司生产的一种大型全液压振动压路机，主要用于矿山、堤坝、机场和高速公路等大型路基工程的压实作业。该机的主要技术参数如下：

运输质量/kg	18008
工作质量/kg	19323
轮距/mm	1811
轴距/mm	3695
最小转弯半径（碾砣外侧）/m	7
转向角度/(°)	±40
碾砣摆动角/(°)	±15
激振力/kN	4560.8
碾砣总作用力/kN	3778.5
振动频率/Hz	25
振幅/mm	3
最大爬坡能力	46%
车速/(km/h)	
前进Ⅰ挡	0～7
前进Ⅱ挡	0～10.5
后退Ⅰ挡	0～7
后退Ⅱ挡	0～10.5
轮胎规格	23.5×25
发动机型号	6V-71N
额定功率/kW	154
额定转速/(r/min)	1950

2. SP-60D/PD 型振动压路机液压系统

该机为静液压驱动，其液压系统如图 7-22 所示，可分为液压驱动行走回路、液压驱动振动回路和液压转向回路。

（1）液压驱动行走回路　该回路是由一个变量轴向柱塞泵 1 和两个并联的定量轴向柱塞马达 11、12 组成的闭式容积调速回路。该回路可以实现前进、后退、停车及作业速度的无级调速。

驱动泵 1 为美国森特（SundStrand）公司 24 系列变量泵，排量为 118.6cm³/r，转速为 2370r/min，最高工作压力为 35MPa。前桥驱动马达 12 为美国森特公司 23 系列定量马达，排量为 89.1cm³/r，调整压力为 35.1MPa，碾砣驱动马达 11 也为美国森特公司 23 系列定量马达，安全阀调速压力为 35.1MPa。驱动泵 1 安装在分动箱左侧，由发动机经分动箱带动。碾砣驱动马达 11 和前桥驱动马达 12 是并联的，因此两个马达 11 和 12 同时由一个控制阀组控制。液压驱动系统工作压力在平地工作时为 4.2～9.8MPa，爬坡 20% 坡度时为 14.0～

28.1MPa，变量泵调节装置由辅助泵通过三位四通电磁阀供油。辅助泵同时也可向主泵油路供油。前桥驱动马达经二级变速器、差速机构和轮边减速器而驱动前轮胎。碾磁驱动马达经行星减速器驱动碾磁。前桥驱动马达 12 上装有过载溢流阀，以实现安全保护和液压缓冲制动。二位二通电磁阀实现驱动轮的制动。三位三通液动换向阀组实现低压油路冷却。

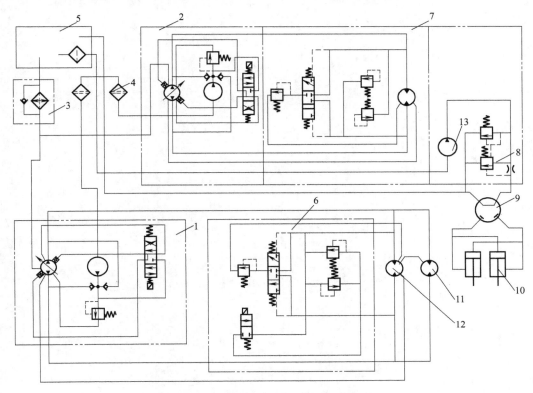

图 7-22　SP-60D/PD 型振动压路机液压系统图

1—行走泵总成；2—振动泵总成；3—液压油冷却器；4—精滤油器；5—液压油箱；6—行走液压马达控制阀组；

7—振动液压马达控制阀组；8—转向压力控制阀组；9—全液压转向器；10—转向液压缸；

11,12—行走液压马达；13—转向泵

（2）液压振动回路　该回路是由变量轴向柱塞泵 2 和定量马达 7 组成的闭式容积调速回路，可以实现碾磁振动频率的无级调节。同时也可根据行车方向，改变泵输出液流的方向，从而改变起振偏心块的旋转方向，使其与行车方向一致以获得最佳压实效果。振动马达 7 直接带动主动挠性轴，然后通过挠性轴再带动振动偏心块，偏心块在高速转动下产生离心力，由其离心力（最大 272kN）致使碾磁产生振动。振动泵 2 为森特公司 21 系列变量泵，排量为 51.6cm^3/r，转速为 2730r/min，最高工作压力为 35MPa。振动马达 7 为森特公司 23 系列定量马达，排量为 89.1cm^3/r，调整压力为 35.15MPa。液压回路工作原理基本与行走液压回路相同。

（3）转向液压回路　该回路是主要由转向泵 13、全液压转向器 9 和转向液压缸 10 组成的开式回路。

全液压动力转向具有转向轮结构紧凑等特点，转向器可随驾驶室一起旋转 180°以适应多操纵位置的需要。当发动机熄火，转向泵不供油时仍能实现手动转向。压路机可实现

±40°的转向，同时碾磙还可以相对前桥倾斜±15°以适应不平路面作业的需要。转向泵 13 为齿轮泵，流量为 45.42L/min，转速为 2730r/min，调节压力为 15.82MPa。转向液压缸 10 内径为 101.6cm，行程 260mm。该回路装有过载阀以防止系统过载，并装有溢流阀、节流阀以保持回路流量基本稳定。该回路工作压力为 0～12.3MPa。

第八章 稳定土拌和机

　　稳定土拌和机又称路拌机（即在路基上就地拌和施工的机械），是将土壤粉碎与稳定剂（如石灰、水泥、沥青、乳化沥青或其他化学剂等）均匀拌和以提高土壤稳定性，用以修建稳定土路面或加强路基的一种路面工程机械。

　　稳定土拌和机的施工方法称为路拌法，是指将土壤粉碎与稳定剂均匀拌和，用以修筑道路、机场、城市建筑等设施的基础层拌和施工工艺方法。稳定土拌和机因拌和工艺不同，可分为集中于某一场所进行拌和的稳定土厂拌设备和在路基上就地直接进行拌和的稳定土拌和机两种，如图 8-1 所示。

(a) 稳定土拌和机

(b) 稳定土厂拌设备

图 8-1　稳定土拌和机

第一节　稳定土拌和机概述

一、用途

　　稳定土拌和机是修筑道路稳定基层的一种专用机械，其作用是将土壤（包括土、骨料、粉煤灰）、稳定剂材料（水泥、石灰、沥青）、水根据工程设计的配比拌和均匀。路拌法施工由于施工简便、成本低，主要用于公路工程、港口码头、停车场、飞机场等施工中稳定土基层的现场拌和作业。路拌机的拌和幅度变化较大，可拌和Ⅰ～Ⅳ级土壤，附设有热态沥青或乳化沥青再生作业、自动洒水装置，可就地改变稳定土的含水量并完成拌和；通过更换作业装置（装上铣削滚筒），还可完成沥青混凝土或水泥混凝土路面的铣刨作业。

二、分类及表示方法

根据结构和工作特点，稳定土拌和机可以按以下方式进行分类。

（1）按行走方式分类　分为履带式、轮胎式和复合式［图 8-2(a)、(b)、(c)]。履带式稳定土拌和机多用在大、中功率等级的稳定土拌和机上，适合于大面积连续施工使用。轮胎式稳定土拌和机由于采用了低压宽基轮胎，提高了整机稳定性和牵引附着性，且具有机动灵活、行驶速度快、便于自行转移施工工地等优点，因而应用较多。复合式稳定土拌和机综合了履带式和轮胎式的优点，前桥采用轮胎，后桥采用履带式行走方式，主要用在中小型稳定土拌和机上。

（2）按动力传递方式分类　分为液压式、机械式和混合式（机液结合），以全液压传动为多见。

（3）按移动方式分类　分为自行式、半拖式和悬挂式［图 8-2(d)、(e)、(f)]。自行式稳定土拌和机的工作装置安装在轮胎式或履带式专用底盘上，是当前稳定土拌和机主要采用的方式；悬挂式是把工作装置安装在批量定型生产的拖拉机上，为了满足其工作速度的要求，一般要在拖拉机上安装副减速箱，多属于小功率等级的机型；拖式则是以拖拉机为牵引车，工作装置由另一台发动机驱动，目前已基本不生产。

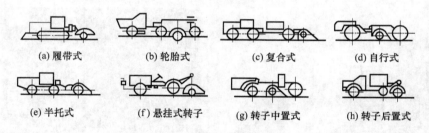

| (a) 履带式 | (b) 轮胎式 | (c) 复合式 | (d) 自行式 |
| (e) 半托式 | (f) 悬挂式转子 | (g) 转子中置式 | (h) 转子后置式 |

图 8-2　履带式和轮胎式

（4）按工作装置在车辆上安装的位置分类　分为转子中置式和后置式两种［图 8-2(g)、(h)]。中置式稳定土拌和机整机结构比较紧凑，但轴距较大，转弯半径大，机动性受到限制，且保养维护转子和更换搅拌刀具时不够方便。后置式稳定土拌和机的转子保养和搅拌刀具的更换较为方便，但整机稳定性较差。

（5）按拌和转子旋转方向分类　分为正转和反转两种。正转即拌和转子从上向下切削土壤，适用于拌和松散的稳定材料；反转则是由下向上切削土壤，其切割阻力比正转方式小，对稳定材料反复拌和与破碎较好，拌和质量也比正转好。

稳定土拌和机的型号表示一般由类、组、型代号和主参数代号组成。字母 WB 表示稳定土拌和机，后面的数字表示拌和宽度（m 或 mm），3 种稳定土拌和机主要技术参数如表 8-1 所示。

表 8-1　3 种稳定土拌和机主要技术参数

型　　号		WBL21	WB210	HPH100GS30B
发动机	型号	WD615.6B		GWC8V-71
	功率/hp	225	160	304
	转速/(r/min)	2200	1800	2100
整机质量/t		13	15.5	13.85
外形尺寸($L \times B \times H$)/mm		8020×3185×3350	6633×2830×2332	8535×3050×2565
转鼓直径/mm		125	1000	1220
刀排数×每排刀数		12×6	12×4	12×6
转鼓转速/(r/min)		0～139	137～164	150～280
拌和转子数		1	1	1
拌和宽度/mm		2100	2100	2005
拌和深度/mm		400	100～300	370～485
工作速度/(km/h)		0～1.5	0～1	1.4
行走速度/(km/h)		0～24.5	0～5.5	3.93

第二节　稳定土拌和机基本构造

稳定土拌和机主要由主机、工作装置和稳定剂喷洒计量系统、制动系统和液压系统等部分组成，其外形如图 8-1（a）所示。

一、主机

主机是稳定土拌和机的基础车辆，包括传动系统、行走系统、转向系统、制动系统、驾驶室 等。稳定土拌和机主机除传动系统有独特的要求外，其余类似于专用底盘。因此，主机部分主要结合国内外典型机种，介绍其传动系统的结构和工作原理。

稳定土拌和机的动力传动系统由行走传动系统和工作装置（转子）传动系统组成。行走传动系统必须满足运行和作业速度的要求，转子传动系统必须满足由于拌和土壤性质不同而决定的转速要求。另外，传动系统应能根据拌和机外阻力的变化自动调节其行走传动系统和转子传动系统间的功率分配，当遇到较大冲击载荷时，要求传动系统有过载安全保护装置。

现代稳定土拌和机常用传动方式有两种：一种是行走系统和转子系统均为液压传动，称全液压式；另一种是行走系统采用液压传动，转子系统采用机械传动，称液压机械式传动。全液压式是目前普遍采用的传动方式。

全液压式稳定土拌和机（如国产 WBY21）的传动原理如图 8-3 所示，其行走传动路线为：发动机 1→万向节传动轴 2→分动箱 6→行走变量泵 4→行走定量马达 8→变速箱 9→驱动桥 10。转子传动路线为：发动机 1→万向节传动轴 2→分动箱 6→转子变量泵 7→转子定量马达 11→转子 12。

液压机械式稳定土拌和机传动系统如图 8-4 所示。其行走传动系统与上述全液压式的行走传动系统类似；而转子传动系统为机械式，其传动路线为：发动机→离合器→变速器→万向节→换向差速器→传动链→转子。通过操纵变速器，转子可获得两级转速，低速用于一般拌和作业，高速用于轻负荷作业或清除转子上黏结物。为防止拌和作业时的过大载荷对传动系零部件造成损坏，在两万向节之间的法兰盘上设有保险销。

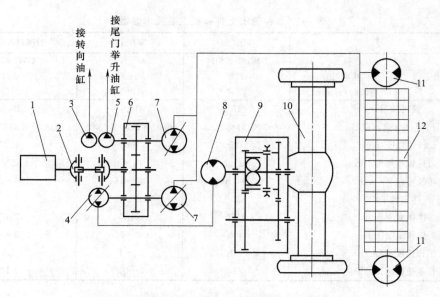

图 8-3 全液压式稳定土拌和机的传动原理

1—发动机；2—万向节传动轴；3—转向液压泵；4—行走变量泵；5—操纵系统液压泵；6—分动箱；
7—转子变量泵；8—行走定量马达；9—变速箱；10—驱动桥；11—转子定量马达；12—转子

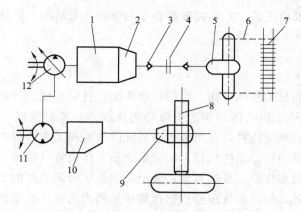

图 8-4 液压机械式稳定土拌和机传动系统

1—发动机；2—转子变速器；3—万向节；4—保险销；5—换向差速器；6—传动链；7—转子；8—驱动桥；
9—差速器；10—行走变速器；11—行走定量马达；12—行走变量泵

全液压式传动系统具有无级调速、调速范围宽、液压缓冲冲击载荷可保护发动机等优点，但造价较高；液压机械式的转子采用机械传动，由于转子的速比不大且范围要求不宽，因而简便可行，但其过载保护装置的保险销剪断后安装对中困难。

二、工作装置

稳定土拌和机的主要工作装置是转子装置，根据其在车辆上的位置有后置式和中置式之分，后置式和中置式分别如图 8-5 和图 8-6 所示。

转子装置是一个垂直于基础车辆行驶方向水平横置的转子搅拌器，通称拌和转子，用支撑在转子两端轴颈上的罩壳封遮其上部和左右侧面，形成工作室。

车辆行驶时，通过转子升降液压缸使整个工作装置提升，离开地面。拌和作业时，工作

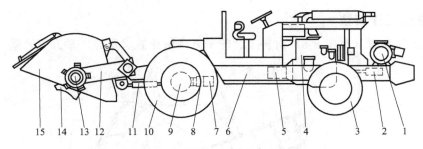

图 8-5　转子后置式稳定土拌和机

1—液体喷洒泵；2—行走液压泵；3—前轮；4—发动机；5—转子液压泵；6—车架；7—行走马达；
8—变速箱；9—驱动桥；10—后轮；11—转子举升液压缸；12—举升臂；
13—转子马达；14—转子；15—罩壳

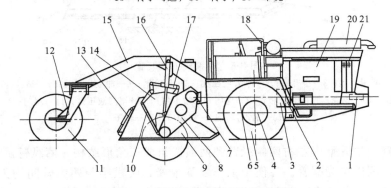

图 8-6　转子中置式稳定土拌和机

1—行走液压泵；2—离合器；3—齿轮变速箱；4—转向驱动桥；5—前轮；6—传动轴；7—齿轮差速传动桥；
8—链传动箱；9—转子；10—推杆；11—后轮；12—后桥；13—尾门开闭液压缸；14—罩壳；15—车架；
16—提升液压缸；17—调节液压缸；18—操纵台；19—发动机；20—发动机散热器；21—液压油散热器

装置降下，罩壳支撑在地面上，此时转子轴颈借助罩壳两侧长方形孔内的深度调节垫块支撑在罩壳上。因此，罩壳在自身重量和转子重量的共同作用下紧紧压在地面上，形成较为封闭的工作室。路拌机工作是通过转子旋转带动转子上的刀具经如下几个过程完成拌和的。

① 切削：由刀具将土壤切削起。

② 抛掷：切下的土壤被刀具抛起抛向转子罩充分破碎。

③ 搅拌：刀具旋转过程中，将堆集的松土等其他材料搅拌均匀。

拌和机转子工作原理如图 8-7 所示。

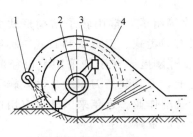
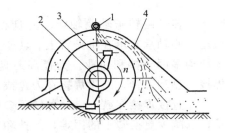

(a) 从上往下方向切削　　　　　　(b) 从下往上方向切削

图 8-7　拌和机转子工作原理

1—黏结料计量器；2—转子驱动轴；3—刀架与刀具；4—罩壳

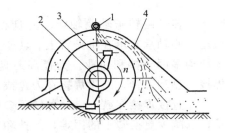

1. 后置式工作装置

后置式工作装置（见图 8-8）由转子、转子升降液压缸、罩壳、举升臂及附件组成。

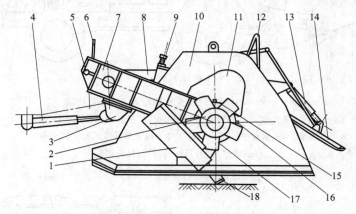

图 8-8　后置式工作装置

1—开沟器；2—液压马达；3—举升臂；4—举升液压缸；5—保险销；6—深度指示器；7—举升臂；8—牵引杆；
9—调节螺栓；10—罩壳；11—封土板；12—尾门开度指示器；13—尾门液压缸；14—尾门；15—加油口；
16—油面口；17—放油口；18—转子

（1）举升臂　举升臂由左右两侧纵臂和两横梁组成三角形结构，两纵臂由槽钢加封板组焊成箱形结构，两横梁为圆管。为便于工作装置维修，两横梁与两纵臂间均为可拆式连接。上横梁通过滑动轴承装于车架尾部三角梁上，构成转子上下运动的铰点；下横梁即举升臂，为举升液压缸的上铰点，液压缸伸缩则使转子升降。

（2）罩壳　罩壳由两侧壁和顶壁组焊成一工作室，罩壳后方有尾门，尾门由液压缸操纵，起刮平并预压土壤的作用，其开度可通过开度指示机构由驾驶员观察调节。开度过小，罩壳内土壤不易排出而增加转子负荷；开度过大，则土壤得不到平整和预压实。罩壳前上方由牵引杆支撑。牵引杆前方铰接在车架上，为罩壳的转动中心；后方铰接在罩壳上，通过调节螺钉可以调节罩壳接地面的仰角。罩壳侧壁上有弧形缺口，使其能随转子上下浮动，转子和罩壳绕各自铰点运动时不致相互干涉。转子拌土时伸入地下，侧壁弧形缺口由与纵臂连为一体的封土板封闭，罩壳则浮动于地面，通过牵引杆及转子轴承座辅助顶推而运动。这种浮动式罩壳密封可靠，结构简单，摩擦阻力小。为防止罩壳因前方壅土顶起而失稳，车架后方还加有限位板。在配有液体料喷洒装置的稳定土拌和机上，罩壳顶壁前上方横向装有一排液体料喷管。

（3）转子　转子由转子轴及轴承、刀盘和刀片等组成，常用转子结构形式如图 8-9 所示。转子通过调心轴承支承在举升臂上。转子一般有刀盘式、刀臂式和鼓式三种结构。刀盘式和刀臂式结构多用于拌和作业。为提高刀盘和刀臂刚度，转子轴采用大口径薄壁空心钢管，其上焊接刀盘和刀臂，刀库焊接在刀盘或刀臂上，刀具装于刀库中。鼓式转子由单一的圆鼓构成，刀库直接焊接在鼓上，这种转子多用于铣削作业。近年来国外也有用这种转子兼作拌和转子，以减少更换转子的困难，但拌和性能有所下降。

为保证动力传动装置承受的载荷稳定、均匀，刀具在转子轴上多为左、右对称螺线等角分布，使刀具在作业时能依次连续切削和粉碎土壤，以保证转子在拌和过程中受对称切削力，减小对转子的动载冲击。

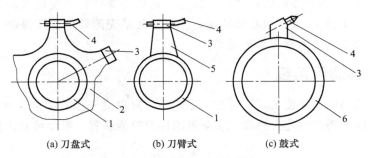

(a) 刀盘式　　　(b) 刀臂式　　　(c) 鼓式

图 8-9　常用转子结构形式

1—管轴；2—刀盘；3—刀库；4—刀具；5—刀臂；6—圆鼓

（4）刀具　常用刀具类型有如图 8-10 所示的 5 种。直角 L 形弯刀和弯条刀的刀柄安装为插销式，用于松土拌和，均匀性较好，多用 60Si2Mn 钢锻制并调质处理。铲刀和尖铲刀刀柄为有一定锥度的矩形断面，安装方式为插入式安装，切削中有自紧能力。刀体由 40Cr 或 42CrMo 铸造并回火处理后嵌焊 YG8 或 YG11 硬质合金，耐磨性好，用于硬土翻松。为避免土壤中混有石块损坏合金刀头，亦有用堆焊耐磨合金来代替硬质合金或全部用弹簧钢等材料铸造并经调质处理的铲刀。子弹刀由刀体和合金头组成，刀柄部分有一开口的弹性套筒，通过套筒的弹性张紧作用固定于圆孔刀库中，主要用于路面铣削，亦可用于翻松和拌和作业。

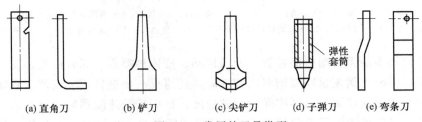

(a) 直角刀　　(b) 铲刀　　(c) 尖铲刀　　(d) 子弹刀　　(e) 弯条刀

图 8-10　常用的刀具类型

2. 中置式工作装置

中置式与后置式工作装置原理相同，区别仅为悬挂方式不同，其结构如图 8-11 所示。上管梁 2 通过滑动轴承安装在机架上，为转子上下运动的转动中心。下管梁 1 左右各装一立杆 4，弹簧 3 穿入立杆托扶起罩壳前方。推杆 9、摇臂 8 和调节液压缸 6 三者构成罩壳的定位装置。与链条壳 16 相连的两定位装置通过横置于罩壳顶部的管轴 7 限制罩壳与转子间相对位置。通过左右调节螺管 10 可以改变推杆 9 的长短，以调节罩壳左右侧的高低，同时还可调整罩壳的接地仰角，伸长推杆 9 则仰角变小，反之则增大。链条壳 16 又为举升臂，提升液压缸 5 伸缩即拉动转

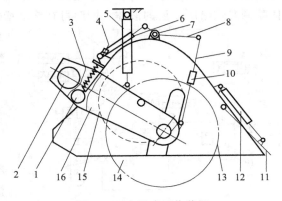

图 8-11　中置式工作装置

1—下管梁；2—上管梁；3—弹簧；4—立杆；
5—提升液压缸；6—液压调节缸；7—管轴；8—摇臂；
9—推杆；10—调节螺管；11—尾门；12—尾门液压缸；
13—罩壳；14—转子；15—挡灰板；16—链条壳

子上下运动。罩壳 13 为非浮动式，推杆 9 长短固定后随着拌和深度增大而仰角增大。转子上下运动时带动挡灰板 15 绕其中心轴转动，从而密封罩壳侧臂上的圆弧缺口，转子工作时通过挡灰板和其中心轴推动罩壳水平运动。

三、液体料喷洒系统

稳定土路基或路面的强度及其均匀性、恒定性主要取决于土的性质及稳定剂的性能、数量和喷洒质量，因此现代稳定土拌和机多配置液体料喷洒装置，黏结液和水计量喷洒装置结构如图 8-12 所示。

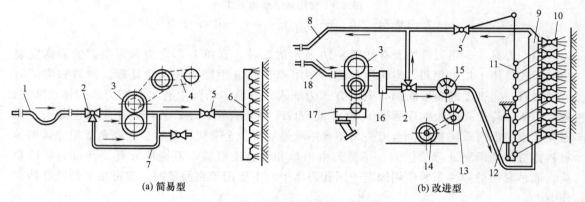

(a) 简易型　　　　(b) 改进型

图 8-12　黏结液和水计量喷洒装置结构

1—软管；2—三通阀；3—泵；4—链传动；5—阀，6,9—喷洒管；7—管道；8—溢流软管；10—喷嘴；11—拉杆；12—液压缸；13—计数器；14—辅助轮；15—流量计；16—滤清器；17—液压马达；18—吸液软管

自控式液体料喷洒系统由检测控制、液压传动、液体料喷洒三部分组成。其中液压传动部分由齿轮泵、电液比例流量阀或伺服阀和液压马达组成一个进口式节流调速系统，其工作原理如下：由五轮测速仪测量机器实际的行驶速度，根据行驶速度和喷洒量要求调节液压泵输出功率，并将其转换为液压系统的液压油流量，进而转换为电液比例流量阀或伺服阀的控制电流，由控制器输出需要的电流操纵电液比例阀工作，使液压马达以所需的转速驱动液体喷洒泵供给所需的液体。同时可在终端增加流量检测仪，检测最终实际的液体流量，将其反馈到控制始端进行闭环控制，从而提高系统的控制精度。

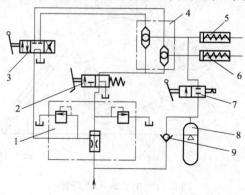

图 8-13　液压制动系统原理图

1—流量压力阀；2—脚制动阀；3—手制动阀；4—梭阀；5,6—左右制动液压缸；7—停车制动阀；8—蓄能器；9—单向阀

四、制动系统

1. 液压制动

稳定土拌和机的行走速度比较慢，利用液压系统本身即可完成制动。行走系统中仅驱动桥设置制动器。由于后桥采用液压马达，变速箱和驱动桥连为一体，因而停车制动器不像一般车辆那样设在传动轴上。稳定土拌和机液压制动系统多采用常闭式停车制动器，停车时自锁，液压制动系统原理如图 8-13 所示。

2. 气压制动

WBL-21 型稳定土拌和机是采用气压制动的，气压制动系统原理如图 8-14 所示。该制动系统有行车制动和驻车制动（手控）二套制动装置。行车制动的驱动由压缩空气通过活塞式制动气室作用在后桥制动器上，通过脚踏制动阀来控制压缩空气的通断；驻车制动是放气弹簧蓄能制动，也作用在后桥制动器上。为使系统内的压缩空气净化，保持稳压且具有一定量的能量储备，在系统内设置了自动排水调压器和储气筒等。

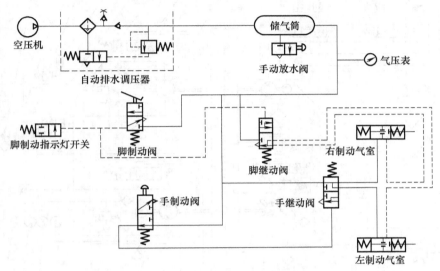

图 8-14　气压制动系统原理图

五、液压系统

目前使用较多的国产机和部分进口机型的液压系统，在结构和工作原理上差异不大，现以 WBY210 型拌和机为例进行分析。

WBY210 型拌和机的液压系统原理图如图 8-15 所示，由行走系统、转子驱动系统、转向系统和辅助系统四部分组成。为了更有效地利用发动机的功率和改善整机的工作性能，该机采用了多泵系统。一台行走泵为变量泵，装在分动箱的前左侧；两台转子驱动泵装在分动箱后的两侧。操纵系统和辅助系统用的双联齿轮泵装在分动箱的前侧。行走系统和转子驱动系统都采用"变量泵-定量马达"这种容积调速方式，从而使系统有较高的传动效率。

1. 行走系统液压回路

如图 8-15 所示，行走泵 30 为双向柱塞变量泵，它与行走马达 29（安装在变速器驱动桥总成的前端）组成闭式液压回路，由变量调节机构控制泵的斜盘倾角，进而改变行走马达的转速和旋转方向，实现机械的无级变速和前进、倒退。

行走泵还集成有补油泵、操纵伺服阀、压力限制阀、单向补油阀和补油溢流阀以及外接补油过滤器。压力控制阀的控制压力来自转子系统，原理是因转子作业阻力的变化而引起转子液压回路高压腔压力的变化，通过油管与行走泵的伺服机构相通以控制泵的输出排量，实现功率自动调节，同时起到过载时切断动力的保护作用。

行走马达29上集成有两个高压溢流阀，分别控制行走马达正、反转时油路的最高压力。行走泵的梭阀和低压回油压力阀分别控制着低压油流回油箱的压力。

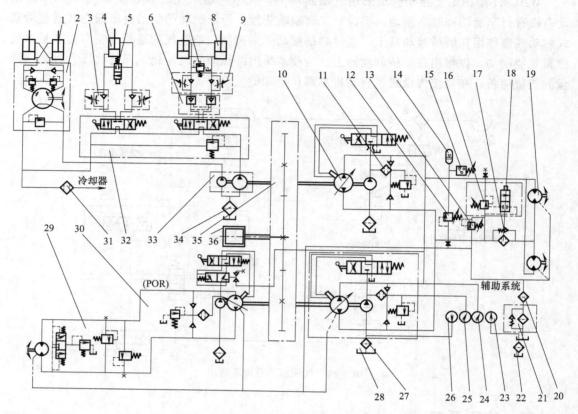

图 8-15　WBY210 型拌和机的液压系统原理

1—转向液压缸；2—转向器；3,9—单向节流阀；4—尾门开闭液压缸；5—电磁换向阀；6—液控单向阀；
7,12,13,16—溢流阀；8—转子升降液压缸；10—转子泵；11,18,21,27,31,34—过滤器；
14—蓄能器；15—压力继电器；17—单向阀；19—转子马达；20—冷却器；22—空气过滤器；23—液位计；
24,25—压力计；26—真空表；28—油箱；29—行走马达；30—行走泵；32—操作阀块；
33—双联齿轮泵；35—分动箱；36—发动机

2. 转子系统液压回路

如图 8-15 所示，转子系统由两台转子泵 10 并联，将油液供给两台并联的转子马达 19，组成闭式变量泵-定量马达液压回路。其基本组成为：转子泵 10、外接过滤器 11、压力继电器 15、溢流阀 16、蓄能器 14、溢流阀 12、低压溢流阀 13、单向阀 17、回油过滤器 18、转子马达 19。

转子泵 10 的性能和行走泵 30 相似，只是未装集成压力限制阀。两台转子马达 19 为低速大转矩马达，直接安装在转子轴两端，其输出扭矩方向与前进行驶方向相反。

溢流阀 16 为主油路压力限制阀，作用是限制主油路中的最高工作压力。蓄能器 14 起吸收冲击能量作用。压力继电器 15 调定压力略高于溢流阀 16 的调定压力，当系统过载，溢流阀 16 开启，压力继电器产生信号，使溢流阀 16 的先导电磁阀工作，使主阀卸荷；如溢流阀 16 关闭，则压力继电器不起作用。回油过滤器 18 可对部分回油过滤，它与单向阀 17 在油路中并联，控制油液反向流动。

3. 辅助系统和转向系统液压回路

如图 8-15 所示，辅助系统和转向系统是由双联齿轮泵 33、手动操纵阀块 32、转子升降液压缸 8 和尾门开闭液压缸 4 等组成的开式液压系统。

泵 33 输出的液压油经阀块 32 进入转子升降液压缸 8 和尾门开闭液压缸 4。手动操纵阀块 32 由二联操纵阀和溢流阀组成。二联操纵阀分别控制转子升降液压缸 8 和尾门开闭液压缸 4，操纵阀在中位时卸荷，向上提则转子升降液压缸上举或尾门开启增大，向下则转子落下或尾门闭合。转子升降液压缸系统的集成阀块由液控单向阀（液压锁）6、单向节流阀 9 和溢流阀 7 组成。液控单向阀 6 能够保证转子升降液压缸在任何位置都被锁住，控制拌和深度。单向节流阀 9 则调节液压缸的上升和下降速度，使转子升降操纵平稳。

尾门开闭系统由单向节流阀 3、电磁换向阀 5、尾门开闭液压缸 4 组成。单向节流阀 3 用来调整尾门的开启、关闭速度。电磁换向阀 5 的作用是：尾门在适当开度下，操纵开、闭按钮来控制电磁阀 5 的通断。当其接通时，使尾门液压缸产生微浮动；拌和作业中，若需刮平稳定土层时，可操纵常闭按钮，使电磁换向阀 5 关闭，这样尾门就保持在某一开度。

辅助系统中转子升降液压缸和尾门开闭液压缸组成的是一个串并联回路，任何时候只能有一个液压缸在动作。前一换向阀动作就切断了后面换向阀的进油。采用这种系统回路，可防止误操作后产生不必要的复合动作，保证了操作安全。

转向系统为全液压转向装置，由液压转向器 2、转向液压缸 1、双向缓冲补油阀等组成。

4. 液压系统辅件

如图 8-15 所示，液压系统辅件包括油箱 28、回油过滤器 21、进油过滤器 27、液位计 23、冷却器 20 和空气过滤器 22 等。

上述各系统的工作压力、补油压力、回油压力等可由各接头引出的备用压力测量口直接测量，以便检查和修正。

第三节　稳定土拌和机发展新技术

一、稳定土拌和机智能控制系统

1. 智能稳定土拌和机整机系统

智能稳定土拌和机是一种主要用于高速公路、高等级公路、机场、港口等基层稳定土拌和工程施工的大型筑路机械，稳定土拌和施工的主要配料有：大小碎石、黄沙、水泥，其中大小碎石和黄沙统称为骨料。智能稳定土拌和机整机系统可分为机械系统和计算机控制系统。

2. 智能稳定土拌和机机械系统

智能稳定土拌和机的机械系统包括：骨料仓、称重皮带（带式给料机）、集料皮带（带式集料机）、水泥仓、水泥喂料机、平螺旋（水泥给料机）、供水系统、存仓等。

3. 智能稳定土拌和机工作原理

将各种选定的骨料利用装载机分别装入骨料仓，经称重皮带（带式给料机）计量后送至集料皮带（带式集料机）；同时，水泥仓中的水泥（粉料）送至搅拌机，与集料皮带送来的骨料一起拌和。在搅拌机配料入口处的上方设有液体喷头，根据各种配料的含水量情况，由供水系统喷洒适量的水，使之达到道路施工所需的要求。搅拌后的成品料——稳定土，送至稳定土存仓暂存。存仓底部的气缸控制斗门开启时，稳定土卸入自卸车，运往施工现场。

4. 智能稳定土拌和机计算机控制系统

智能稳定土拌和机计算机控制系统可分为系统监控及管理机（上位机）和现场控制器（下位机），本系统采用工控机作为系统监控及管理机，西门子 S7-200PLC 为现场控制器，西门子 TP170 触摸面板为现场操作员终端，它们之间通过西门子 PPI 网络进行通信，控制系统方框图如图 8-16 所示。

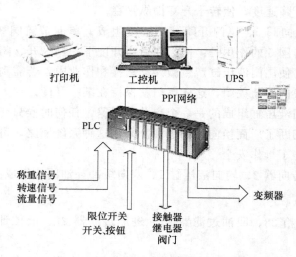

图 8-16　智能稳定土拌和机的计算机控制系统

给料速度由旋转编码器测出（水泥给料机给料速度恒定），通过高速计数器接口传给 PLC；重量信号通过称重传感器、称重变送器变成 4～20mA 的标准信号通过 A/D 接口传给 PLC，PLC 通过计算可得各配料的质量大小。智能控制算法得出的控制作用通过 PLC 的 D/A 接口变成 4～20mA 标准信号，控制变频器从而调节带动称重皮带（水泥仓为喂料叶片）的电机的转速速度，以达到调整配料流量的目的。其他开关量控制采用 PLC 本身的开关量接口。

A/D 输入共计 6 路（4 路骨料重量、1 路粉料重量、1 路水流量信号），高速计数器共计 5 路（给料速度信号），D/A 输出共计 6 路（5 路给料变频器，1 路电动阀门），开关量输入 27 个，开关量输出 23 个。在此采用西门子小型 PLC（S7-226），它本身具有 6 路高速计数器接口，24 路开关量输入，16 路开关量输出，再配 1 个 EM223 8I/8O 开关量扩展模块，2 个 EM233 4I/4O 模拟量输入扩展模块，2 个 EM232 2 路模拟量输出扩展模块即可达到本系统的要求。

系统采用西门子 TP170 触摸屏作为现场操作员终端，通过现场操作员终端可以独立完成系统的监视和控制功能，这样在工控机出现故障时也能保证正常生产。

系统监控及管理机采用研华工控机，通过 PC/PPI 电缆与 PLC 进行通信。系统监控及管理软件采用西门子 Wincc5.1 进行开发。

计量单元主要由高可靠性、高性能的 PC 总线工业控制机、重力传感器、调零电路、信号处理电路、A/D 转换电路和输入输出接口几部分组成，如图 8-17 所示。

（1）重力信号采集　本单元按要求设计了沥青称量、石粉称量和骨料称量。根据称量容器的结构，沥青称量采用三个传感器，石粉称量和骨料称量分别采用四个传感器组成。每只传感器均配有能产生 5～10V 可调的调零电路，以抵消传感器的零点输出和秤体本身自重而引起的传感器输出信号。调零电路也称调零电桥，由高稳定的电阻、多圈线绕电位器和调压电位器组成。将调零电桥串联在传感器输出和放大器之间，通过调节电桥中的可变电位器，改变桥路中不平衡输出电压，使电子秤传感器在无料情况下总的输出电压为零。

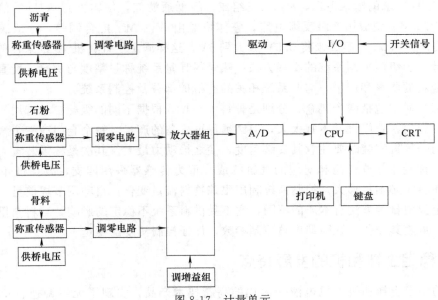

图 8-17　计量单元

调零桥路参数的计算，首先根据传感器空载时可能输出的最大电压来确定调零桥路应能输出电压范围，然后选定电桥电源电压及某些桥路电阻的条件下，来计算各个电阻以满足调零的需要。

（2）信号放大电路　在信号放大电路中，称重传感器输出信号电压约为 0～20mV，而计算机 A/D 采样转换的输入电压要求为 0～5V，因此放大环节要有 250 倍左右的增益，为减少由于一级放大量过大带来的漂移和信号自激，采用两级放大，信号放大电路如图 8-18 所示。

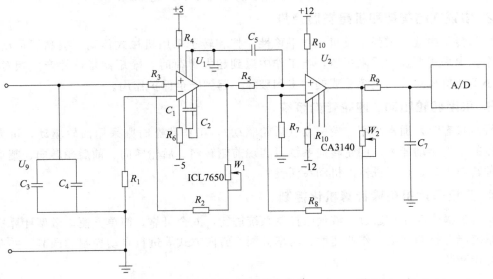

图 8-18　信号放大电路

由 ICL7650 组成 1 个同相放大器，C_3、C_4 组成输入滤波，滤除由于引线带来的现场干扰信号。R_5、C_5 是输出低通滤波，滤波 ICL7650 的调制尖峰泄漏。R_3、W_1、R_2 是第 1 级放大电路的负反馈网络，第 2 级由 CA3140 组成 1 个同相放大器，将第 1 级放大的信号再放大到符合 A/D 要求的输入电压，R_9、C_7 组成 1 级低通滤波，使输出到 A/D 的信号稳定可靠。R_7、R_8、W_2 组成第 2 级反馈电路，整体增益由 W_1、W_2 配合调整，一般满量程时第 1 级信号放大到 0.5V，第 2 级将 0.5V 放大到 5V，这样满足了计算机 A/D 采样的需要。

（3）计量、级配控制系统的实现方法　热骨料计量系统称量精度与称量速度直接影响成品沥青混合料的质量和产量，与此系统相关的有机械部分及控制系统。

机械部分通常包括四个料仓，分别是骨料Ⅰ～Ⅳ，根据不同的级配要求选用，与此对应的是有四个仓门，仓门设计不宜太大，但必须保证设备的产量。每个仓门有一个气缸，来实现开关仓门，气缸安装时要注意其安装角度，使之推动力最大。其次是称量装置，主要由重力传感器、称量斗、放料门和对应的气缸构成。重力传感器采用四支，要保证不能发生偏载，称量斗容积必须足够大。控制系统利用跟踪物料流量变化，自动调节提前量，这和目前国内外固定提前量的方法有本质的不同，它不受供料系统不稳定的影响，当料仓里的料位发生变化时，可随其变化系统随即调整控制参数，保证控制精度的稳定。

二、稳定土拌和机的发展特点

现代的稳定土拌和机是机电液一体化的高新技术产品，实现了无级调速、功率自动调节，增设了过载保护装置，提高了整机的自动控制程度，并随着科学技术的发展而呈现出以下特点。

1. 动力选择趋向大功率

由于道路寿命与基层处理关系密切，高等级公路要求拌和宽度大于 2400mm，深度达 400mm，且对拌和质量要求很高。为了适应不同的工作条件和要求，拌和机动力选择趋向大功率，以增大发动机的功率储备，提高机器的可靠性和生产效率。国外一些大型的稳定土拌和机发动机功率均在 316kW 以上，美国 CMI RS-650 达到 478kW。

2. 中置式结构拌和机是发展趋势

拌和转子中置，增强了整机工作平稳性。拌和转子采用机械式传动，提高了传动效率，传动系统中采用摩擦片式限矩器，当工作中遇到超大负荷时，限矩器摩擦片产生相对滑动，以减小工作负荷对传动系统造成的冲击和破坏，起到安全保护作用。

3. 采用四轮驱动、四轮转向系统

行走状态时，通常采用二轮驱动（后轮驱动），工作状态时则采用四轮驱动，可大大提高机器的牵引驱动能力。四轮转向系统可实现前轮转向、后轮转向、前后轮转向、蟹形转向等四种转向方式，提高机器的机动灵活性。

4. 广泛采用机电液计算机化控制

所有的操作动作均通过电液伺服控制系统进行，安全可靠，简单方便。微型计算机控制监测系统能对拌和深度、作业速度、功率分配、转向方式等进行自动控制和调节，并有故障报警与诊断装置。

5. 向多功能方向发展

目前发达国家公路干线已修建完成，旧路翻新量日趋增多，这就要求同一台稳定土拌和机，不仅能完成拌和作业，还要具备沥青路面的铣刨、破碎及再生等功能，实现一机多能，提高设备利用率。

第九章 稳定土厂拌设备

稳定土厂拌设备是路面工程机械的主要机种之一，是专门用于拌制以水硬性材料为结合剂稳定混合料的搅拌机组。由于这项工作是在固定场所集中进行，因而厂拌设备较路拌机（稳定土拌和机）有其明显的缺点。然而厂拌设备具有材料的级配准确、拌和均匀、节省材料、便于使用计算机进行自动控制等优点，保证了稳定土材料的质量。因而在公路建设、城市道路及货场，机场等需要稳定土材料的工程中得到了广泛的使用。

第一节 概 述

一、用途

稳定土厂拌设备是专门用于拌制各种以水硬性材料为结合剂的稳定混合料搅拌机组。这种在固定场地集中拌和获得稳定混合料的施工工艺，习惯上称为厂拌法。厂拌设备与路拌机相比，具有材料级配准确、拌和均匀、便于计算机自动控制等优点，能更好地保证稳定土材料的质量，因而在国内外高等级公路和停车场、航空机场等施工中得到广泛应用。

二、分类及表示方法

稳定土厂拌设备可以根据其主要结构、工艺性能、生产率、机动性及拌和方式等进行分类。

根据生产率大小不同，稳定土厂拌设备可分为小型（生产率小于 200t/h）、中型（生产率为 200~400t/h）、大型（生产率为 400~600t/h）和特大型（生产率大于 600t/h）四种。

根据设备拌和工艺不同可分为非强制跌落式、强制间歇式、强制连续式三种。强制连续式又可分为单卧轴式和双卧轴式。

根据设备的布局及机动性不同，可分为移动式、分总成移动式、部分移动式、可搬式、固定式等多种形式。

移动式厂拌设备是将全部装置安装在一个专用的拖式底盘，形成一个较大型的半挂车，

第九章 稳定土厂拌设备

可以及时地转移施工地点。设备从运输状态转到工作状态不需要吊装机具，仅依靠自身液压机构就可实现部件的折叠和就位。这种厂拌设备一般具有中小型生产能力，多用于工程量小、施工地点分散的公路施工工程。

分总成移动式厂拌设备是将各主要总成分别安装在专用底盘上，形成两个或多个半挂车或全挂车。各挂车分别被拖到施工场地，依靠吊装机具使设备组合安装成工作状态，并可根据实际施工场地的具体条件合理布置。这种形式多在大中型厂拌设备中采用，适用于工程量较大的公路施工工程。

部分移动式厂拌设备是将主要部件安装在一个或几个特制的底盘上，形成一组或几组半挂车或全挂车，依靠拖动来转移工地，而将小的部件采用可拆装搬运的方式，依靠汽车运输完成工地转移。这种形式在大中型厂拌设备中采用，适用于城市道路和公路工程施工。

可搬式厂拌设备是将各主要总成分别安装在两个或多个底架上，各自装车运输实现工地转移，再依靠吊装机具将几个总成安装、组合成工作状态。这种形式在大、中、小型设备中均有采用，具有造价较低、维护方便等优点，适用于各种工程量的城市道路和公路施工工程。

固定式厂拌设备固定安装在预先选好的场地上，形成一个稳定土生产基地，其规模较大，生产能力高，适用于工程量大且集中的城市道路、公路施工工程。

在上述的诸多稳定土厂拌设备类型中，双卧轴强制连续式是最常用的搅拌方式。在实际工作中，究竟选用何种形式及其规格的稳定土厂拌设备，应根据不同的情况和场合选定。

稳定土厂拌设备的表示方法一般由类型代号和主参数代号组成。WC 表示稳定土厂拌设备，后面的数字表示生产率（t/h）。有些生产厂家按引进机型编号。

第二节　稳定土厂拌设备结构及原理

稳定土厂拌设备主要由配料机、粉料配料机、集料机、电气控制柜、搅拌机、供水系统、螺旋输送机、卧式或立式储仓、上料皮带机及其混合料储料仓等部分组成，示意图如图9-1所示。

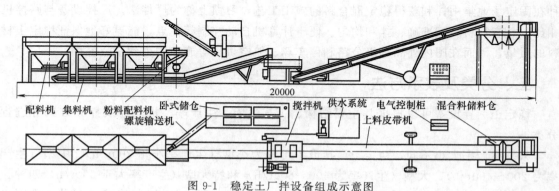

图 9-1　稳定土厂拌设备组成示意图

一、配料机

配料机由三个或多个料斗和调速计料皮带组成，其结构示意图如图 9-2 所示。各种选定物料采用装载机装入料斗中，经皮带式给料机计量后输出，送至皮带集料机上。各料斗的计料量可以调节，斗门开启高度适用于粗调，精调由调速电动机来调节皮带速度。使用时，适当调节斗门的开度，尽量使调速电动机中高速运行（大约 500～1000r/min），在仓壁上还设有仓式振动器以利于下料。

料斗由钢板焊接而成，通常在上口周边装有舷板，以增加料斗的容积。斗壁上装有仓壁振动器，以防止物料结拱，确保连续供料。

斗门安装在料斗下方，斗门开启高度可在 100～200mm 范围内调节，其大小由物料的粒径和特性决定。配料机利用减速器的调速电动机动力驱动传动带，将物料从料斗中带出，并对物料重量进行计量。改变斗门开度和配料带式输送机的速度均能改变单位时间内的供料量。

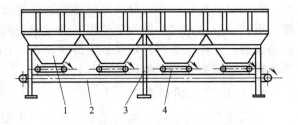

图 9-2　稳定土厂拌设备配料机

1—料斗；2—水平集料皮带输送机；3—机架；4—配给机

二、带式输送机

集料带式输送机用于将配料机组供给的集料送到搅拌器中，成品料带式输送机用于将搅拌机拌制好的成品料连续输送到储料仓。它们均为槽式带式输送机，如图 9-3 所示，由机架、支撑、上下托辊、输送带、驱动机构、传动滚筒、改向滚筒、张紧装置等组成。

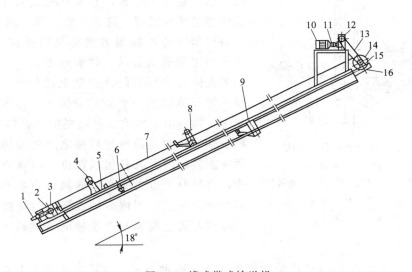

图 9-3　槽式带式输送机

1—张紧螺杆；2—从动滚筒轴承座；3—从动滚筒；4—槽形托辊；
5—空段清扫器；6—下平托辊；7—输送带；8—槽形调心托辊；9—调心下平托辊；
10—电动机；11—联轴器；12—减速器；13—链条；
14—主动滚筒；15—主动滚筒轴承座；16—弹簧清扫器

左右对称布置的张紧螺杆，除调节输送带松紧度外，还可调整由安装、地基、制造、物料偏载等因素引起的输送带跑偏。具体调整方法是：胶带往哪边跑，就适当地旋紧该侧的张紧螺杆或旋松另一边的张紧螺杆。

三、结合料配给系统

结合料配给系统包括粉料储仓、螺旋输送机和粉料给料计量装置。

粉料储仓按结构形式分为立式储仓和卧室储仓。立式储仓占地面积小、容量大、出料顺畅，更适合于固定式厂拌设备使用。卧式储仓同立式储仓相比，仓底必须增设一个水平螺旋输送装置，才能保证出料顺畅。但卧式储仓具有安装、转移方便，上料容易等优点，广泛用于移动式、可搬式等厂拌设备。

1. 立式储仓给料系统

立式储仓给料系统结构如图 9-4 所示，主要由仓体、螺旋输送机、粉料计量装置等组成。储仓用支腿安装在预先准备好的混凝土基础上，并用地脚螺栓固定。

立式储仓进料方式一般是用散装罐车将水泥、石灰等结合料运到稳定土拌和厂，依靠气力将粉料送入粉料输入管并送进储仓。工作时，粉粒重量由计量装置给出，依靠螺旋输送机直接送到搅拌器中，或经由集料带式输送机将结合料连同集料一起送往搅拌器。

螺旋输送机是一种无挠性牵引构件的连续输送设备，由螺旋体（心轴和螺旋叶片）、壳体、联轴器、驱动装置等组成，有水平螺旋输送机和垂直螺旋输送机两种类型。前者只能在同一高度输送物料，后者可垂直或沿倾斜方向将物料送往所需的高度。这两种螺旋输送机的壳体有所不同：水平螺旋输送机的壳体为半圆形的开口朝上的料槽，垂直螺旋输送机的壳体则是一个圆柱形管子。在水平螺旋输送机中，物料由于自重而紧贴料槽（壳体的内腔），当螺旋轴旋转时，物料与料槽之间的摩擦力阻止物料跟着旋转，因而物料得以前进。在垂直螺旋输送机中，物料由于重力所产生的侧压力和离心力的作用而与管壁贴紧，当螺旋轴旋转时，管壁与物料之间的摩擦力阻止物料与螺旋轴同步旋转，从而实现物

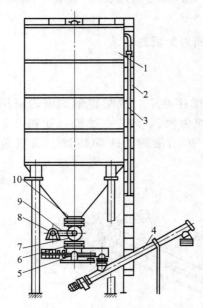

图 9-4 立式储仓给料系统结构
1—料仓；2—爬梯；3—粉料输入管；
4—螺旋输送机；5—螺旋电子秤；6—连接管；
7—叶轮给料机；8—减速器；
9—V 带；10—闸门

料上升移动。

粉料计量装置分为容积式计量和称重式计量两种方式。容积式计量大多采用叶轮给料器，通过改变叶轮转速来调节粉料的输出量，主要由叶轮、壳体、接料口、出料口、动力驱动装置等组成，这种计量方式在国内外设备中普遍采用，其结构简单，计量可靠。称重式计量一般采用螺旋秤、减量秤等方式，连续动态称量并反馈控制给料器的转速以调节粉料输出量。

2. 卧式储仓给料系统

卧式储仓给料系统结构如图 9-5 所示，由本体、上料口、出料口、除尘透气孔、上下料位器和支脚等组成，其作用是用以储存稳定剂。由散装水泥运输车运来的石灰粉或水泥泵入

储存仓内，或由顶部的进料口用皮带机、装载机或人工装入，物料靠重力下降至底部。通过螺旋机构水平推出后，送入倾斜的螺旋输料机内。为减少仓壁对螺旋的压力，在仓底部水平螺旋的上方设有承压装置。在仓体的壁上装有数个仓壁振动器，防止粉料起拱，保证供料的连续性。

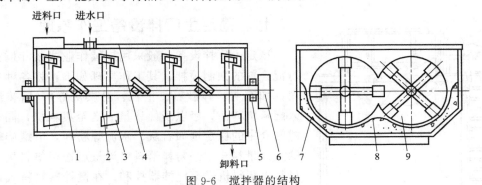

图 9-5　卧式储仓给料系统结构

1—机架；2—仓体；3—水平螺旋输送器；
4—倾斜螺旋输送器；5—计量装置

四、搅拌器

搅拌器是稳定土厂拌设备的关键部件，有多种结构形式，其中双卧轴强制连续式搅拌器为常用的结构形式，具有适应性强、体积小、效率高、生产能力大等特点，其结构如图 9-6 所示。

图 9-6　搅拌器的结构

1—搅拌轴；2—搅拌臂；3—搅拌桨叶；4—盖板；5—轴承；6,7—壳体；8—保护层；9—有效搅拌区

搅拌器主要由两根平行的搅拌轴、搅拌臂、搅拌桨叶、壳体、衬板、进料口、出料口以及动力驱动装置等组成。

搅拌器的工作原理是：进入搅拌器内的骨料、粉料和水，在互相反转的两根搅拌轴的搅拌下，受到桨叶周向、径向、轴向力的作用，使物料一边产生挤压、摩擦、剪切、对流从而进行剧烈的拌和，一边向出料口推移。当物料移到出料口时，已被搅拌得十分均匀。

双轴搅拌器必须保证两根轴同步旋转。在大型或特大型设备中，搅拌器的驱动采用双电动机经蜗杆蜗轮减速后驱动搅拌器轴的传动方式，链传动也是常用的较可靠的传动方式，图9-7 所示为链传动搅拌器示意。

随着液压技术的发展，液压传动技术在稳定土厂设备搅拌器传动系统中的应用已逐渐增多。

五、供水系统

供水系统是稳定土厂拌设备的必要组成部分，由水泵（带电动机）、水箱、三通阀、供水阀、回水阀、流量计、管路等组成。

水箱由钢板焊接而成，泵与电动机装在同一机座上。三通阀一端与水泵出口相连，其余两端分别与供水阀和回水阀连接。通过观察流量计指

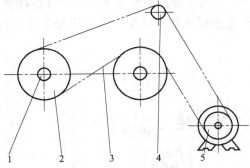

图 9-7　链传动搅拌器示意

1—搅拌轴；2—从动链轮；3—链条；
4—张紧轮；5—动力及减速器

示值，调节供水阀可以调节给搅拌器的供水量。回水阀的出口还可以连接橡胶管，手动关闭供水阀后，用水泵供水清洗设备或向场地洒水。

六、成品料仓

成品料仓是稳定土厂拌设备的一个独立部分，其结构示意如图 9-8 所示，功用是将成品料暂存起来，以供车辆运输。成品料仓的结构形式有多种，有的料仓直接安装在搅拌器底部，有的直接悬挂在成品料带式输送机上，有的带有固定支腿，安装在预先设置好的水泥混凝土基础上。为了防止卸料时混合料产生离析现象，有些设备的料仓设计成能调节卸料高度的结构形式。

成品料仓的容积通常设计成 5～8m³ 储量，特别是悬挂式的成品料仓，其容量不能过大。

固定安装式成品料仓由立柱、料斗及放料斗门启闭机构等组成。放料斗门通常采用双扇摆动形式，斗门的启闭动作可用电动、气动或液压控制，通常都采用电磁换向阀操纵。

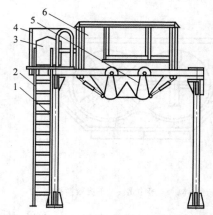

图 9-8　成品料仓结构示意
1—立柱；2—爬梯；3—液压装置；
4—栏杆；5—斗门；6—仓体

七、稳定土厂拌设备工作原理

稳定土厂拌设备一般采用连续作业式桨叶搅拌器进行混合料的强制搅拌，其工作原理如下：将各种选定物料（如石灰、碎砂石、土粒、粉煤灰等），用装载机装入配料机料斗，经电子秤计量后送至集料机，同时，卧式储仓中的稳定剂如石灰、水泥等粉料，由螺旋输送机输入计量料斗，经粉料给料机计量后送至集料机。上述材料由集料机送至搅拌器拌和。在搅拌器物料入口上部设有喷头，根据物料的含水量情况，由供水系统喷加适量的水，使之达到工程所需的要求。必要时，可采用相应的供给系统喷淋所需的稳定剂。搅拌混合好的成品料经上料带式输送机送至混合料储仓暂存。储仓底部有液压控制的斗门，开启斗门向停放于储仓下的载货车卸料，然后闭斗暂存、换车。

八、稳定土厂拌设备生产工艺流程

稳定土厂拌设备可拌制水泥稳定土、石灰稳定土、石灰工业废渣稳定土。厂拌设备拌制各类稳定土时的工艺流程基本相同。以水泥稳定碎石底基层为例，其生产工艺流程如图 9-9 所示。

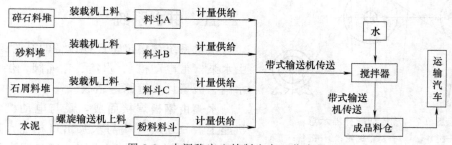

图 9-9　水泥稳定土拌制生产工艺流程

第三节　稳定土厂拌设备控制系统

一、电气控制系统

电气控制系统包括电源、各执行元件、电气运行显示系统、电气操纵系统。

稳定土拌设备的控制系统主要有计算机分布式控制和常规电器元件控制两种，目前大多采用计算机分布式控制。控制系统安装在控制室内，整个机器设备的全部操作都集中于此。系统多采用 380 V、50 Hz 交流电源供电。在控制系统的电路中，都设有过载和短路保护装置及工作机构的工作状态指示灯，用来保护电路和直接显示设备的运转情况。凡自动控制型厂拌设备的控制系统，一般都装有自动控制和手动控制两套控制装置，操作时可自由切换。

任何形式的控制系统都必须遵守工艺路线中各设备启动和停机程序。启动时应先开搅拌器电动机，当搅拌器电动器完成 Y-△ 转换进入全速运转后，才能启动其他电动机；停止工作时，则应最后关停搅拌器电动机。这主要是为了保证搅拌器拌筒内无积料，防止该电动机带载启动。有些厂拌设备在搅拌器盖板上装有位置开关，盖板打开时，整个设备不能启动工作，以确保操作安全。

对于卧式储仓的结合料供给系统，配置倾斜螺旋输送机驱动电动机 M_1 和水平螺旋输送机驱动电动机 M_2。M_1 和 M_2 两台电动机在线路控制上有联锁功能，即启动 M_2 时，M_1 同时启动，但 M_1 亦可单独启动、停止。在工作过程中，高、低料限位器能自动控制这两台电动机的启动和停止。当低料限位器测出无料时，低位指示灯亮，此时，两螺旋输送机启动加料；当高料限位器检测出料已足够时，高位指示灯亮，此时两螺旋输送机停止加料。

二、物料计量控制技术

稳定土厂拌设备的计量方式可分为电子带秤动态计量和体积（容积）计量两种。

体积计量是以一个出料单元容积的大小为基础（如集料斗出料口容积的大小、螺旋管中一个螺距长度的有效容积），而后与通过该单元的物料速度相乘，得到物料单位时间的配给量，此为静态计量，不具有反馈和修正功能，其级配精度受物料在出料单元中的填充系数影响较大，故级配误差较大，一般为 3%～5%。

电子带秤动态计量是体积计量的延伸和提高，并随着科学技术的发展而得到推广应用，从而使物料级配误差大大降低。它是在带式输送机的适当部位装一组或多组计量托辊，用以计量物料的瞬间和累计量重，其工作原理示意如图 9-10 所示。具体工作原理如下：将物料的称重信号经传感器转化为电信号，而后与设定给料量转化的电信号进行比较并加以修正，以消除二者的误差，故有较高的级配精度，可达 0.5%～1.5%。

影响电子带秤计量精度的因素较多，如带的刚度和张力，带的摩擦力，秤重框架支承上的污物黏结等都会引起计量误差，即使是好的负荷传感器，长期使用后测量误差也有±2%，因而在投入使用后必须定期进行校验，以确保使用精度。

近年来出现的核子输送机秤，采用非接触测量，不受带张力变化和刚度大小的影响，测量精度长期稳定，通过对载有物料时的射线强度进行连续测量，并与空皮带（或其他传送设备）时的射线强度测量比较，另外，对皮带的运行速度加以测量，然后通过计算机系统计算，是一种适应性强、显示技术先进、较有发展前途的计量装置，且无磨损，使用寿命长，

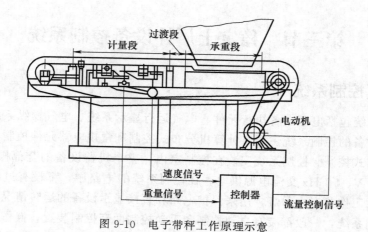

图 9-10 电子带秤工作原理示意

安装维护方便。

核子输送机秤的基本原理是：利用 γ 射线的传播范围来测量输送机单位长度上的物料量，而速度计则用来测定输送速度，这两种电信号经电子设备处理就可得到输送机的生产率。

核子秤用途十分广泛，特别适用于环境条件恶劣的各种工业现场，核子秤称量各物料的最大特点是"非接触性"，所以其测量不受输送带张紧度、挺度、跑偏的影响，不受振动、机械冲击、过载等因素的影响，因此核子秤是将来非接触精确计量技术的重要发展趋势之一。

第四节　稳定土厂拌设备的发展特点

1. 设备大型化和自动化

对于大型施工工程，采用大型机械，经济性好，施工质量高，速度快。另外，机械化施工设备的配套性要求，也促使稳定土厂拌设备向大型化方向发展。目前国外厂拌设备的生产能力可达 1000～1200t/h，具有自动计量、自动检测故障及报警功能等。

2. 结构模块化

可解决设备大型化所带来装、拆、吊、运等问题，有利于制造厂生产和产品系列化，同时符合公路工程施工的特点。

3. 扩展拌和范围

应使稳定土厂拌设备既可拌和各种规格、类别的稳定土，又可不经任何改制地拌和碾压混凝土、面层混凝及商品混凝土。同时为确保含水量的一致和统一，设备应具有在线测湿补偿功能，以确保成品混合料的质量。

4. 无衬板搅拌器

近年来，国外一些公司针对稳定材料的特性和连续搅拌的特点，对强制连续式搅拌器进行了改进，取消了衬板，研制成新型无衬板搅拌器。这种搅拌器和有衬板搅拌器的工作原理基本一样，但两者的抗磨原理截然不同，无衬板搅拌器最大限度地加大了搅拌桨叶和壳体之间的间隙。搅拌器在工作时，在壳体和桨叶之间的间隙中形成一层不移动的混合料层，此混合料层停留在壳体上起到了衬板的作用，保护壳体不受磨损，同时也减少了桨叶的磨损。此外，在相同体积情况下，这种搅拌器相对有衬板搅拌器来说质量小，造价低、生产率高、混合料拌和效果好，不产生阻塞、挤碎等现象。无衬板搅拌器经过试验和使用，已进入实用阶段，现广泛用于稳定土厂拌设备中。

5. 成品料含水率快速连续检测技术

水量的多少对水硬性结合料力学性能和施工性能有着重要的影响，所有厂拌设备都必须能进行精确的计量和控制。而原始材料中含水率受气候影响变化较大，特别是砂料、粉煤灰等细料变化更大，其含水率的变化直接影响到成品料中的含水量和骨料级配的准确性。因而，及时测出原料中的含水量，才能准确控制供水和供料量，使成品混合料的各项配比保持一定。目前各厂家生产的厂拌设备几乎都采用连续强制搅拌方式，这就要求厂拌设备的供料系统不仅具有快速检测出原料含水率的能力，而且必须是连续检测，才能使自动控制系统保持准确。目前，研究和解决细粒料中含水率的快速连续检测技术受到各生产厂家的普遍重视，电容式、中子式、红外线等粒料含水率快速连续检测仪即将推向市场。

6. 建立与用户联络的远程监控、服务中心

国际上通信技术发展迅猛，一些厂家采用 GPS 全球卫星定位系统、无线通信技术、GIS 地理信息系统和计算机网络通信与数据处理技术开发出专业针对大型工程车辆的跟踪管理系统。通过该系统，可以远程定位、监测、管理在采用无线网络覆盖范围内的目标工程机械车辆。利用 GSM 通信网络等先进可靠的通信手段与电子计算机技术，同用户建立直接联系。在生产制造厂家设立监控中心，使监控中心的计算机和用户的厂拌设备的控制计算机通过国际互联网，用监控中心的计算机能及时查询设备的工作运转情况，并能方便地调节和改变设备的工作状态，一旦出现紧急情况控制中心可立即显示出该设备的运行情况并可以对目标设备下达相关安全服务控制命令，尽可能地为用户提供安全周到的服务，此外还可帮助落后地区或缺乏技术人才的用户尽早掌握厂拌设备的使用维护技术。目前，这种利用监控中心为用户提供服务的机构在发达国家已经出现，并将在实际中越来越多地应用。

7. 稳定土厂拌设备的物联网技术

物联网是现代信息技术发展到一定阶段后的一种聚合性应用与技术提升，它是各种感知技术、网络技术和人工智能与自动化技术的聚合、集成和应用。因而被称之为继计算机、互联网信息产业后的第三次革命性创新。

① 物联网是指将稳定土厂拌设备的信息通过智能感应装置和传输网络，送到指定的信息处理中心，最终实现物与物、人与物之间的自动化信息交互、处理的一种智能网络。

② 将稳定土厂拌设备连接到一个网络中形成"物联网"，然后"物联网"又与现有的"互联网"结合，实现生产人员与稳定土厂拌设备的整合，从而以更加精细和动态的方式去管理生产和工作。

③ 利用无线射频识别和无线传感器网络技术，并结合之进行使用，从而为用户提供生产的监控、指挥调度、远程数据采集和测量、远程诊断等方面服务的网络。

第十章　沥青混凝土搅拌设备

第一节　概　述

一、用途与分类

沥青混凝土搅拌设备是生产拌制各种沥青混凝土的成套机械设备。其功能是：将不同粒径的碎石、天然砂或破碎砂等，按比例配合成符合规定级配范围的矿料混凝土，与适当比例的热沥青及矿粉一起在规定温度下拌和成沥青混凝土混合料。

矿（砾）石是混凝土中的骨架，称为骨料。砂子用来增加骨料与沥青的黏结面积。石粉作为填充料与沥青共同形成糊状黏结物填充于骨料之间，既可使沥青不致从碎石表面流失，也可防止水分的浸入，以增加砂石料之间的黏结作用，提高混凝土的强度。此外，由于石粉的矿质不随温度变化而变化，所以它与沥青混合而成的糊状物受温度变化的影响较小，可提高沥青混凝土混合料的稳定性，以利于摊铺。

沥青混凝土混合料摊铺到路面基层上经过整形、压实即成为沥青混凝土路面面层，有很高的强度和密实度，在常温下有一定的塑性，且透水性小，水稳性好，有较大的抵抗自然因素和交通载荷的能力，使用寿命长，耐久性好，是高等级公路、城市道路、机场、停车场、码头等场所理想的面层铺筑材料。

沥青混凝土搅拌设备是沥青路面施工的关键设备之一，其性能直接影响到所铺筑的沥青表面的质量。其分类、特点及适用范围见表 10-1。

表 10-1　沥青混凝土搅拌设备的分类、特点及适用范围

分类形式	分类	特点及适用范围
生产能力	小型	生产能力 30t/h 以下
	中型	生产能力 30～350t/h
	大型	生产能力 400t/h 以上
搬运方式	移动式	装置在拖车上可以随施工地点转移
	半固定式	装置在几个拖车上在施工地点拼装
	固定式	固定在某处不搬迁，又称沥青混凝土工厂
工艺流程	间歇强制式	按我国目前规范要求，高等级公路建设应使用间歇强制式搅拌设备，连续滚筒式
	连续滚筒式	搅拌设备用于普通公路建设

沥青混凝土混合料的拌制工序及相应的搅拌设备中所对应的装置见表10-2。

二、工艺流程及工作原理

由于机型不同其工艺流程亦不尽相同。目前国内外最常用的机型是间歇强制式和连续滚管式。

表 10-2　沥青混凝土混合料拌制工序及对应的装置

拌 制 工 序	各工序所对应的装置
冷骨料的粗配与供给	冷骨料的定量供给和输送装置
冷骨料的烘干与加热	骨料的烘干、加热与热骨料输送装置
热骨料的筛分、储存与二次称量、供给	热骨料筛分装置及热骨料储存和称量装置
沥青的熔化、脱水及加热	沥青仓储、保温罐、沥青脱桶装置
石粉的定量供给	石粉储仓、石粉输送及定量供给装置
沥青的定量供给	沥青定量供给系统
各种配料的均匀搅拌	沥青混凝土混合料搅拌器
沥青混凝土混合料成品储存	沥青混凝土混合料成品储仓

1. 间歇强制式沥青混凝土搅拌设备

间歇强制式沥青混凝土搅拌设备总体结构如图10-1所示，图10-2为搅拌设备的工艺流程。

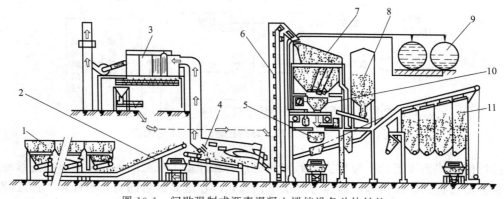

图 10-1　间歇强制式沥青混凝土搅拌设备总体结构

1—冷骨料储仓及给料器；2—带式输送机；3—除尘装置；4—冷骨料烘干筒；5—搅拌器；
6—热骨料提升机；7—热骨料筛分及储仓；8—石粉供给及计量装置；9—沥青供给系统；
10—热骨料计量装置；11—成品料储仓

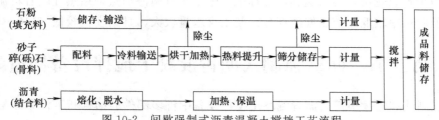

图 10-2　间歇强制式沥青混凝土搅拌工艺流程

间歇强制式搅拌设备的结构及工艺流程的特点是：初级配的冷骨料在干燥筒内采用逆流加热方式烘干，热能利用好。加热矿料的级配和矿料与沥青的比例能达到相当精确的程度，也易于根据需要随时变更矿料级配和油石比，所拌制出的沥青混凝土质量好。其缺点是工艺流程长，设备庞杂，建设投资大，搬迁较困难，对除尘装置要求较高，使除尘装置的投资占设备总造价的 30%~40%。

2. 连续滚筒式沥青混凝土搅拌设备

连续滚筒式沥青混凝土搅拌设备总体结构如图 10-3 所示，其工艺流程如图 10-4 所示。

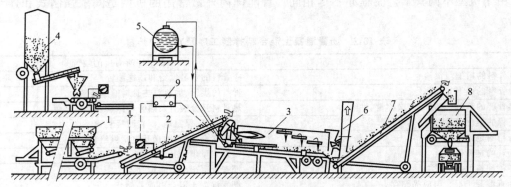

图 10-3　连续滚筒式沥青混凝土搅拌设备总体结构

1—冷骨料储存和配料装置；2—冷骨料带式输送机；3—干燥搅拌筒；4—石粉供给系统；
5—沥青供给系统；6—除尘装置；7—成品料输送机；8—成品料储仓；9—控制系统

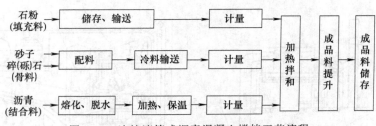

图 10-4　连续滚筒式沥青混凝土搅拌工艺流程

连续滚筒式沥青混凝土搅拌工艺的特点是：动态计量、级配的冷骨料和石粉连续地从搅拌滚筒的前部进入，采用顺流加热方式烘干、加热，在滚筒的后部与动态计量、连续喷洒的热态沥青混合，采用跌落搅拌方式连续搅拌出沥青混凝土。

与间歇强制式沥青混凝土搅拌设备相比较，连续滚筒式的冷骨料烘干加热，与粉料、沥青搅拌在同一搅拌滚筒内完成，故工艺流程简化，搅拌设备简单，制造和使用费用低。混凝土拌制时粉尘难以逸出，容易达到环保标准。但由于骨料的加热采用热气顺着料流的方向进行，故热能利用率较低，拌制好的沥青混凝土含水量较大，且温度也较低（110~130℃）。

第二节　间歇强制式沥青混凝土搅拌设备构造

间歇强制式和连续滚筒式沥青混凝土搅拌设备中许多部件的结构和工作原理是相似或相同的，故在此一并叙述。

一、冷骨料供给系统

冷骨料供给系统由冷骨料储仓、给料器、冷骨料输送机等组成。冷骨料储仓（俗称料斗）是 2~4 个方口漏斗形容器，集存不同粒径的砂和石料。给料器（或称为配料器）位于冷骨料储仓的下方，对冷骨料进行计量，并按照各种工程施工的要求进行级配。带式输送机将级配后的冷骨料集聚并输送至干燥加热滚筒。

1. 冷骨料给料器

冷骨料给料器有往复式、电磁振动式、带式、板式等多种结构形式。

（1）往复式给料器 其结构及工作原理如图 10-5 所示。电动机通过减速器和曲柄连杆机构，带动料槽做往复运动将料给出。给料量的大小可通过改变料槽往复运动的行程 a 或料斗闸门开度 b 予以调整。

（2）电磁振动式给料器 其结构和工作原理如图 10-6 所示。料斗下方弹性地悬挂着有一定倾斜角度的卸料槽，卸料槽上安装一电磁式振动器，振动器高频振动使卸料槽运动将冷骨料均匀卸出。改变振动器的振幅及料斗闸门的开度可调整给料量的大小。

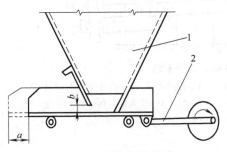

图 10-5 往复式给料器

1—料斗；2—曲柄连杆机构

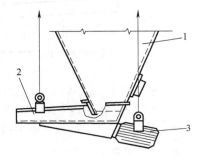

图 10-6 电磁振动式给料器

1—料斗；2—卸料槽；3—电磁振动器

（3）带式给料器 如图 11-7 所示，利用位于料斗下方带式输送机的运转将冷骨料送出。改变带式输送机调速电动机的转速或料斗闸门开度可调整给料量的大小。

（4）板式给料器 板式给料器的工作原理与带式给料器的相同，如图 10-8 所示。位于冷骨料储仓下方的链条上安装有若干个链板，电动机驱动链条-链板运动时可将冷骨料送出。板式给料器工作稳定，不存在带式给料器因皮带打滑而影响给料的问题。

2. 冷骨料输送机

冷骨料输送机由集料皮带机和倾斜皮带输送机组成。各给料器输送出的骨料由集料皮带机送出，再由皮带输送机或多斗提升机将冷骨料送入干燥滚筒。由于倾斜皮带输送机工作可靠，不易产生卡阻现象，工作噪声小，架设方便，当场地面积较大时应优先选用。

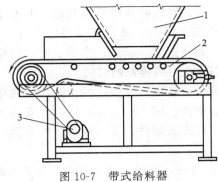

图 10-7 带式给料器

1—料斗；2—带式输送机；3—电动机

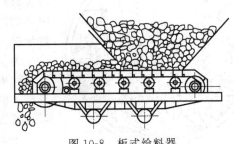

图 10-8 板式给料器

二、冷骨料烘干加热系统

冷骨料烘干加热系统包括干燥滚筒（或干燥搅拌筒）和加热装置两大部分，如图10-9所示。工作时，干燥滚筒连续转动，筒内的提升叶片将进入筒内的冷骨料不断地升起、抛下，同时燃烧器向筒内喷入火焰，冷湿骨料就逐渐被烘干并加热到工作温度。

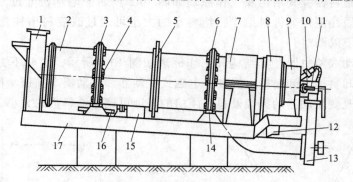

图 10-9　冷骨料烘干加热系统
1—加料箱；2—滚筒体；3,6—筒箍；4—胀缩件；5—传动齿圈；7—冷却罩；8—卸料箱；
9—火箱；10—点火喷头；11—燃烧器；12—卸料槽；13—鼓风机；14—支承滚轮；
15—驱动装置；16—挡滑滚轮；17—机架

1. 干燥滚筒

干燥滚筒用来加热烘干冷湿骨料。为使冷湿骨料在较短的时间内用较少的燃料充分脱水升温，要求干燥滚筒能使骨料在滚筒内均匀分散，并有足够的停留时间，使骨料在筒内尽可能多地与热气直接接触，以充分利用热能。干燥滚筒还应有足够的空间容纳热气和水蒸气，以免气压过高使粉尘逸散。

间歇强制式搅拌设备的干燥滚筒均采用逆料流加热方式。火焰自滚筒的出料口一端喷入，热气流逆着料流方向穿过滚筒时被骨料吸走热量后，废气从烟囱排出。逆料流加热时的烟气温度为350～400℃，该加热方式的热量利用效果比顺料流加热方式要好得多。

干燥滚筒的筒体是直径1.5～3m、长6～12m的旋转式圆柱体，由耐热锅炉钢板卷制焊接而成，通过前后两道筒箍支承在滚轮上（见图10-9）。筒体一般按3°～6°的安装角支承在滚轮上旋转工作，在筒箍处安装挡滑滚轮，以防止滚筒轴向移动。

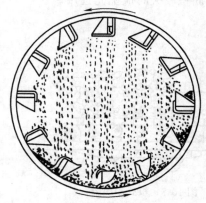

图 10-10　干燥滚筒内壁上的叶片

沿滚筒内壁纵向不同区段上安装有不同形状的叶片和升料槽板，滚筒旋转时叶片将骨料刮起提升并于不同的位置跌落（见图10-10），使骨料与热气流充分接触。滚筒的倾斜度、旋转速度、长度、直径、叶片的排列和数量决定了骨料在滚筒内停留的时间。

为了补偿筒体和筒箍因温差而发生变形，筒体与筒箍之间安置有胀缩件。图10-11所示为广泛应用在干燥滚筒上的弹性切线式胀缩件。胀缩件可用螺栓固定，也可直接焊在筒体上。

干燥滚筒有三种驱动形式：齿轮驱动、链条驱动和摩擦轮驱动。齿轮驱动方式的结构简单，安装和调整方便，多用于小型及早期搅拌设备中。链条驱动是通过链条带动胀缩件固装在筒体上的链轮齿圈使滚筒转动，多用在中型搅拌设备上。大型设备多采用摩擦轮驱动形式，由四个支承滚轮同时也是主动轮支承在滚筒两端（见图10-9），利用主动轮与筒箍之间的摩擦力使滚筒转动。

干燥滚筒进料端设有开口，并安装加料装置和烟箱，便于装料和排烟，图10-12是使用最广泛的倒料槽式加料装置和烟箱示意图。倒料槽穿过烟箱伸入干燥滚筒，安置成与水平面成60°～70°的斜角以免湿料阻滞。皮带机送来的骨料经倒料槽进入干燥滚筒，通过进料端处的旋转式提升器及螺旋叶片将骨料抛撒至滚筒内。

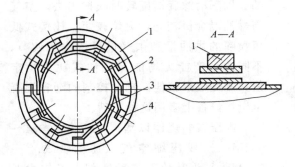 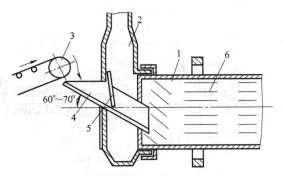

图 10-11　弹性切线式胀缩件　　　　图 10-12　倒料槽式加料装置和烟箱
1—筒箍；2—胀缩件；3—筒体；4—垫板　　1—干燥滚筒；2—烟箱；3—皮带机；4—倒料槽；
　　　　　　　　　　　　　　　　　　　　5—挡板；6—升料槽板或叶片

干燥滚筒的卸料位于卸料箱内（见图10-9）。对于小直径的干燥滚筒，多采用自流集料的卸料箱，即热骨料顺自流式集料槽流入热骨料提升机的受料斗中。大直径干燥滚筒多采用旋转提升器卸料装置，即热骨料由旋转式提升器提升到滚筒轴线平面以上被抛入漏斗内，再沿集料槽落入热骨料提升机的受料斗中。干燥滚筒的进料箱和卸料箱料槽内表面都衬垫一层耐磨钢板，旋转的筒体和固定的烟箱罩壳、火箱之间装有由耐磨与耐热橡胶制作的密封件，以防止粉尘的逸出。

2. 加热装置

加热装置的作用是将骨料烘干并加热到工作温度。目前与干燥滚筒相匹配的加热装置大都采用液体燃料（通常以重油和柴油为主）。液体燃料热值较高，燃烧的热效率高，灰分少，可使燃烧室容积减小；操作与控制方便，易于满足对不同温度的要求。

加热装置由燃油箱、油泵管道、燃烧器、鼓风机和火箱等组成，若以重油为燃料，则燃油箱内设有加热管，并在燃油供给系统中设有重油预热器。

燃烧器中的核心是燃烧喷嘴。燃烧器按照液体燃料雾化的方法不同，可分为机械式、低压式和高压式燃烧器三种。

机械式燃烧器依靠燃油本身的高压（一般为1～2.5MPa）将燃油从喷嘴喷出并雾化，助燃空气通过鼓风机进入火箱，或使火箱形成负压而被吸入火箱。其优点是：不需要另外的压缩空气作雾化剂，助燃空气可预热到较高的温度，有利于燃烧，工作噪声小，喷嘴结构紧凑。其缺点是：由于燃油仅靠本身油压雾化，雾化和混合质量较差，喷燃能力的调节范围较小；喷嘴喷孔很小，易堵塞。

低压式燃烧器中燃油以低压（0.05～0.08MPa）经喷嘴喷出。同时，低压空气（0.3～0.8kPa）从喷嘴的油孔周围缝隙中喷出作为雾化剂使燃油雾化并助燃。其优点是：燃油因

第十章　沥青混凝土搅拌设备

空气参与雾化，雾化质量高，低压供气噪声较小，喷嘴不易堵塞，维护较简单，火箱容积较小，由于80%～100%的助燃空气通过喷嘴周围的缝隙喷出，燃烧过程调节范围广。其缺点是：燃烧器体积较大，生产能力小，通常用于中、小型搅拌设备中。

低压式燃烧器的喷嘴又分直流式、涡流式和比例式三种（图10-13）。直流式低压喷嘴的空气是沿喷嘴的喷孔直射出去，其火焰较长。涡流式低压喷嘴的空气是从油孔周围沿螺旋槽旋转时喷射出去，空气与燃油混合得较好，火焰较短。比例式低压喷嘴的供油量和供气量可按比例调节，不同的生产能力均能保持油气比为恒定值，燃烧效果较佳，自动控制的沥青混凝土搅拌设备上多用这种喷嘴。

高压式燃烧器以蒸汽（压力为0.4～0.8MPa）或压缩空气（压力为0.3～0.7MPa）为雾化剂与助燃剂，工作中对燃油进行冲击和摩擦使油液雾化。其优点是：维护简单，调节范围宽，不易堵塞。其缺点是：噪声大，火焰长。因此，高压式燃烧器多用于中、大型搅拌设备上。

轴流型高压喷气式燃烧器的喷嘴（见图10-14）由壳体、导向盘、喷射头、盖形螺母、燃油关闭装置、闭合弹簧等组成。喷嘴上有燃油、雾化空气和控制气体三个口。燃烧器工作时，燃油被泵入喷嘴，在喷射头处与高压空气混合雾化并喷

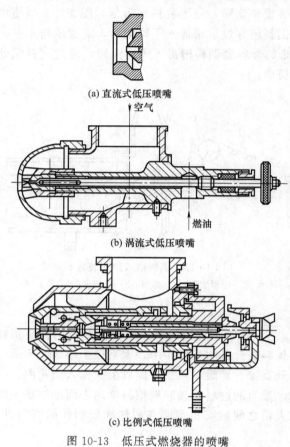

(a) 直流式低压喷嘴

(b) 涡流式低压喷嘴

(c) 比例式低压喷嘴

图10-13　低压式燃烧器的喷嘴

出，形成一个雾化锥。喷嘴内的阀杆上设有一个燃油关闭装置，在燃烧器关闭期间，闭合弹簧使闭合轴头部将喷射头的燃油入口关闭，防止燃油从喷嘴端部滴出。当燃烧器工作时，活塞受控制高压空气（0.7MPa）的作用，克服关闭弹簧力的作用并带动闭合轴左移，使燃油能从喷嘴喷出。通过减压阀减压到0.6MPa左右的压缩空气由雾化气入口进入喷嘴内，在喷射头处使燃油雾化并与空气混合、燃烧。

火箱（燃烧室）位于燃烧器前端，是燃料燃烧的区域，一般采用钢板制成，里面衬砌耐火砖，也可采用没有衬砌的耐热钢板制成，其外形有筒形和后部带锥度的筒锥形两种。火箱与干燥滚筒之间衬有石棉板，以补偿二者在工作过程中的膨胀差。

高压空气由鼓风机提供，进入燃烧器后在喷头处与喷嘴喷出的雾状燃油混合并燃烧，通过控制机构改变风门的开度调整鼓风机的进气量。

三、热骨料提升机

干燥滚筒卸出的热骨料由热骨料提升机提升到一定的高度并送入筛分装置。提升机通常采用链斗提升机，它由主、从动链轮，装于链条上的多个运料斗及安装在提升机顶部的驱动

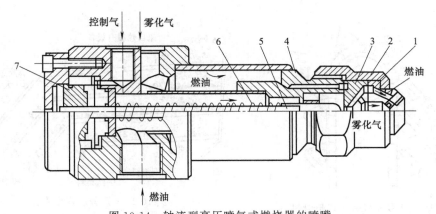

控制气　雾化气

燃油

燃油

雾化气

燃油

图 10-14　轴流型高压喷气式燃烧器的喷嘴

1—喷射头；2—盖形螺母；3—导向盘；4—壳体；5—闭合轴；6—闭合弹簧；7—活塞

装置（包括电动机、减速器、止逆机构）、链轮张紧机构等组成。在大型搅拌设备上多采用导槽料斗、重力卸料方式的重力卸料型斗式提升机（见图 10-15），即主动链轮带动链条上的料斗在提升机底部盛满热骨料后被送至提升机顶部，转过主动链轮后，热骨料靠其重力落入溜料槽并沿着料槽滑入振动筛内。重力卸料方式的链条运动速度低，可减少磨损及噪声。在热骨料提升机的驱动装置中附设止逆机构，是为了防止提升机运转中途停止时链条有载侧在骨料的重力作用下使提升机发生倒转。

四、热骨料的筛分与存储装置

筛分装置的作用是将热骨料提升机输送来的骨料按粒径大小进行分级，以便在搅拌之前进行精确的计量与级配。

筛分装置多用振动筛。按其结构和作用原理可分为单轴振动筛、双轴振动筛和共振筛几种形式。因共振筛结构复杂，使用维修不便，故搅拌设备中多用单轴和双轴振动筛。

振动筛内有几个不同规格的筛网（图 10-16）。第一道筛网为粗筛网，将超规格的集料弃除掉，其他筛网孔径由上至下逐层减小，最底层为砂筛网。筛网用快换盖式压板装于筛箱内，易于更换。

单轴式振动筛通过单根偏心轴的旋转，使倾斜放置的筛网产生圆振动而筛分骨料。振幅通常为 4～6mm，振动频率为 20～25Hz。双轴式振动筛通过两根倾斜布置的偏心轴同步旋转，使水平放置的筛网产生定向振动而筛分物料，振幅通常为 9～11mm，振动频率为 18～19Hz。振动器的布置有上置式和下置式两种，下置式的振动器置于筛网箱中下部，其安装维修不便，支承轴承位于高温环境之中，易损坏。目前的搅拌设备中电动机与振动器均置于筛箱上部，有的直接采用振动电动机，使结构更为简化。筛箱的布置方式有斜置和水平布置两种，水平布置的筛箱更换筛网及维修方便。筛箱与除尘装置用通气管相接，以便将灰尘收集起来，提高环境净化程度。

在振动筛下方设置一排热骨料储仓，分别用来储存砂子、细碎石、中粒度碎石和大粒度碎石。储仓对应于每种骨料独立布置，各储仓下方设有能迅速启闭的斗门，其开度和级配比相适应，斗门的启闭一般通过气缸来操作。储仓内一般都设有低料位传感器，若储仓料位过低时可发出信号，通知操作人员采取必要措施。每个料仓内部装有溢料管，防止过量的集料落入其他料仓内或因骨料塞满振动筛下方的空间而损坏筛子。

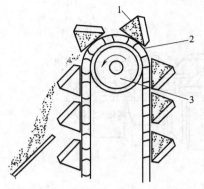

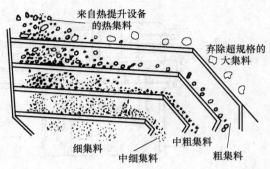

来自热提升设备的热集料

弃除超规格的大集料

细集料　中细集料　中粗集料　粗集料

图 10-15　重力卸料型斗式提升机

1—导槽料斗；2—牵引链；3—主动链轮

图 10-16　筛分过程示意图

五、粉料储存和输送装置

粉料储存和输送装置用于储存散装石粉，并在搅拌设备工作期间将石粉送至石粉计量装置内，有漏斗式与筒仓式两种形式（见图 10-17）。漏斗式结构简单，上料高度低，一般用于生产率低或使用袋装石粉的搅拌设备上。筒仓式必须使用散装粉料，并与水泥罐车或斗式提升机配用，通过罐车上的气力输送或斗式提升机将粉料送入仓内。其劳动强度小，但成本高，多用于中、大型搅拌设备。

对于筒仓式的粉料输送装置，粉料被卸入或吹入仓内后靠自重沉积在仓内，带有粉尘的空气经布袋式空气滤清器过滤后排入大气。仓顶上设有料位器，以探测粉料的高度。为防止粉料结拱下料不畅，仓底部安装有粉料疏松器。筒仓下部安装有转阀，通过转阀叶片的转动均匀地为螺旋输送机喂料，由输送机送到单独的粉料称量斗内进行称量。螺旋输送机由调速电动机驱动，石粉流量通过调速电动机进行控制。

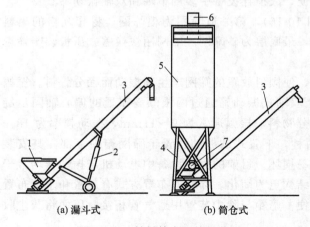

(a) 漏斗式　　　　(b) 筒仓式

图 10-17　粉料储存和输送装置

1—漏料斗；2—支腿；3—螺旋输送器；4—支架；
5—储料仓；6—空气过滤器；7—转阀

六、沥青供给输送系统

沥青供给输送系统的作用是给沥青称量装置提供具有一定温度的热态沥青，主要由沥青罐、沥青泵、沥青脱桶加热装置、输送管道等组成。沥青脱桶加热装置是熔化桶装沥青的专用设备，用以将固态桶装沥青从桶中脱出并加热至泵送温度。有的沥青脱桶加热装置可将沥青的脱桶、脱水、加热和保温四种功能融为一体。

1. 火力管式沥青脱桶加热装置

火力管式沥青脱桶加热装置由脱桶箱、加热系统、沥青泵送系统、电气控制装置等组成，如图 10-18 所示。脱桶箱分隔成脱桶室（上）与加热池（下），箱内置有大小 U 形火管，小 U 形火管的入口处装有一只陶瓷烧管，用于降低火焰入口温度，以免沥青局部过热老化。高压电子自动点火式柴油燃烧器，实现鼓风、点火和燃烧程序控制及光电火焰监视。脱桶箱内设置有内循环系统，使沥青升温的同时实现脱水。箱内的浮筒液位计对沥青液位实行全程显示。脱桶箱上布置有提升卷扬机，用于启闭滑门。脱桶箱侧部设置驱动装置，牵引台车沿滑轨进出于脱桶箱。

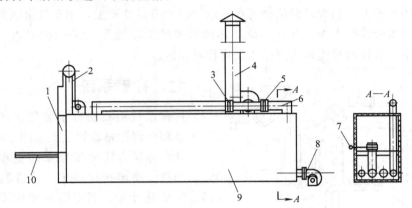

图 10-18　火力管式沥青脱桶加热装置简图

1—滑门；2—滑门升降机构；3,5,7—手阀门；4—排烟管；6—热气输送管；8—燃烧器；9—脱桶箱；10—台车滑轨

这种沥青脱桶加热装置的工作过程是：脱桶时将沥青桶上端盖打开倒置于台车上，驱动装置使台车进入脱桶箱内，关闭滑门。燃烧器使柴油燃烧，燃气经下室的小 U 形火管进入上室，加热脱桶沥青后由引风机引入排烟管排出。与桶壁接触的沥青受热熔化后，靠自重落入油池实现脱桶。当台车上桶内的沥青全部落入加热池后，操纵手阀门，使燃气不经脱桶室而经过加热池中的大 U 形火管加热池中沥青，然后从排烟管排出，此时，台车被拖出脱桶箱换桶。工作过程中，沥青泵转动，强制加热池中的沥青内循环，使加热的温度分布均匀利于脱水。当加热池中的沥青温度升到 100～120℃后，三通阀旋至切断内循环而接通输出管路位置，沥青被泵入保温罐中备用。

2. 导热油加热式沥青脱桶加热装置

图 10-19 为导热油加热式沥青脱桶加热装置的结构简图。该设备主要由上桶机构、沥青脱桶室、沥青加热室、导热油加热管、沥青脱水器、沥青泵、沥青管路与阀门等组成，可完成对桶装沥青的脱桶、脱水、加热和保温作业。

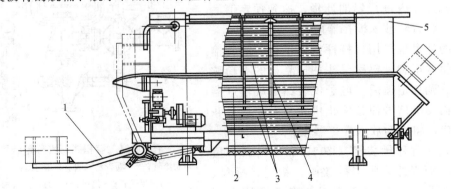

图 10-19　导热油加热式沥青脱桶加热装置结构简图

1—上桶机构；2—沥青加热室；3—导热油加热管；4—沥青脱水器；5—沥青脱桶室

该装置的工作过程是：将沥青桶装入上桶机构，卸去口盖的桶口朝下，液压缸升起臂架将沥青桶推入脱桶室，直至室内将桶装满。泵入的导热油先进入沥青加热室的加热管道，然后进入脱桶室的加热管道，当温度达到沥青熔化流动的温度时，沥青从桶内流入加热室。待沥青充满加热室后，拨动二通阀接通内循环管道，沥青泵将含水的温度为95℃以上的沥青泵至脱桶室顶部的平板上，沥青以薄层状态在流动中将水分迅速蒸发，水蒸气由顶部的孔口排出。当沥青中的水分排除干净，并被继续加热到所需的工作温度130～160℃以后，便可泵入其他保温罐中或直接通过输送管道送入沥青称量系统。

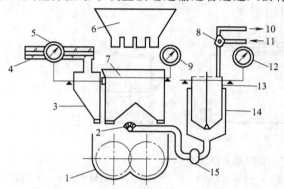

图10-20 间歇强制式搅拌设备称量系统简图

1—搅拌器；2—沥青喷管；3—石粉称量斗；
4—石粉料螺旋输送器；5—石粉计量秤；6—热骨料储仓；
7—骨料称量斗；8—三通阀；9—骨料计量秤；
10—沥青回油管；11—沥青进油管；12—沥青计量秤；
13—沥青称量桶；14—沥青保温桶；15—沥青喷射泵

七、称量系统

称量系统由石粉称量装置、热骨料称量装置和沥青称量装置组成（图10-20）。

通常称量方法分按重量计量和按容积计量两种。在搅拌设备上，热骨料和石粉都是按重量计量，沥青则两种计算方法都有，目前多采用按重量计量方法。

计量秤有杠杆秤、电子秤等不同形式。杠杆秤结构简单，维护方便，受粉尘和高温等恶劣条件的影响不大，但人工操作计量精度较低，不易实现远距离自动控制。电子秤体积小，精度高，易实现远距离自动控制。目前沥青混凝土搅拌设备基本上都采用电子秤。

电子秤由压力或拉力传感器和电子仪器等组成。称量斗通过传感器支承或悬挂在机架上，当称量斗内落入物料时，传感器测取的信息经电子仪器处理，由仪表显示并输出控制信号，通过执行机构来启闭各储料仓的斗门以完成称量过程。

骨料的称量通过计量秤和称量斗采用重量累加计量方式完成。不同规格的骨料按级配重量比先后落入称量斗内进行累加计量，达到预定值后开启斗门，将骨料放入搅拌器内。

石粉的计量也采用杠杆秤或电子秤。螺旋输送器将石粉送至和骨料称量斗并排悬挂的石粉称量斗中，达到预定值后，电子仪表给螺旋输送器的控制机构发出信号使其停止供料。石粉称量斗的斗门开启，将石粉放入搅拌器内。

容积式沥青称量装置（图10-21）由沥青量桶、浮子、沥青注入阀与排放阀、钢绳、标尺、重块、传感器、保温套等组成。当沥青注入阀开启时，通过输送系统送来的沥青注入量桶，

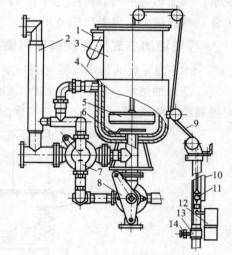

图10-21 容积式沥青称量装置

1—溢流管；2—沥青注入管；3—量桶；4—保温套；
5—浮子；6—挡板；7—沥青注入阀；
8—沥青排放阀；9—软钢绳；10—标尺；
11—重块；12—传感器；13—夹头；14—调整螺钉

随着沥青的注入浮子上移，通过软钢绳与浮子相连的重块下移；当重块触及传感器的触点时给电子仪表发出信号，并通过执行机构使沥青注入阀关闭，称量过程完成，随后沥青排出阀开启，称量好的沥青经输送系统至搅拌器内的喷管喷出。通过调整夹头带动传感器上下移动改变其高低位置，即可调整量桶的计量。工作期间，将导热油通入保温套中进行保温。

重力式沥青称量装置的量桶通过传感器悬挂在机架上（图10-22）。称量前气缸使锥形底阀关闭，三通阀使沥青经注入管进入量桶。当注入量达到设定值时电子仪表给执行机构发出信号，通过气缸使三通阀换位，切断进入量桶内的沥青通路，沥青与回路管路相通。随后锥形底阀开启，称量好的沥青流入搅拌器或由喷射泵输送至沥青喷管喷入搅拌器。沥青罐外设有保温套，工作期间注入导热油进行保温。

八、搅拌器

搅拌器将按一定比例称量好的骨料、石粉和沥青均匀地搅拌成所需的成品料。间歇强制式搅拌设备均采用卧式双轴桨叶搅拌器。

这种搅拌器（图10-23）由搅拌轴、搅拌臂、搅拌桨叶、卸料闸门、驱动装置等组成。两根搅拌轴通过一对啮合齿轮带动而反向旋转，转速一般为 $40 \sim 80$ r/min。每根轴上装有数对搅拌臂，臂端装有耐磨材料制成的搅拌桨叶。桨叶在轴上呈螺旋线排列，可使物料在搅拌中产生径

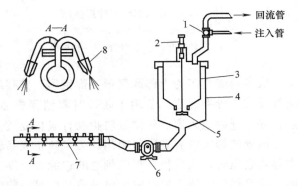

图 10-22 重力式沥青称量和喷射装置示意图
1—三通阀；2—拉力传感器；3—沥青量桶；4—沥青罐；
5—锥形底阀；6—沥青喷射泵；7—喷管；8—喷嘴

向和轴向移动。壳体内侧通过卡簧或螺栓装有耐磨材料制成的衬板，其使用寿命不低于 10^5 批次。

搅拌器的驱动装置由电动机、传动带、减速器、液力耦合器等组成。搅拌器出现超载或卡料时，液力耦合器在起过载保护作用的同时，利用油液从耦合器内的螺塞孔内喷出使电动机卸载，同时向控制台报警。

间歇式搅拌器卸料口设在搅拌器底部的中间位置。卸料闸门有三种形式：可抽动的闸板式、可转动的扇形门式和活瓣式，其中活瓣式又分为抓斗式和开闭片瓣式两种。闸门的启闭有电动、气动或液压等不同的操作方法。

九、成品料储仓及输送装置

成品料储仓主要用来调节搅拌设备与运输车辆间的生产不协调，减少频繁开停机，提高搅拌设备的生产率。对于滚筒式搅拌设备，由于成品出口高度低，必须通过储仓来解决成品的装车问题。在保温与防氧化措施好的条件下，大型储仓也可用于成品料较长时间（最多可达半个月）的储备。

搅拌设备的成品料储仓大多采用竖立的筒仓，1~4 个筒仓并列支承在支架上（图10-24）。间歇式搅拌设备采用沿导轨提升的滑车运料，连续式搅拌设备则采用刮板输送器运料。

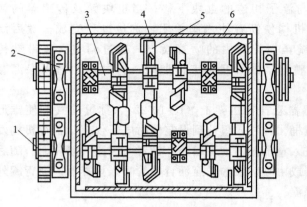

图 10-23　卧式双轴桨叶搅拌器

1—传动齿轮；2—轴承；3—搅拌轴；
4—搅拌桨叶；5—搅拌臂；6—衬板

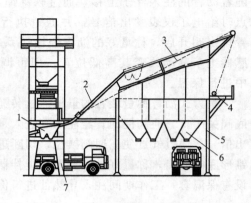

图 10-24　成品料储仓示意图

1—运料车；2—轨道；3—钢索；4—驱动机构；
5—支架；6—成品料储仓；7—搅拌楼

成品料储仓多为上部圆筒形下部锥形。储存期少于24h的储仓一般只在仓体外侧附设玻璃纤维或岩棉保温层。若用于较长时间储存成品料时，除了设保温层外还应采用导热油加热，并向仓内通入惰性气体以防止沥青氧化变质。

储仓的卸料口装有卸料闸门。为了防止成品料进入储仓时产生离析现象，即混凝土自空中落入仓里时，大粒径石料流到仓的边缘处，细小砂料落在中间堆积起来，在仓顶附设带有闸门的受料斗，待积聚一定数量的成品后再一起卸入仓内，或在仓内设置一个圆锥台以减少成品料下落中的离析现象。储仓内设有高位指示料位器，当储仓满仓时及时给控制室发出信号禁止进料。

成品料输送装置工作时，运料车装满成品料，电动机经驱动机构带动钢绳牵引运料车沿轨道上行至成品料储仓上方，斗门开启将成品料卸入储仓内。卸料完毕驱动电机反转，运料车靠自重滑落回搅拌器放料闸门下方。驱动电动机和减速器之间设有制动器，既可使运料车在运行中迅速停车，又可防止运料车停车后在自重作用下沿轨道下滑。

十、除尘装置

沥青混凝土搅拌设备在烘干、筛分、称量和搅拌等各工序中会有大量粉尘逸出和燃料燃烧产生的废气排出，除尘装置的作用是收集这些污染物，以符合国家环保法规的要求。沥青混凝土搅拌设备的除尘器有一级除尘和二级除尘，前者只是滤除污染物中的粗粉尘，后者经两级除尘可以清除污染物中的微粉尘。

常用除尘装置按其工艺形式有干式和湿式两种；按其工作原理和结构形式可分为旋风式、布袋式和水浴式三种，前两种属于干式，后一种属于湿式。旋风式为粗滤，后两种为细滤。一般小型搅拌设备只配备一级旋风式除尘器。大型搅拌设备为达到环境除尘要求，采用两级除尘，即除旋风式除尘器外，还配备有袋式除尘器或湿式除尘器。经袋式除尘后排尘量为不大于 $50mg/m^3$，湿式除尘后的排尘量为不大于 $400g/m^3$。

1. 旋风式除尘器

旋风式除尘器由旋风集尘筒、抽风机、吸风小筒、风管和烟囱等组成（图10-25）。集尘筒上部呈圆筒形，从侧壁的进气口可引进由干燥滚筒及热骨料提升机和筛分机来的含尘废气。圆筒内装有吸风小筒，吸风小筒与抽风管相连。

旋风式除尘器的工作原理是：在抽风机的吸力作用下废气经风管进入旋风集尘筒，在集尘筒内自上而下旋转运动时产生离心力，使气体中粗粉尘被甩出撞在筒壁上并落至集尘筒下方；集尘筒下部的圆锥形既作收集尘粒之用又使旋风圈缩小，加大含尘气体的流速并便于向上折返进入吸风小筒；集尘筒中的尘粒被回收到热骨料提升机或石粉输送机作为粉料而被利用。

旋风式除尘器能收集粒径 $5\mu m$ 以上的灰尘，除尘效率最高为 85%。

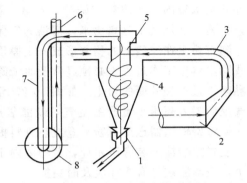

图 10-25　旋风式除尘器示意图

1—卸尘闸门；2—干燥滚筒；3—风管；
4—旋风集尘筒；5—吸风小筒；6—烟囱；
7—抽风管；8—抽风机

2. 湿式除尘器

湿式除尘器可以消除细小颗粒的尘土和粉尘，它是利用水雾降尘。以雾状的水喷洒到湿式除尘器内，水雾将气体内的尘土吸附，下落到除尘器的底部，经过净化的空气从烟囱排入大气。湿式除尘器一般与旋风除尘装置串联使用。

湿式除尘器有喷淋式和文丘里式等结构形式。由于文丘里除尘器除尘效果好，可去除 $0.5\mu m$ 以上的粉尘，除尘效率可达 95% 以上，因此目前沥青混凝土搅拌设备多采用这种形式的除尘器。

文丘里除尘器（图 10-26）主要由文丘里洗涤器、气液分离罐、沉淀池和加压水泵等组成。含尘烟气进入收缩管后，气流速度随管截面缩小而剧增，高速气流冲击从喷水口喷出的水使之泡沫化。气、液、固多相混合流进入喉管流速达到最大值，当进入扩散管后流速逐渐降低，静压逐渐恢复，蒸气以烟尘为核心开始逐渐凝聚。同时由于截面积的变化，引起气流速度重新分布。气、液、固三相由于惯性的不同存在着相对运动，产生固体粉尘的大小颗粒间、液体和固体间、液体不同直径水珠间的相互碰撞，出现小颗粒粉尘黏附大颗粒粉尘的聚集现象。烟气进入气液分离罐后，由于剧烈的旋转运动，在离心力的作用下，将粉尘和水滴抛向分离罐内壁，被内壁上的水膜黏附，粉尘随水流入沉淀池，净化后烟气从烟囱排出。沉淀池上部清水流入清水池，被水泵抽出并送到文氏喷嘴以再次使用。

文丘里除尘器的缺点是含尘废水易引起污染转移，而且水在使用过程中会酸化，对钢铁件有腐蚀作用，因此水中须添加中和剂并定期更换。

3. 袋式除尘器

袋式除尘器（图 10-27）也是串联在旋风式除尘器后使用的二次除尘装置。在箱体内装有数百个耐热合成纤维袋，其网眼极小，在过滤中可捕集 $0.3\mu m$ 以上的粉尘，除尘效率可达 $95\% \sim 99\%$。这种除尘器可使含尘气体净化到 $50mg/m^3$ 程度。

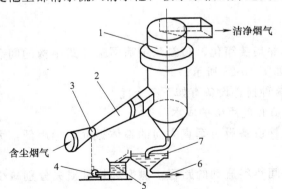

图 10-26　文丘里除尘器示意图

1—气液分离罐；2—文丘里洗涤器；3—文丘里喷嘴；
4—加压水泵；5—清水池；6—排水管；7—沉淀池

袋式除尘器的工作原理是：含尘气体进入箱体在折流板的截流下被分散流动，从每个滤袋外侧进入袋内，在滤袋的筛分、拦截、冲击和静电吸引等作用下，微尘黏附于滤布缝隙间，将粉尘从烟气中分离出来，清洁的气体经抽风机、抽风管由烟囱排入大气。

随着粉尘在滤袋上的积聚形成一定厚度的粉尘层，滤布的过滤透气性大大降低。因此，袋式除尘器在工作过程中必须经常及时清除滤袋上的积尘。目前，常采用脉动压缩空气法吹落黏附于过滤袋外面的粉尘。如图 10-27 所示，控制器控制脉冲阀定时间隔地在滤袋上方与烟气反向喷入高压小量压缩空气，使滤袋产生振动和抖动，将袋上的粉尘抖落到箱体的下部，由螺旋输送器送至石粉料仓或热骨料提升机。

袋式除尘器上装有压差计，若箱体内压差过大，表明滤袋积尘过多过滤阻力太大；压差过小，表明滤袋已有损坏应及时更换。

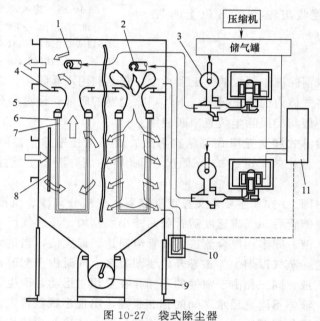

图 10-27　袋式除尘器

1—净气；2—喷吹管；3—脉冲阀；4—管座板；5—喉管；6—滤袋；
7—袋骨架；8—折流板；9—螺旋输送机；10—压差计；11—控制器

十一、双层筛网式干燥滚筒

德国 LINTEC 公司研制出与众不同的全部集装箱化、倾斜双层筛网滚筒式结构的间歇强制式沥青混凝土搅拌设备，其搅拌楼结构如图 10-28 所示。

由于采用了顶置式的干燥滚筒形式，使这种搅拌设备有如下三个优点：

① 无热骨料提升机构，降低了设备的制造和使用维护成本。

② 筛网转动而不振动，轴承受力好，搅拌设备设有垂直方向的整体振动，噪声低，大大改善了作业环境。

③ 缩短了干燥滚筒、热料仓和搅拌器之间热料流动的路程，温度和热量损失分别减少约 10% 和 15%。

带有旁通口的双层筛网滚筒，形成独特的筛分工艺，大粒径骨料通过滚筒外壳的时间更长一些，可以达到与砂料相同的温度，确保了加热效果。

双层筛网滚筒的结构如图 10-29 所示。滚筒顶置于热料仓及搅拌器之上，倾斜安装。其左端装有自动遥控燃烧器，火焰从左端喷入滚筒。冷骨料从滚筒右端进料口逆流进入烘干滚筒。滚筒内壁设有骨料提升叶片，滚筒转动时骨料在自重及提升叶片作用下，一边逆流前移，一边不断地被掷起、抛撒形成料帘，充分进行热交换，砂石料温度不断提高，直至从滚筒的出口落入滚筒外壳与筛网之间的空间。滚筒的转动及"空间"内的热料螺旋推进叶片，使热料穿过筛网（筛分）后落入各个热料仓。由于滚筒外设置有双层筛网，热料经双重筛分大大减少了热料因推挤而混仓的现象，保证筛分后的热料级配精确及稳定性，并能充分利用滚筒外壳的辐射余热，明显降低了能源消耗。

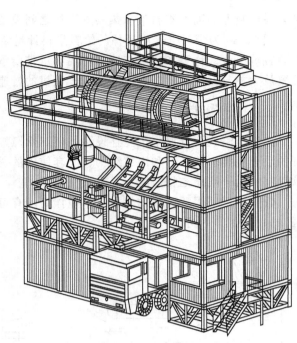

图 10-28　LINTEC 沥青混合料搅拌设备

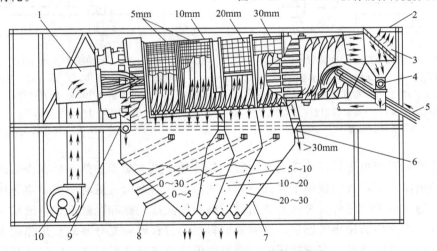

图 10-29　双层筛网滚筒的结构示意

1—燃烧器；2—除尘装置；3—粉尘分离器；4—螺旋输送器；5—冷料输送带；
6—溢料口；7—热料仓；8—排水口；9—旁通口；10—鼓风机

双层筛网不仅筛分面积大、筛分效率高，还有效地延长了筛网的使用寿命（可比振动筛网延长一倍）。

第三节　连续滚筒式沥青混凝土搅拌设备构造

一、冷骨料供给计量装置

由于连续滚筒式搅拌设备的各种物料是连续供给和排出的，为了保证冷骨料的级配比精度，在给料器后面的集料带和集料输送机之间设置电子皮带秤。

图 10-30 为带有电子皮带秤的给料集料计量装置。电子皮带秤由称重和速度传感器及控制装置等组成。称重和速度传感器将集料皮带所承受的料重及瞬时带速采集后，输出给控制装置放大并与设定值比较后改变调速电动机的转速，使给料器的给料量在要求的范围之内。

二、干燥搅拌筒

连续滚筒式沥青混凝土搅拌设备是用干燥搅拌筒对冷骨料进行烘干、加热，并完成与沥青的混合搅拌。其外部和内部结构、配套使用的燃烧器、滚筒的驱动装置等许多地方，与间歇强制式烘干滚筒是相似的。

骨料烘干采用顺流式加热方法，搅拌筒内有可形成料帘的叶片，整个滚筒分成四个工艺区，如图 10-31 所示。

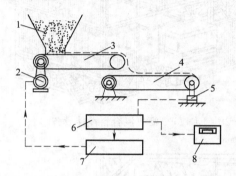

图 10-30　给料集料计量装置
1—料斗；2—调速电动机；3—给料器；
4—称重皮带机；5—称重传感器；
6—速度传感器；7—流量控制器；
8—流量指示器

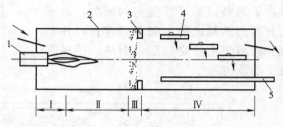

图 10-31　干燥搅拌筒示意图
1—燃烧器；2—筒体；3—漏斗形叶片；
4—提升撒落叶片；5—沥青喷管；
Ⅰ—冷拌区；Ⅱ—烘干加热区；
Ⅲ—料帘区；Ⅳ—搅拌区

湿冷骨料和石粉由进料口入筒后在冷拌区先冷拌，进入烘干加热区后在火焰的辐射热和筒体的传导热作用下，骨料被烘干并加热到最大限度。料帘区设置有一圈带格栅底的宽漏斗形叶片，在随筒旋转时将骨料带上去并沿筒的横截面陆续漏撒和抛散下来，形成一个圆形料帘。料帘阻挡住火焰而让热气通过，被抛散成料帘的骨料颗粒充分暴露在炽热的火焰之中很快被烘干，温度急剧升高。在搅拌区内，沥青由喷管喷出和热骨料在此区域进行搅拌，搅拌工作由提升抛撒叶片完成。

三、燃烧器及自动调节装置

连续滚筒式搅拌设备中燃烧器多用油压式，采用低压空气助燃电火花点火，不设专用的火箱。其优点是：火焰短，噪声低（因采用低速电动机），可自动调节油气比率，有效地改变供热量，节约燃料。电火花点火无需其他燃油引燃，可远距离控制。

为适应骨料含水量及级配的变化，利用计算机通过"前馈"和"反馈"系统自动调节燃烧器的油气比，其结构和工作原理如图 10-32 所示。两只含水量探头和两只测温计分别插在冷骨料给料器内和成品料出料处，测得的结果输入计算机。冷骨料处测得输给计算机的数据称为"前馈"，成品料出料处和从烟囱处测得送入计算机的数据都属于"反馈"，经过计算机运算并及时作出调整燃烧油量和空气量的指令，从而保证混凝土的拌和质量。

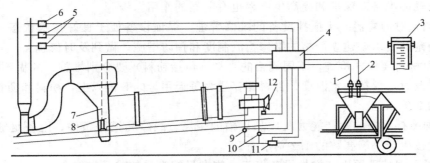

图 10-32　燃烧器温度控制系统示意图

1—含水量探头；2—测温计；3—记录显示器；4—控制器；5—烟气分析仪；6—烟气测湿计；7—出料含水量探头；
8—出料测温计；9—燃油压力计；10—回油压力计；11—燃油泵；12—空气流量计

第四节　沥青混凝土搅拌设备的使用

一、生产率计算

沥青混凝土搅拌设备的生产率 Q 按每小时拌制混凝土的吨数计算。

1. 间歇强制式的生产率

间歇强制式沥青混凝土搅拌设备每小时拌制的混凝土质量（Q，t/h）可按下式计算：

$$Q = GK_t n/1000 \tag{10-1}$$

式中　G——每拌制一锅混凝土的质量，kg；

　　　K_t——时间利用系数，一般取 0.8～0.9；

　　　n——每小时拌制混凝土的份数，而 $n=60/T$，其中 T 为拌制一锅成品料卸料时间，
min，$T=t_1$（搅拌器加料时间）$+t_2$（混合拌制时间）$+t_3$（成品料卸料时间）。

2. 连续滚筒式的生产率

连续滚筒式沥青混凝土搅拌设备每小时拌制的混凝土质量（Q，t/h）可按下式计算：

$$Q = 60GK_t/1000t \tag{10-2}$$

式中　G——搅拌滚筒内的物料质量，kg；

　　　t——搅拌时间（混凝土在搅拌滚筒内的停留时间），min；

　　　K_t——时间利用系数，一般取 0.85～0.90。

拌和时间与拌制的混凝土种类、搅拌器桨叶端部周围速度以及所采用的搅拌器形式有
关。当桨叶端部的圆周速度 $v=2.3～2.5$m/s 时，搅拌时间应取：间歇式为 0.5～1.25min；
连续式为 1.5～3min。低值对应于粗粒混凝土，高值对应于砂粒混凝土。当拌制粗粒混凝土
时，通常取 $v=1.5～1.8$m/s，因而拌和时间将超出上述低限值。此时，可降低驱动功率和
减少摩擦元件的磨损。

3. 影响沥青混凝土搅拌设备生产率的因素

除了拌制时间和时间利用系数是影响沥青混凝土搅拌设备生产率的直接因素，另外还有

很多相关因素，诸如生产组织、设备的管理和运转质量等，其中设备运行的技术状况、原材料和运输车辆的准备对保证和提高生产率也有明显的作用。

① 要加强对沥青混凝土搅拌设备的维修管理，保证设备处于良好技术状态，并符合国家环保法规定的要求，建立严格的维修检测制度和预防措施，做到及时修理。

② 对原材料要取样检查，不同规格的骨料（包括粉料）要分别堆放，并做到防尘防雨。沥青加热要及时，保持一定温度。骨料储存量为每天用量的 5 倍以上，粉料和沥青储存量为每天用量的 2 倍以上。

③ 根据搅拌设备的生产能力及成品运输的距离、线路和道路条件，配备足够数量的运输车，一般按生产率需要数的 1.2 倍准备。

④ 为了不因特殊原因使搅拌设备停工，应有足够容量的成品料储仓。

二、沥青混凝土搅拌设备的使用技术

1. 作业前的技术准备

① 整理现场，检查准备各部位的防护设施是否齐全、安全可靠。

② 检查各系统部件是否完好，各传动部件有无松动，各部件连接螺栓是否紧固可靠。

③ 检查各润滑部位的润滑油（脂）是否充足。

④ 检查骨料、粉料、沥青、燃料及水的数量和质量是否达到生产的要求。

⑤ 检查各动力装置，如电动机、空压机是否正常，开启空压机使之达到工作压力。

⑥ 检查电源是否符合设备额定电压频率的要求（偏差不大于 5%），供电设备是否完好、安全可靠，检查各部分电气开关、接触器、继电器等电气元件是否完好。

⑦ 检查计量装置是否准确可靠，各部分仪表和操作控制系统是否正常，设定的级配和油石比等是否符合工程施工的要求。

2. 作业中的技术要求

① 巡视人员检查完毕，确认一切正常后发出指示（通常为响铃），各部位的操作人员就位。

② 按规定顺序启动各工作装置，并使整个设备空载运行。巡视人员检查有无异常，并将结果及时反馈给操作人员。

③ 打开点火装置的阀门进行点火，点火不成功时应充分通风后方可再次点火。点火后观察除尘装置工作是否正常，保证烘干滚筒在正常负压下燃烧。

④ 烘干滚筒达到一定温度后方可投入骨料。观察实际供料量是否与设定值相符，根据生产要求调整燃烧火焰及供料量，稳定后再转入自动控制。用手动计量配料进行试拌，正常后转入自动控制，并及时取样送检。

⑤ 经常查看冷骨料、分集料仓料位等仪表的显示情况，并及时调整。

⑥ 生产中操作人员应经常观察控制操作室内外情况，与各岗位人员及时联系，确保整个搅拌设备正常运行。当电动机出现过载引起保护装置动作时，一定要查明原因，排除故障后方可重新投入运转。

⑦ 紧急停车按钮只能在特殊情况下使用，严禁用于正常停机。一旦使用，再启动时仍需按规定程序操作。

3. 作业后的技术工作

① 停止供料，并逐渐让燃烧器熄火。用热细料洗刷搅拌器，排净烘干滚筒至搅拌器内

的热料。

② 除烘干滚筒、鼓风机、除尘装置（包括引风机）外，按启动的反顺序关机。关机后清除传动带上的余料及除尘装置内外的积物。

③ 烘干滚筒温度降至 45~50℃时停止烘干滚筒、鼓风机、除尘装置的运转，切断操作室总电源。清理作业现场。

4. 技术维护

按搅拌设备使用说明书要求，进行不同等级的保养和维护。

① 例行保养每班都要进行。对搅拌设备每个组成的机械部件和控制系统的工作情况进行检查并作记录，发现异常和损坏应及时处理和修复，保证设备正常运行。

② 定期保养。每 200h 进行一次一级保养，每 600h 进行一次二级保养，每 1800h 进行一次三级保养。按各级保养的具体要求更换主要部件的磨损件，检测电器元件、传感器精度，纠正调整精度偏差；清洗或更换滤网滤芯；检查和更换耦合器油、机油、导热油等；清洗燃烧器喷嘴，清除点火电极上的积炭等，及时发现故障予以排除。

第十一章　沥青混凝土摊铺机

第一节　概　　述

一、概况

沥青混凝土摊铺机是铺筑沥青路面的专用施工机械，其作用是将拌制好的沥青混凝土均匀地摊铺在路面底基层上，并保证摊铺层厚度、宽度、路面拱度、平整度、密实度等达到施工要求。它广泛用于公路、城市道路、大型货场、机场码头等工程中沥青混凝土摊铺作业，可大幅度降低施工人员的劳动强度，加快施工进度，保证所铺路面的质量。沥青混凝土摊铺机与自卸车、压路机联合，进行沥青混凝土摊铺机械化施工如图 11-1 所示。

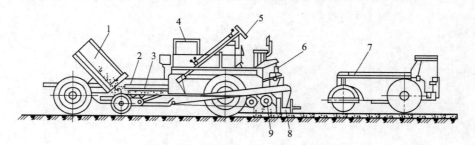

图 11-1　摊铺沥青混凝土机械化施工

1—自卸车；2—料斗；3—刮板输送器；4—发动机；5—方向盘；
6—熨平器升降装置；7—压路机；8—熨平器；9—螺旋摊铺器

自卸车将沥青混凝土运至施工现场，倒车行驶至摊铺机前，将后轮抵靠在摊铺机的顶推滚轮上，变速器放在空挡位置，当自卸车将部分沥青混凝土卸入摊铺机接料斗内，由刮板输送机、螺旋摊铺器送至摊铺面后，摊铺机以稳定速度顶推着自卸车向前行驶，自卸车边前进边卸料使摊铺机实现连续摊铺。摊铺后的沥青混凝土层由振捣器初步振实，再由熨平器整平。

沥青混凝土摊铺机还可用于摊铺各种材料的基层和面层，例如摊铺防护墙、铁路路基、PCC 基础层材料、稳定土等。

现代沥青混凝土摊铺机采用全液压驱动和电子控制、中央自动集中润滑、液压振动、液压无级调节摊铺宽度等新技术，自动化程度高，操作简单方便，并设有自动找平装置、卸载装置、闭锁装置，保证了摊铺面的平整度和质量。摊铺机上有可以加热的熨平装置，能在较冷的气候条件下施工。

二、分类及特点

沥青混凝土摊铺机分类及特点如下。

（1）按摊铺宽度分类　沥青摊铺机可分为小型、中型、大型、超大型四类。

① 小型机的最大摊铺宽度一般小于 3600mm，用于路面养护和城市道路的修筑工程。

② 中型机的摊铺宽度为 4000～6000mm，用于一般公路路面的修筑和养护工程。

③ 大型机的摊铺宽度在 7000～9000mm 之间，主要用于高等级公路路面施工。

④ 超大型机的摊铺宽度为≥12000mm，主要用于高速公路、机场、码头、广场等大面积沥青混凝土路面施工。设有自动找平装置的大型、超大型摊铺机摊铺的路面，纵向接缝少，整体性和平整度好。

（2）按行走方式分类　可分为拖式和自行式两类。其中自行式又分为履带式和轮胎式。

① 拖式摊铺机是将接料、输料、分料和熨平等工作装置安装在一个特制的机架上，摊铺作业靠运料自卸车牵引或顶推进行。它的结构简单，制造、使用成本低，但因摊铺能力小、质量差，仅适用于低等级公路的路面养护作业。

② 履带式摊铺机一般为大型或超大型摊铺机，其优点是接地比压小，附着性能好，摊铺作业时运行平稳，无打滑现象。其缺点是机动性差，对路基凸起物吸收能力差，弯道作业时铺层边缘不够圆滑，且结构复杂，制造成本较高，多用于大型路面工程的施工。

③ 轮胎式摊铺机靠轮胎承受整机重力并提供附着力，优点是转场运行速度较快、机动性好，对路基凸起物吸收能力强，弯道作业易形成圆滑的边缘。其缺点是附着力较小，在摊铺宽度较大、铺层较厚时有可能产生打滑现象，此外，对路基起伏较敏感，需要自动找平装置协助以提高路面平整度。可用于各种道路的路面修筑及养护作业。

（3）按传动方式分类　沥青摊铺机可分为机械式和液压式两类。

① 机械式传动的摊铺机，其行走驱动、转向等均采用机械传动方式。具有工作可靠、传动效率高、制造成本低等优点，但结构较复杂、操作不轻便，调速性和速度匹配性较差。

② 液压式传动的摊铺机，其行走、转向、工作装置的驱动均采用液压传动方式，使摊铺机结构简化、总体布置方便、重量减轻、传动冲击和振动减少、工作速度稳定，便于无级调速和采用电液全自动控制、全液压传动。

液压和全液压传动的摊铺机均设有自动找平装置，具有良好的使用性能和较高的摊铺质量，因而广泛应用于高等级公路的路面施工。

（4）按熨平板的延伸方式分类　沥青混凝土摊铺机可分为机械加长式和液压伸缩式两种。

① 机械加长式熨平板是用螺栓将基本（最小摊铺宽度的）熨平板与加长的熨平板组装成施工所需的作业宽度。其结构简单，整体刚度较好，分料螺旋贯穿整个摊铺槽，使得布料均匀。大型和超大型摊铺机多采用机械加长式熨平板，其最大摊铺宽度可达 12500mm。

② 液压伸缩式熨平板是用液压缸伸缩、无级调整其工作长度。它调整方便，在摊铺宽度变化的施工中更显示其优越性。但熨平板的整体刚度较差，分料螺旋不能贯穿整个摊铺槽，有可能因混凝土分料不均而影响摊铺质量。因此液压伸缩式熨平板最大作业宽度一般不超过 8000mm。

（5）按熨平板的加热方式分类　有电加热、液化石油气加热和燃油加热三种形式。

① 电加热是由电能来加热熨平板，该方式使用方便，无污染，熨平板受热均匀、变形小。

② 液化石油气（主要用丙烷）加热方式结构简单，使用较方便，但火焰加热不够均匀，污染环境，不完全，且燃气喷嘴需经常维护。

③ 燃油（轻柴油）加热装置主要由燃油泵、喷油嘴、自动点火控制器和鼓风机等组成，其优点是可以用于各种作业条件，操作较方便，燃料供给容易，但结构复杂，对环境有污染。

第二节　沥青混凝土摊铺机的构造

沥青混凝土摊铺机主要由动力装置、传动系统、行走装置、供料装置、工作装置、操纵机构等组成，见图 11-2。动力装置多选用柴油机，各装置及仪表等均安装在特制的专用机架上。履带式与轮胎式摊铺机的结构除行走装置及相应的控制系统有区别外，其余组成部分基本相似。

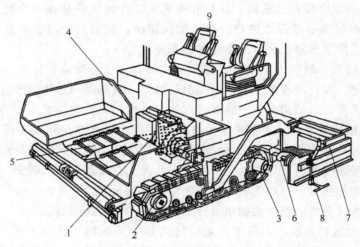

图 11-2　沥青混凝土摊铺机基本构造
1—发动机；2—液压传动系统；3—行驶系统；4—料斗；5—刮板输送机；
6—螺旋摊铺器；7—熨平板；8—自动调平传感器；9—驾驶台

一、传动系统

沥青混凝土摊铺机的传动系统主要指行走传动、供料传动、工作装置的动力传动等。

老式摊铺机的传动系统都为机械传动，新型沥青混凝土摊铺机有液压-机械传动和全液压传动两种形式。

1. 机械传动式

图 11-3 所示为轮胎式沥青混凝土摊铺机的传动系统。摊铺机的行走、送料和摊铺都是

机械式传动。

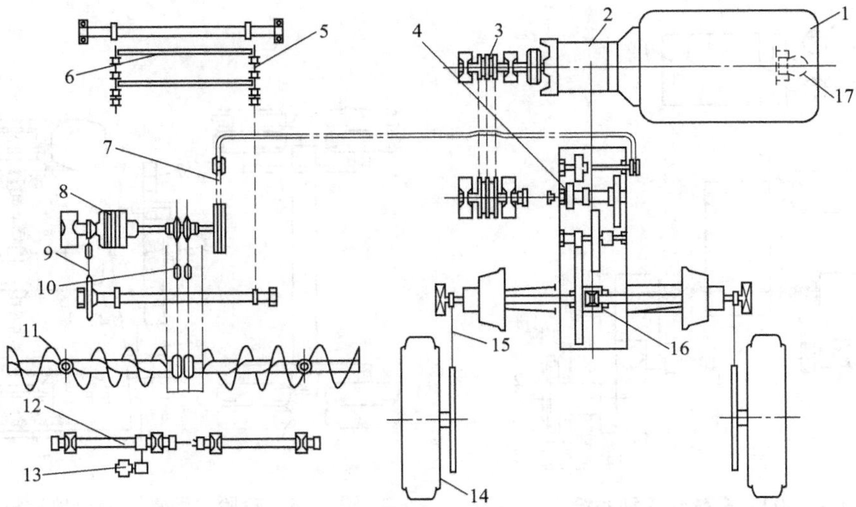

图 11-3　轮胎式沥青混凝土摊铺机传动系统

1—发动机；2—主变速器；3,5,7,9,10,15—传动链；4—副变速器；6—刮板输送器；8—离合器；
11—螺旋摊铺器；12—振捣梁的偏心轴；13—液压马达；14—行驶驱动轮；16—差速器；17—油泵

传动系统由主离合器、主变速器、减速器、副变速器以及各种传动链和链轮等组成。

主离合器将发动机的动力传给主变速器 2，经传动链 3 进入副变速器 4。动力经副变速器分成两路传出：一路通过左、右半轴和行驶传动链 15 传递给左、右驱动轮；另一路自输出轴经传动链 7 后再分别通过传动链 10 驱动螺旋摊铺器和经离合器 8、传动链 9、5 驱动刮板输送器工作。副变速器有高、低两挡，将动力经两级齿轮传动和差速器从左、右半轴输出。在副变速器另外一轴上装有一个滑动齿轮，可以接合或切断向传动链 7 输出的动力。该机的振捣梁是由液压马达 13 驱动偏心轴 12 产生激振，机器的转向和熨平板的升起也是由液压传动实现。

2. 液压-机械传动式

图 11-4 所示为液压-机械式传动系统。发动机动力经齿轮箱 2 带动变量泵 3 驱动定量马达 5，经过四挡减速器 6、万向传动轴 7、中间传动齿轮箱 8、传动链 14 和轮边行星齿轮减速器 12 驱动履带驱动轮 11，使摊铺机行驶。

中间传动齿轮箱 8 包括一个可变速比的行星减速齿轮，当机械直线行驶时，它维持固定的传动比，保证两边履带以相等的速度行驶。当机械转弯时，拨动转向变量泵 4 开始供油，使外侧中间传动齿轮箱的输出功率增加，则外侧履带逐渐加速，摊铺机按所要求的转向半径平顺地转向，使弯道处的铺层边缘成为弧状曲线，克服了由于转向离合器转向方式使履带间歇性地逐次偏转所造成的弯道边缘呈锯齿状的缺点。完成转弯后齿轮箱 8 自动被制动并恢复到原来的传动比，从而保证摊铺机沿直线行驶。

3. 全液压传动式

图 11-5 所示为轮胎式沥青混凝土摊铺机的全液压传动方案。动力由发动机通过齿轮传动驱动轴向柱塞泵 6 与 5、双联泵 3 及三联泵 2。泵 6 供给轴向柱塞马达 13 压力油，轴向柱塞马达 13 经过减速器 11、万向传动轴 10、行星齿轮减速器 7 驱动后轮 8。泵 6 有快、慢两挡变换阀，配合有四挡的减速器 11，摊铺机可在使用中选择最佳的摊铺或行驶速度。四挡

减速器中还带有差速锁，可保证左、右驱动轮具有良好的附着性能。

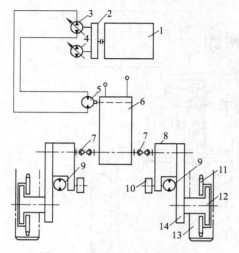

图 11-4　液压-机械式传动系统

1—发动机；2—齿轮箱；3—行驶变量泵；
4—转向变量泵；5—行驶定量马达；6—四挡减速器；
7—万向传动轴；8—中间传动齿轮箱；9—转向定量马达；
10—制动器；11—驱动轮；12—轮边行星齿轮减速器；
13—履带；14—传动链

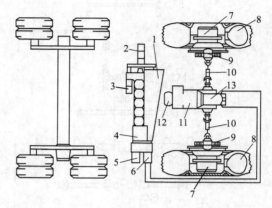

图 11-5　轮胎式沥青混凝土摊铺机全液
压传动系统

1—柴油机；2—右刮板和转向三联泵；3—左刮板和转向双联泵；
4—油冷却器；5,6—轴向柱塞泵；7—行星齿轮减速器；
8—后轮；9—盘式制动器；10—万向传动轴；
11—减速器；12—制动器；13—轴向柱塞马达

液压传动可实现无级变速，选好速度后将操纵杆放在端位就可保证恒速。恒速使铺层能获得均匀的预压实和良好的平整度。

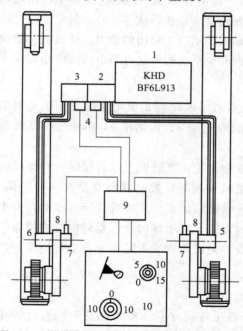

图 11-6　履带式沥青混凝土摊铺机行走传动方案

1—发动机；2,3—变量泵；4—比例速度控制器；
5,6—轴向柱塞马达；7—制动器；8—转速传感器；
9—电控系统；10—中央控制台

盘式制动器 9 装在左右驱动轮减速器 7 的输入轴上，方便维护和更换摩擦片。这种闭式回路液压传动的全部传动零件都处于油浴中，使保养工作量减少。

图 11-6 所示为履带式全液压传动摊铺机的行走传动方案。发动机通过齿轮传动驱动变量泵 2 和 3，去分别驱动左、右两侧的轴向柱塞马达 6 和 5，液压马达经过链减速器驱动左、右驱动链轮。由电气系统控制分别驱动两侧履带。每侧的液压马达可以在两个速度范围内调节，行驶中可直接换挡。变量泵带有限压装置，以防液压系统过热。可通过控制电位计在有限的变化范围内选定预置速度。

转向也由电位计控制。转向时一侧履带速度增加，另一侧履带速度减小，增加与减小的速度值相等，以保持平均摊铺速度不变。

直线行驶和平滑转向的精确性由安装在链轮箱入口处的传感器来保证。传感器测定每侧履带的速度，将测取值与控制电位计中的预置值进行比较，通过电控系统纠正预置与实际之间的偏差，即使在遇到极大冲击的情况下亦能保持按预定的速度和转角行驶。

二、供料装置

1. 料斗

料斗位于摊铺机的前端，用于接收汽车卸下的沥青混合料。

料斗由带两个出料口的后壁、可折翻的两侧壁和前裙板等组成。有些摊铺机在出料口处用闸门调整开度控制出料。侧壁有外倾和垂直两种边板，可由液压缸顶起内翻将余料卸在刮板输送器上。前裙板可防止材料漏在摊铺机的前面影响铺层的平整度。料斗前面有推滚以便顶推汽车后轮接受卸料。各类型摊铺机料斗的结构形式基本相似，只是容量不同，其容量应满足该机在最大宽度和厚度摊铺时所需的混凝土量。

2. 刮板输送器

刮板输送器是带有许多刮料板的链传动装置，安装在料斗的底部。刮料板由两根链条同时驱动，并随链条的转动来刮送沥青混凝土。目前摊铺机采用的刮板输送器有单排和双排两种。单排用于小型摊铺机，双排用于大、中型摊铺机。

刮板输送器有机械式和液压式两种驱动形式。机械驱动形式的刮板输送速度不能调节，因此必须用料斗后壁的闸门来调节混凝土的输送量；液压式是利用液压马达驱动刮板输送器，由电磁调速器控制液压马达的转速实现对沥青混凝土数量的控制，此种结构形式料斗后壁不需要设闸门。

3. 螺旋摊铺器

螺旋摊铺器也称为螺旋分料器，其作用是将刮板输送来的混凝土分送到熨平板的前端。螺旋摊铺器为左、右两根，各自独立驱动，螺旋方向相反，旋转方向相同，可将刮板输送器送来的料横向铺开。链传动驱动螺旋摊铺器的旋转速度不能调节。由两液压马达分别驱动的螺旋摊铺器，可实现左、右螺旋分别运转或同时运转，无级变速，以适应摊铺宽度、速度和铺层厚度的不同要求。

螺旋摊铺器装配在机架后壁下方，可做垂直方向高低位置的调整，以便摊铺出不同厚度的铺层。

螺旋摊铺器的叶片用经硬化处理的耐磨合金钢（或耐磨冷铸铁）制成，用螺栓安装，便于更换，如图 11-7 所示。为了使中间的材料能够均匀分布开，可在螺旋轴的内端安装螺旋桨叶 3。

为了与熨平板的主（加长）节段相配合，螺旋摊铺器也有主节段和加长节段，其总长度应为摊铺宽度的 90%，使混凝土在整个摊铺宽度分布较均匀。

三、工作装置

对摊铺器铺好的沥青混凝土铺层必须进行预压实，并按厚度和路拱要求进行整形和熨平，此作业由摊铺机上的振捣梁-熨平板装置来实现，其结构如图 11-8 所示。

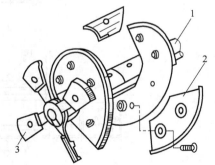

图 11-7　螺旋摊铺器

1—轴；2—可换叶片；3—螺旋桨叶

1. 振捣梁的结构

振捣梁也称"夯锤",安装在熨平板的前部,如图 11-8 所示,混凝土在进入熨平板下面之前先由振捣梁给予初步捣实。振捣梁的动力由液压马达 2,通过皮带带动驱动轴 4 转动。振捣梁 5 通过轴承 6 安装在驱动轴上,轴承的轴心与驱动轴的轴心有一定的偏心量 h。驱动轴转动时,由于偏心的原因可带动振捣梁上下运动,对混凝土产生冲击夯实作用。

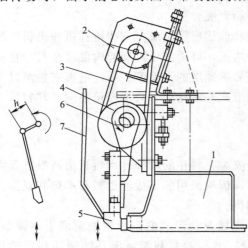

图 11-8　振捣梁-熨平板装置

1—熨平板；2—液压马达；3—皮带；4—驱动轴；
5—振捣梁；6—轴承；7—挡板；h—偏心距离

振捣梁为板梁式结构,是结构相同的左右两副,由偏心轴驱使做上下垂直运动。偏心轴也是左右两根,其内端铰接构成一体,安装在熨平装置的牵引架上。左、右轴上偏心轮的相位相差180°,使振捣梁工作时两侧能一上一下交替地对铺层进行捣实。

振捣梁的下前缘被切成斜面,对铺层起主要捣实作用,当振捣梁随机械向前移动同时又做上下运动时,梁的下斜面对其前面的松散混凝土频频冲击,使之逐渐密实厚度减小。梁的水平底面起到确定铺层的高度和修整的作用,并将混凝土中的较大颗粒碎石揉挤到铺层的中间不突出于表面。当振捣梁的下斜面磨损严重时会降低其捣实功能,起不到对铺层的修整和挤下大颗粒碎石的作用,要及时进行更换。为了便于熨平板越过铺层,安装时应使振捣梁的底平面稍低于熨平板的底平面约 3～4mm。

2. 熨平装置

熨平装置(图 11-9)由熨平板、牵引臂、厚度调节器、路拱调节器和加热器等组成。振动熨平装置是在熨平板上面加装了振动器,可同时起到振动压实和整面熨平的作用。

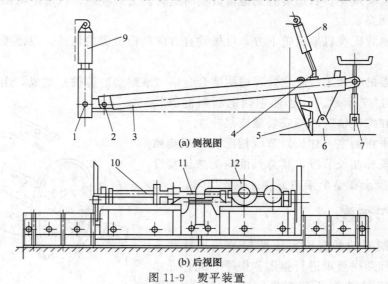

(a) 侧视图

(b) 后视图

图 11-9　熨平装置

1,2—销子；3—牵引臂；4—固定架；5—振捣器；6—熨平板；7—厚度调节机构；
8—油缸；9—液压执行机构；10—偏心轴；11—调拱螺栓；12—加热系统

熨平板是用钢板焊成的两个箱形结构，内部装有路拱调节器，与厚度调节器配合调整路面横截面形状（图 11-10）。熨平板和振捣梁一起通过左、右两根牵引臂铰装在机架两侧专用的托架或自动调平装置的液压缸上。厚度调节器在老式的摊铺机上大多为螺杆调节器，新式摊铺机则采用液压式。熨平底板可采用火焰加热或电加热。

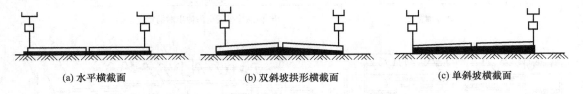

(a) 水平横截面　　　　　　　(b) 双斜坡拱形横截面　　　　　　(c) 单斜坡横截面

图 11-10　路面拱度调整示意图

在摊铺宽路面时，熨平板用加宽节段加宽。加宽节段可以用螺栓拼装，也可以采用液压油缸顶推伸缩式。液压伸缩式的加宽节段，可在作业中根据需要加宽（伸出）或变窄（缩进），伸缩宽度变化都是无级的。

液压式熨平板加宽节段有两种布置形式：一种是布置在主熨平板的前面，如图 11-11 所示。当伸缩式熨平板缩进至与主熨平板前后完全重叠时，就成为串联式熨平板，可对铺层起二次整形与振实作用。此时两侧熨平板侧壁挡住螺旋摊铺器的两外端，使该处形成摊铺室。当伸缩式熨平板向外伸出时，由于螺旋摊铺器的长度不变，供料只能到达摊铺器的两端头，以后则是依靠后续料将其向外挤推，直到应铺的宽度。另一种是伸缩式熨平板布置在主熨平板的后面，如图 11-12 所示。该图是德国福格勒公司生产的 475 型摊铺机伸缩式熨平板的布置方案。通过伸缩式导管 4 和液压缸进行无级伸缩。当伸缩式熨平板 5 全部缩进时，主熨平板 2 的标准宽度为 2.5m，全部伸出时的宽度为 4.75m。如摊铺宽度还需增大，可采用加宽熨平板 6，这样未伸出时宽度变成 3.75rn，如全部伸出最大宽度可达 6m。

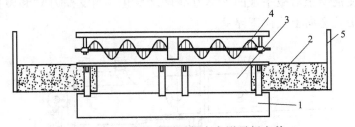

图 11-11　伸缩式熨平板在主熨平板之前
1—主熨平板；2—伸缩式熨平板；3—导板；4—螺旋摊铺器；5—熨平板侧壁

由于伸缩式熨平板是沿导管伸缩，为了防止它发生扭转专门安装了锁死装置。

为了提高沥青混凝土路面的铺设质量，目前沥青摊铺机上还采用了双振捣梁-单振动熨平板结构，如图 11-13 所示。这种结构是在主振捣梁之前加装了一根预振捣梁，两根振捣梁悬挂在同一根偏心轴上，偏心相差 180°相位，两梁的振幅能各自独立地调整。预振捣梁的调整范围为 0～12mm，主振捣梁的调整范围为 8～9mm。通过组合两梁不同的捣固速度和振动熨平板的振动频率，可适用于不同铺层厚度和不同种类沥青混凝土的压实。

3. 浮动熨平板的特性

目前所有的沥青混凝土摊铺机都采用浮动熨平板结构，如图 11-14 所示，熨平板 3 两侧

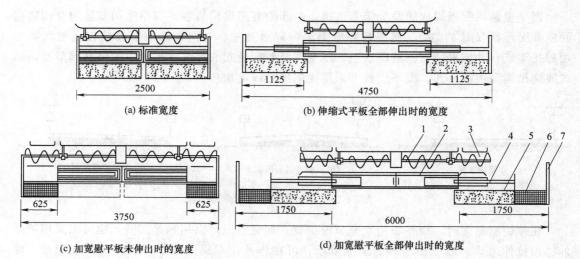

(a) 标准宽度　　　　　　(b) 伸缩式平板全部伸出时的宽度

(c) 加宽熨平板未伸出时的宽度　　　(d) 加宽熨平板全部伸出时的宽度

图 11-12　伸缩式熨平板布置在主熨平板之后

1—主螺旋摊铺器；2—主熨平板；3—螺旋加长节段；4—伸缩式导管；
5—伸缩式熨平板；6—加宽熨平板；7—熨平板侧壁

各有一个长长的牵引臂 2，摊铺机通过前牵引铰点 1、牵引臂 2 拖着熨平板 3 在混凝土上滑行。熨平板本身有自重 W，对混凝土产生压缩作用。熨平板的下表面有一个微微的仰角 φ，使熨平板前沿和后沿有一个高度差，当熨平板在混凝土表面滑动时，在自重的作用下利用高度差逐渐将混凝土压缩。有一定黏度的混凝土被压缩时产生阻滞，对熨平板产生支撑力 V，支撑力 V 与熨平板的自重 W 达到平衡，使熨平板能够浮在混凝土表面。当调整牵引点的高度时，熨平板的仰角 φ 会发生变化，熨平板前沿和后沿的高度差发生变化，对混凝土的压缩量就会变化，使混凝土对熨平板的支撑力 V 随之变化，当支撑力 V 和熨平板的自重 W 失去平衡时，熨平板就会向上或向下浮动。

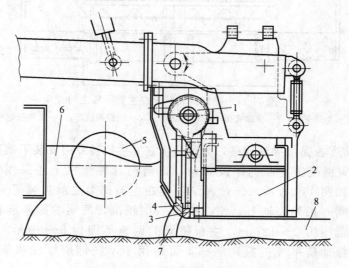

图 11-13　双振捣梁-单振动熨平板结构

1—偏心轴；2—振动熨平板；3—主振捣梁；4—预振捣梁；5—螺旋摊铺器；
6—未被捣固的混凝土；7—被捣固的混凝土；8—已熨平成形的混凝土路面

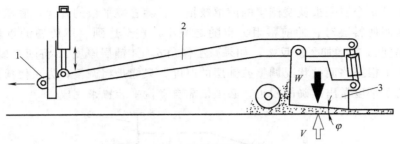

图 11-14　浮动熨平板结构
1—前牵引铰点；2—牵引臂；3—熨平板

（1）浮动熨平板对地面不平的衰减作用　当原有路基起伏变化的波长较短时，熨平板所移动的轨迹并不完全"再现"其变化的幅度，而使其趋于平缓，即熨平板的浮动会对原有路基的不平整度起到滤波衰减作用，这种特性称为浮动熨平板的自找平特性。

浮动熨平板的自找平特性能趋于填充坑洼并减小凸起的高度。但自找平能力的强弱，取决于熨平装置牵引臂的长短。牵引臂越长，自找平能力越强；牵引臂越短，自找平能力越弱。图 11-15 所示为浮动熨平板的自找平原理。

熨平板两侧臂铰点位于两链轮之间，当摊铺机越过起伏变化的路基时，牵引臂的铰点抬升 H 距离。由于牵引臂的长度 L 远大于熨平板的宽度 L_1，当铰点上升 H 时，熨平板以其后边缘为支点向上仰升，其前缘抬起高度 h 为

$$h=(L_1/L)H$$

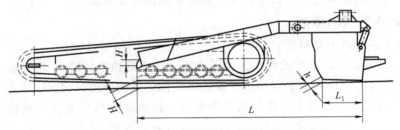

图 11-15　摊铺机浮动熨平板自找平工作原理示意

同理，当摊铺机摊铺第二层时，熨平板前缘抬起量 h' 为

$$h'=(L_1/L)^2 H$$

当摊铺第三层时，熨平板前缘抬起量 h'' 为

$$h''=(L_1/L)^3 H$$

以此类推，可使路面不平度越来越小，实现自动找平。

但对于臂长一定的熨平装置，自找平效果的好坏取决于原有路基的波长。波长越短，效果越好；反之，波长越长，效果越差。若波长达到一定长度，自动找平作用完全消失。

（2）摊铺层厚度的调整原理　图 11-16 为摊铺层厚度的调整工作原理示意。熨平板后外端左、右有两个厚度螺杆调节机构 3，该机构除了调整摊铺层的厚度外，还可配合调拱机构来调整摊铺层的横截面形状。螺杆的下端与熨平板的左、右后端铰接，杆身装在工作架上，操纵手把或手轮可使熨平板的后端升降，从而改变熨平板与水平面的纵向夹角。如果将螺杆固定，上下调节牵引点 1，同样可以改变熨平板与水平面的纵向夹角。

如增大仰角 θ，则所铺料对熨平板底座的阻抗范围 H 随之增大，亦即铺层对底座的抬

升力增大，于是整个熨平板就绕侧臂的前枢铰抬升。随着熨平板的升起，底座的仰角 θ 将会逐渐减小，从而使料层对它的前移阻力也随之减小，直至达到与所传递的重量相平衡。此时，摊铺层厚度 A 就增加了。反之，如果减小仰角 θ，摊铺层厚度 A 将随之减小。

这种由人工根据路面的状况调整摊铺层的厚度，只能是粗调整，为了使摊铺机随时根据路基或底层的不平度做出准确的校正，必须依靠自动调平装置来完成。

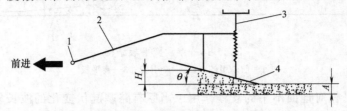

图 11-16　摊铺层厚度调整的工作原理示意
1—牵引点；2—左右牵引臂；3—厚度螺杆调节机构；4—熨平器

第三节　沥青摊铺机的自动调平装置

一、概述

为了提高路面的平整度和精确的横截面形状，在摊铺机上另外装设有纵坡调节和横坡调节自控系统，配合机械本身的自找平功能，保证路面的摊铺质量。

1. 自动调平装置的形式

自动调平装置有以下几种形式。

(1) 电子-机械式　以电子元件作为检测装置（传感器和控制器），以伺服电动机的机械传动作为执行机构，可以在牵引点和熨平板的厚度调节器两处进行调节。

(2) 电子-液压式　以电子元件作为检测装置，以液压元件作为执行机构，调节"牵引点"的升降。

(3) 全液压式　整个系统全部采用液压元件。

(4) 激光式　以激光作为参数基准，以光敏元件作为转换器，最后借助于电子与液压元件来实现机构调节。

2. 自动调平系统的类型

按照调平原理的不同，自动调平系统可分为以下三种。

(1) 开关式自控系统　它以"开关"的方式进行调节，不管检测到偏差的大小，均以恒速进行断续控制。由于该种系统存在着反应误差，因此必须设置一个调节"死区"（或称起阻尼作用的"零区"），传感器越过"死区"之后才有信号输出。为了提高该系统的反应精确性，"死区"应尽量减小。但因系统是恒速调节，如果"死区"范围过窄，调节容易冲过"死区"而出误差，即超调。超调需要反方向的修正，必然会引起在"死区"来回反复"搜索"零点，使系统发生振荡而影响路面的平整度。为了消除振荡的缺点，希望"死区"要足够宽，让系统在反向修正由最高值趋向于零速时不再又冲向另一边，但这样又降低了系统的精确度。所以这种系统的性能不是很理想，但其结构简单、价格低廉、使用方便，可满足一般的要求，因此仍有使用。

（2）比例式自控系统　它是根据偏差信号的大小，以相应的快慢速度进行连续调节。偏差为零时，调节速度也趋于零，因此，不会产生超调而引起振荡现象。这种系统可使铺成的路面十分平整。但其结构精度要求高、造价也高，所以使用较少。

（3）比例脉冲式自控系统　它是在开关自控系统的"恒速调节区"与"死区"之间设置一个"脉冲区"。脉冲信号根据偏差的大小成正比例地变化。其变化方式有改变脉冲宽度和频率两种。偏差信号由传感器带进脉冲区后，调节器即根据信号的大小，以不同宽度或频率的脉冲信号推动电磁阀，使油缸工作。这种系统兼备了前两种系统的优点，大大缩小了"死区"。精确度高、价格低且耐用，目前使用较多。

二、自动调平系统的组成和总体布置

1. 开关式自动调平系统

电子-液压调节的开关式自动调平装置见图 11-17。它由检测装置（包括基准线 1、触臂 2、纵坡传感器 3、横坡传感器 4 和电气系统 7）和执行机构（工作油缸 8 与电磁阀 9）两大部分组成。

参考基准线 1 是按规定设置的纵坡张紧的钢丝，纵坡传感器的触臂 2 紧靠在它上面并随摊铺机移动。纵坡传感器 3 通过其支架安装在熨平板的左牵引臂上。横坡传感器 4 通过其可调底座安装在横梁 5 的中央，横梁与熨平板底面平行并要安置防振橡胶块。左右两只工作油缸 8 的活塞杆杆端铰接在牵引臂的牵引点上，由具有 12V 或 24V 电源的电磁阀 9 根据纵坡传感器送来的偏差信号控制油缸两端的进油或回油。

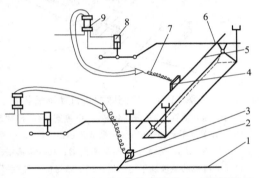

图 11-17　电子-液压调节的开关式自动调平装置

1—基准线；2—触臂；3—纵坡传感器；
4—横坡传感器；5—横梁；6—横梁支座；
7—电气系统；8—工作油缸；9—电磁阀

该系统的工作情况如下：当牵引点因道路表面不平而升降时，带动熨平板一起升降；或当混合料的配比、温度、料堆高度和行驶速度等发生变化而改变了力的平衡时，熨平板也会自动升降。熨平板和牵引臂升降导致纵坡传感器的共同位移。由于传感器下面的触臂是以一定的角度（一般为 45°）搭在基准线上，传感器的位移改变了触臂搭置的角度，引起传感器内部的旋转臂转动，经电气系统向电磁阀输送偏差信号。电磁阀根据此信号使工作油缸上端或下端进油，让牵引点回复到原高度，于是熨平板也随之恢复原工作仰角，传感器的触臂又恢复到原设置的角度。至此偏差信号消失，油缸停止工作，而铺层则维持原来厚度。

一般情况下基准线只设置在机械的一侧，纵坡调整只在一侧进行，另一侧则依靠横坡传感器的检测进行调平作用。

横坡传感器 4 置于横梁的中央，横梁搭在左右牵引臂上并平行于熨平板的底板。当机械处于水平位置时，通过可调底座将横坡传感器调在零位。如果另一侧的牵引点发生升降，则熨平板和横梁都会出现横向倾斜，此时横坡传感器发出偏差信号，指令电磁阀改变该侧工作油缸的进油方向（无偏差时油缸不工作），驱使牵引点作相应的升降，直到恢复原先设定的横坡值。由上可知，通过纵坡、横坡两个传感器的检测，可使左、右边的牵引点都同时保持原标高，获得平整的铺层。假如一次摊铺宽度很宽，原地形又较复杂，横坡需要频繁地改变，则采用双侧纵坡传感器效果会更好。

2. 比例脉冲式自动调平装置

图 11-18 所示为比例脉冲式自动调平装置。路面的不平度由纵坡调平传感器 11、12 和横坡传感器 6 检测。

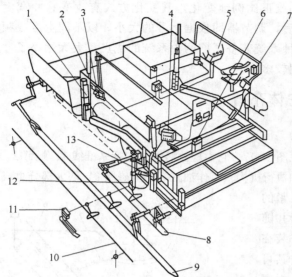

图 11-18　比例脉冲式自动调平装置
1—提升油缸；2—液压锁；3—电磁阀；4—控制系统；
5—开关（手动/自动）；6—横坡传感器；7—远程控制器；
8—2m 平衡梁；9—7m 平衡梁；10—基准线；
11—带滑橇的纵坡调平传感器；12—带弓的纵坡调平传感器；
13—调整活塞杆和铰臂

纵坡的设计值是预先选定的。纵坡传感器的"触头"与基准成 45°角安置，此角可通过活塞杆和铰臂 13 来调整。横坡的要求值由远程控制器 7 预定。纵坡和横坡传感器将所检测出的实际值输送给控制系统 4，经与预定值比较，若有偏差则发指令给脉动的电磁阀 3，使提升油缸 1 一端进油，另一端回油，驱使牵引点做相应的升降，保持熨平板回到水平位置。这种比例脉冲式调平系统不会超调，故而不会造成搓板状路面。当偏差信号处在死区范围（±0.3mm）时，系统不进行调节，如果超出死区范围进入脉冲区，就以 3Hz 的频率进行调节。调节频率随原表面的凹凸起伏程度成比例增减。原表面起伏越大，脉冲的循环频率越高，间隔越短，幅度越宽。反之，则相反，即凹凸越大，调节越快越强；

凹凸越小，调节越慢越弱。牵引点的升降频率和幅度都与偏差值的大小成比例地增减。如果纵坡的偏差大于 5mm，横坡偏差大于 0.3%，控制系统就转变成恒速连续调节。

这种系统的死区极窄，纵坡为 ±0.3mm，横坡为 ±0.02%。控制系统由两个独立的装置组成，左边的控制左牵引点升降，右边的控制右牵引点升降。两个插头可以互换，也就是说，视原地形情况可将纵坡、横坡调节更换方向进行。

第四节　沥青混凝土摊铺机液压系统

以 LTU4 型全液压履带式沥青混凝土摊铺机为例介绍液压系统，LTU4 型摊铺机由机架、工作装置、履带行走装置、液压系统、电气系统、发电机及机械传动系统、顶推轮、操纵系统等部分组成。工作装置包括料斗、斗门、螺旋分料器、熨平装置（调厚机构、调拱机构、振动器、延伸熨平板）；履带行走装置包括三级链轮减速器、履带、轮组；液压系统由液压泵、阀、液压缸、液压马达、散热器、滤清器、油箱、管路等组成；电气系统包括蓄电池、电流表、发电机、启动器等；机械传动系统包括三组皮带传动及张紧装置等。其中工作装置及履带行走装置全部为液压传动。

图 11-19 为该机液压系统图。该液压系统为开式多泵系统。除行走回路采用变量泵系统外，其余回路（工作装置回路、螺旋分料和振动熨平回路）为定量泵系统。

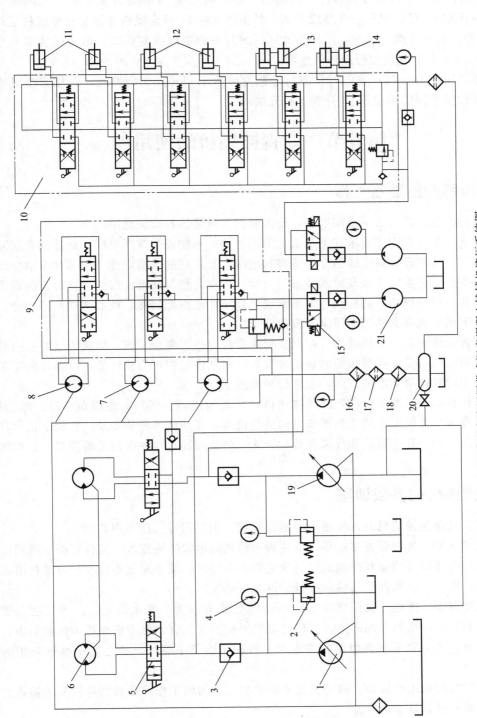

图 11-19 LTU4 型全液压履带式沥青混凝土摊铺机液压系统图

1,19—变量液压泵；2—安全阀；3—单向阀；4—压力表；5—手动换向阀；6~8—液压马达；9,10—多路换向阀；11—熨平板伸缩液压缸；12—料斗门液压缸；13—熨平板升降液压缸；14—料斗液压缸；15—电磁阀；16—粗滤网；17—纸质滤油器；18—液压油滤油器；20—小液压油箱；21—定量液压泵

行走手动换向阀 5 可操纵整机的前进、后退、转弯及停止；两个液压马达 7 和液压马达 8 分别带动两台螺旋分料运转器和熨平板振动；伸缩液压缸 11 供延伸熨平板加大摊铺宽度用；升降液压缸 13 可将熨平板升起或下落；料斗液压缸 14 可合拢料斗使物料形成料堆；液压缸 12 为左、右料斗闸门油缸，用来调节闸门的开闭程度以改变料流。本机还装有两个合流换向阀 15，可有效地增加行走转移速度。

本液压系统压力为 12.5MPa，合流行走速度可达 1.2km/h。爬坡时，若柱塞泵吸油不足，可打开位置较高的小油箱 20 开关，补充供油。

第五节 沥青摊铺机的使用

一、摊铺前的准备工作

摊铺前的准备工作包括下承层准备、施工测量及摊铺机检查调整等。

摊铺沥青混凝土前应按要求在下承层上浇洒透层、黏层或铺筑下封层。热拌沥青混凝土面层下的基层应具有设计规定的强度和适宜的刚度，有良好的水稳定性，干缩和温缩变形应较小，表面平整、密实，高程及路拱横坡符合设计要求，且与沥青面层结合良好。沥青面层施工前应对其下承层作必要的检测，若下承层受到损坏或出现软弹、松散或表面浮尘时，应进行维修，下承层表面受到泥土污染时应清理干净。

摊铺沥青混凝土前，应提前进行标高及平面控制等施工测量工作。标高测量的目的是确定下承层表面高程与设计高程相差的确切数值，以便挂线时纠正为设计值，以保证施工层的厚度。为便于控制摊铺宽度的方向，应进行平面测量。

在每工作日的开工准备阶段，应对摊铺机的刮板输送器、闸门、螺旋布料器、振动梁、熨平板、厚度调节器等工作装置和调节机构进行检查，在确认各种装置及机构处于正常状态后才能开始施工，若存在缺陷和故障应及时排除，防止摊铺过程中出现故障停机，影响摊铺质量。

二、摊铺机的参数调整

摊铺前应先调整摊铺机的机构参数和运行参数，主要内容包括下列几项。

（1）摊铺宽度 摊铺带宽度应尽可能达到摊铺机的最大摊铺宽度，这样可减少摊铺次数和纵向接缝，提高摊铺质量和摊铺效率。确定摊铺宽度时，最小宽度不应小于摊铺机的标准摊铺宽度，并使上、下摊铺层的纵向接缝错位 30cm 以上。

（2）摊铺厚度 摊铺厚度用两块 5～10cm 宽的长方木为基准来确定，方木长度与熨平板纵向尺寸相当，厚度为摊铺厚度。定位时将熨平板抬起，方木置于熨平板两端的下面，然后放下熨平板，此时熨平板自由落在方木上，转动厚度调节螺杆，使之处于微量间隙的中立值。

（3）拱度和初始工作仰角 摊铺机熨平板的拱度和初始工作仰角根据各机型的操作方法调节，通常要经过试铺来确定。

（4）布料螺旋与熨平板前缘的距离 该距离在大多数摊铺机上是可变的。通常根据摊铺厚度、沥青混凝土组成、下承层的强度与刚度等条件确定。摊铺正常温度、厚度为 10cm 的粗粒式或中粒式沥青混凝土时，此距离调节到中间值。若摊铺厚度大，沥青混凝土的矿料粒径大、温度偏低，布料螺旋与熨平板前缘的距离应调大；反之，此距离应调小。

（5）振捣梁行程　通常条件下振捣梁的行程控制为 4～12mm。当摊铺层较薄、矿料粒径较小时，应采用较小的振捣行程；反之采用较大的行程。

（6）摊铺机的作业速度　合理确定作业速度可提高摊铺机生产效率和摊铺质量。若摊铺速度过快，将造成摊铺层松散、混凝土供应困难，停机待料时会在摊铺层表面形成台阶，影响混凝土平整度和压实性，摊铺速度不均匀也会降低混凝土平整度和密实度。合理的摊铺速度应根据混凝土供应能力、摊铺宽度、摊铺厚度按下式确定：

$$v = 100QC/60\rho WH$$

式中　v——摊铺机摊铺速度，m/min；

　　　Q——拌和设备的产量，t/h；

　　　ρ——压实沥青混凝土的密度，t/m^3；

　　　W——摊铺宽度，m；

　　　H——摊铺层压实厚度，cm；

　　　C——效率系数，根据材料供应、运输能力等配套情况确定，宜为 0.6～0.8。

按上述方法确定的摊铺速度，摊铺时应根据沥青混凝土种类、实际温度、混凝土所处层位作适当调整。面层下层的摊铺速度可稍快，而面层上层的摊铺速度应稍慢。

三、摊铺作业

确定了摊铺机的各种参数后即可进行路面的摊铺作业。摊铺作业的第一步是对熨平板加热，以免摊铺层被熨平板上黏附的粒料拉裂而形成沟槽和裂纹。同时对摊铺层起到熨烫的作用，使其表面平整无痕。加热温度应适当，过高的加热温度将导致烫平板变形和加速磨耗，还会使混凝土表面泛出沥青胶浆或形成拉沟。

摊铺高速公路和一级公路沥青路面时，使用的摊铺机应具有自动或半自动摊铺厚度调整及自动找平的装置，有可加热的振动熨平板，摊铺宽度可调节。通常采用两台以上摊铺机成梯队进行联合作业，相邻两台摊铺机前后相距 10～30m。

摊铺机必须缓慢、均匀、连续不间断地进行摊铺，摊铺过程中不得随便变换速度或中途停顿。摊铺机螺旋布料器应不停顿地转动，摊铺室内应保持有不低于布料器高度 2/3 的混凝土，并保证在摊铺的宽度范围内不出现离析。

摊铺机自动找平时，中、下面层宜采用一侧钢丝绳引导的方式控制高程，上面层宜采用摊铺前后保持相同高差的雪橇式摊铺厚度控制方式。经摊铺机初步压实后摊铺层的平整度、横坡等应符合设计要求。在摊铺过程中，若出现横断面不符合设计要求、构造物接头部位缺料、摊铺带边缘局部缺料、表面明显不平整、局部混凝土明显离析及摊铺机有明显拖痕时，可用人工局部找补或更换混凝土，但不应由人工反复修整。

控制沥青混凝土的摊铺温度是确保摊铺质量的关键之一。摊铺时应根据沥青品种、标号、稠度、环境温度、摊铺厚度等满足相关标准的要求。高速公路和一级公路的施工气温低于 10℃，其他等级公路施工气温低于 5℃ 时，不宜摊铺热拌沥青混凝土。必须摊铺时，应提高沥青混凝土拌和温度，并符合规定的低温摊铺要求，运料车必须有保温措施，尽可能采用高精度摊铺机摊铺，并在熨平板加热摊铺后紧接着碾压，缩短碾压长度。

第十二章 水泥混凝土搅拌设备

第一节 水泥混凝土搅拌机

一、用途

水泥混凝土搅拌机是将水泥、砂、石和水等按一定的配合比例，进行均匀拌和的专业机械，它是制作水泥混凝土的专用设备，主要应用在道路、桥梁、房屋建筑等工程施工中。水泥混凝土搅拌机主要由供料装置、配料装置、称量系统、上料设备、水泥供给系统及计量装置、供水及添加剂系统、搅拌装置、卸料装置及控制系统等组成。

二、分类及代号表示方法

水泥混凝土搅拌机的种类很多，各种搅拌机的分类如图 12-1 所示。

自落式				强制式		
倾翻出料		不倾翻出料		立轴式		卧轴式
单口	双口	斜槽出料	反转出料	涡浆式	行星式	双槽式

图 12-1　水泥混凝土搅拌机分类

① 按搅拌原理分为自落式和强制式。

② 按作业方式分为周期式和连续式。周期式搅拌设备的进料、拌料和出料是分批循环进行的，完成一个循环后，再进入下一个循环。连续式混凝土搅拌设备在进料、拌料和出料的工艺过程中是连续不断进行的。因此，在计量方面应力求精确。但是由于各种材料的配合

比和拌和时间难以控制，质量方面一般较差。

③ 按搅拌筒的结构分为鼓筒形、双锥形、梨形、盘形和槽形等。

④ 按出料方式分为倾翻式和不倾翻式。

⑤ 按搅拌容量分为大型（出料容量 $1\sim3m^3$）、中型（出料容量 $0.3\sim0.5m^3$）、小型（出料容量 $0.05\sim0.25m^3$）。

水泥混凝土搅拌设备除上述的分类方法外，还有其他的分类方法。如按搅拌装置的移动方式可分为固定式和移动式。

常用搅拌机的机型分类及代号见表 12-1，它主要由机型代号和主参数组成。如 JZ350，即表示出料容量为 $0.35m^3$（350L）的锥形反转出料的自落式搅拌机。

表 12-1　搅拌机型号分类及表示方法

机类	机型	特性	代号	代号含义	主参数
混凝土搅拌机 J（搅）	强制式 Q（强）	强制式	JQ	强制式搅拌机	搅拌容量（m^3）
		单卧轴式（D）	JD	单卧轴强制式搅拌机	
		单卧轴液压（Y）	JDY	单卧轴上料强制式搅拌机	
		双卧轴式（S）	JS	双卧轴上料强制式搅拌机	
		立轴涡浆式（WS）	JW	立轴涡浆强制式搅拌机	
		立轴行星式（X）	JX	立轴行星强制式搅拌机	
	锥形反转出料式 Z（锥）		JZ	锥形反转出料搅拌机	
		齿圈（C）	JZC	齿圈锥形反转出料式搅拌机	
		摩擦（M）	JZM	摩擦锥形反转出料式搅拌机	
	锥形倾翻出料式 F（翻）		JF	倾翻出料式锥形搅拌机	
		齿圈（C）	JFC	齿圈锥形倾翻出料式搅拌机	
		摩擦（M）	JFM	摩擦锥形倾翻出料式搅拌机	

三、自落式水泥混凝土搅拌机

1. 工作原理

自落式水泥混凝土搅拌机的工作原理如图 12-2 所示，其工作机构为筒体，沿筒内壁周围安装若干搅拌叶片。工作时，筒体围绕其自身回转，利用叶片对筒内物料进行分割、提升、洒落和冲击等作用，从而使配料的相互位置不断进行重新分布而获得拌和。其搅拌强度不大、效率低，只适用于搅拌一般骨料的塑性混凝土。

2. 锥形反转出料式搅拌机的主要结构

锥形反转出料式搅拌机是取代鼓筒式搅拌机的机型，它的搅拌筒呈双锥形，正转为搅拌，反转为卸料。

图 12-3 所示为 JZC200 型锥形反转出料式搅拌机。该机进料容量为 320L，额定出料容量为 $0.2m^3$（200L），生产率为 $6\sim8m^3/h$，是一种小容量移动式搅拌机。它由上

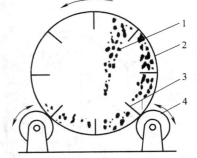

图 12-2　自落式水泥混凝土搅拌机工作原理

1—混凝土拌和；2—搅拌筒；
3—搅拌叶片；4—托轮

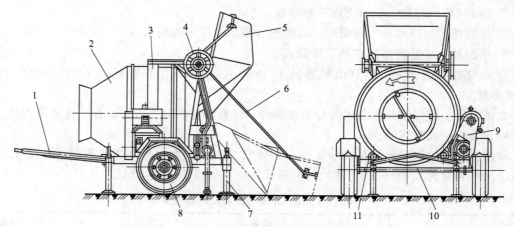

图 12-3　JZC200 型锥形反转出料式搅拌机

1—牵引杆；2—搅拌筒；3—大齿圈；4—吊轮；5—料斗；6—钢丝绳；7—支腿；8—行走轮；
9—动力及传动机构；10—底盘；11—托轮

料机构、搅拌机构、供水系统、底盘和电气控制系统等组成。

（1）搅拌筒　锥形反转出料式搅拌机是按自落式原理进行搅拌，其搅拌筒构造如图12-4
所示。搅拌筒中间为圆柱体，两端为截头圆锥体，是由钢板卷焊而成的。

搅拌筒内壁焊有一对交叉布置的高位叶片和低位叶片，分别与搅拌筒轴线成 45°夹角，
且方向相反。搅拌筒正转时，叶片带动物料作提升和自由降落运动，同时还迫使物料沿斜面
作轴向交叉窜动，强化了搅拌作用。当搅拌筒反转时，拌制好的混凝土料由低位叶片推向高
位叶片，把混凝土卸出搅拌筒。

（2）进料机构　进料机构由簸箕形料斗、钢丝绳、吊轮和离合器卷筒等组成，如图12-5
所示。料斗由提升钢丝绳牵引。提升料斗时操纵离合器结合，则减速器带动卷筒转动，将料
斗提升至上止点。当操纵料斗卸料时，料斗靠自重下落。

（3）供水系统　JZC200 型搅拌机的供水系统由电动机、水泵、三通阀和水箱等部分组

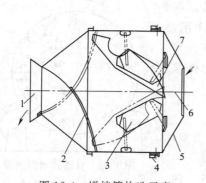

图 12-4　搅拌筒构造示意

1—出料口；2—出料叶片；3—高位叶片；4—驱动齿圈；
5—搅拌筒体；6—进料口；7—低位叶片

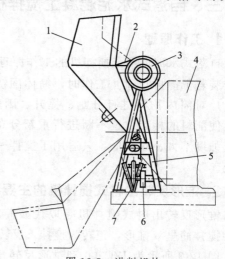

图 12-5　进料机构

1—料斗；2—钢丝绳；3—吊轮；4—搅拌筒；
5—支架；6—离合器卷筒；7—操纵手柄

成。工作时，电动机带动水泵直接向搅拌筒供水，通过时间继电器控制水泵的供水时间而实现定量供水。

（4）传动系统　搅拌机传动系统工作原理为：原动机的动力输出经主离合器后分成两路，一路经 V 形皮带驱动水泵，另一路经 V 形皮带和齿轮减速器带动传动轴，再由传动轴上的小齿轮带动大齿圈来驱动搅拌筒；空套在该轴上的钢丝绳卷筒则通过离合器来驱动上料斗。

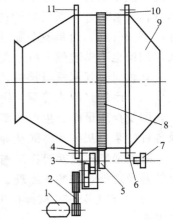

图 12-6　JZC200 型搅拌机的传动机构

1—电动机；2—皮带传动；
3—减速器；4,6,10,11—托轮；
5—驱动小齿轮；7—离合器卷筒；
8—大齿圈；9—搅拌筒

图 12-6 所示为 JZC200 型搅拌机的传动机构，它主要由电动机、减速器、小齿轮、搅拌筒和大齿圈等组成。搅拌筒支承在四个拖轮上。电动机输出的动力经皮带、减速器传至小齿轮，小齿轮与大齿圈啮合，使搅拌筒旋转。

（5）底架和牵引系统　搅拌机所有机构都安装在一个拖挂式单轴或双轴底架上，底架下装行走轮。轮轴上装有减振弹簧，前轮轴上安装转向机构和牵引拖杆，用于车辆拖行转场。此外，底架上还设置四个螺旋顶升式支腿，搅拌机工作时，放下支腿使其支承在平整基础上，可使轮胎卸载。

（6）电气控制系统　搅拌筒的启动、正转、反转、停止，水泵的运转、停止等动作分别由六个控制按钮操纵。供水量由时间继电器的延时来确定。

3. 锥形反转出料式搅拌机的特点

锥形反转出料式搅拌机具有结构简单、搅拌质量好和易控制等优点，用于中小容量的搅拌机。其缺点是反转出料时重载启动，消耗功率大，容量大，易发生启动困难和出料时间长。

四、强制式水泥混凝土搅拌机

1. 工作原理

图 12-7 为强制式搅拌机的工作原理，其搅拌机构是水平或垂直设置在筒内的搅拌轴，转轴上安装搅拌叶片。工作时，转轴带动叶片对筒内物料进行剪切、挤压和翻转推移的强制搅拌作用，使配合料在剧烈的相对运动中获得均匀拌和。其搅拌质量好、效率高，特别适用于搅拌干硬性混凝土和轻质骨料混凝土。

2. 主要结构

（1）立轴强制式混凝土搅拌机　立轴强制式搅拌机的搅拌原理，是靠安装在搅拌筒内带叶片的立轴旋转时将物料挤压、翻转、抛出等复合动作对物料进行强制搅拌。与自落式搅拌机相比，强制式搅拌机具有搅拌质量好，搅拌效率高，适合搅拌干硬性、高强和轻质混凝土等特点。

立轴强制式搅拌机分为涡桨式和行星式两种，其搅拌

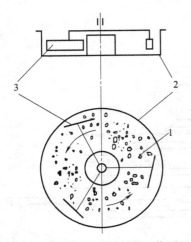

图 12-7　立轴强制式搅拌机工作原理

1—混凝土拌和料；2—搅拌筒；
3—搅拌叶片

筒均为水平放置的圆盘。涡浆式的圆盘中央有一根竖立转轴，轴上装有几组搅拌叶片；行星式的圆盘中则有两根竖立转轴，分别带动几个搅拌铲。在定盘行星式搅拌机中，搅拌铲除绕本身轴线自转外，两根转轴还绕盘的中心公转；在转盘行星式搅拌机中，两根转轴除自转外，不做公转，而是整个圆盘作与转轴回转方向相反的转动。目前，由于转盘式能量消耗较大，结构也不够理想，故已逐渐被定盘式所代替。

立轴涡浆强制式搅拌机具有结构紧凑、体积小、密封性能好等优点，因而是主要机型。

（2）卧轴强制式混凝土搅拌机　卧轴强制式搅拌机兼有自落式和强制式两种机械的优点，即搅拌质量好、生产效率高、能耗较低，可用于搅拌干硬性、塑性、轻骨料混凝土，以及各种砂浆、灰浆和硅酸盐等混凝土。

卧轴强制式搅拌机在结构上有单轴、双轴之分，故有两种系列型号，两个机种除了结构上的差异之外，在搅拌原理、功能特点等方面十分相似。

图 12-8 为 JS350 型搅拌机的搅拌原理图。该机主要由搅拌系统、传动装置、卸料机构等组成。

① 搅拌系统　搅拌系统由水平放置的两个相连的圆槽形搅拌筒和两根按相反方向转动的搅拌轴组成，在两根搅拌轴上安装了几组结构相同的叶片，但其前后上下都错开一定的空间，使拌和料在两个搅拌筒内得到快速而均匀的搅拌。

② 传动装置　搅拌电动机直接安装在一个三级齿轮减速器箱体的端面上，其输出轴再通过一对齿轮传动和链轮分别驱动两根水平搅拌轴作等速反向的回转运动，如图 12-9 所示。

③ 卸料机构　JS350 型搅拌机的卸料机构如图 12-10 所示。设置在两个搅拌筒底部的两扇卸料门，由气缸操纵经齿轮连杆机构而获得同步控制。卸料门的长度比搅拌筒长度短200mm，故有 80%～90% 的混凝土靠其自重卸出，其余部分则靠搅拌叶片强制向外排出，卸料迅速而干净，一般卸料时间仅 4～6s。

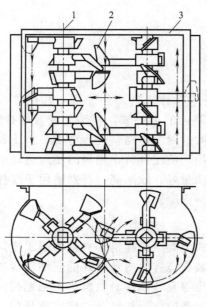

图 12-8　JS350 型搅拌机的搅拌原理
1—搅拌轴；2—叶片；3—搅拌筒

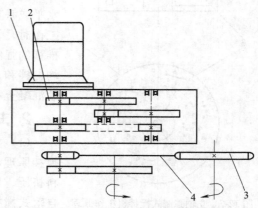

图 12-9　JS350 型搅拌机传动装置
1—电动机；2—齿轮减速器；3—链轮；4—链条

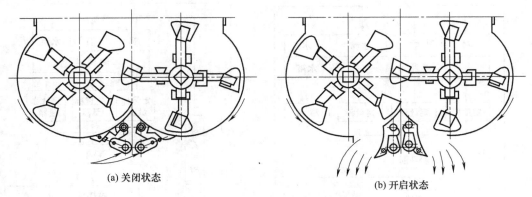

(a) 关闭状态 (b) 开启状态

图 12-10　JS350 型搅拌机卸料机构

第二节　水泥混凝土搅拌站

一、用途

水泥混凝土搅拌站（楼）是用来集中搅拌混凝土的联合装置，又称为混凝土预拌工厂。由于它的自动化程度高，生产率较高，被广泛用于混凝土工程量大和施工地点集中的大中型工程施工中。

二、分类

搅拌站按工艺形式可分为单阶式和双阶式两类。

（1）单阶式　砂、石、水泥等材料一次就提升到搅拌站最高层的储料斗，然后配料称量直到搅拌成混凝土，均借物料自重下落而形成垂直生产工艺体系，其工艺流程见图 12-11（a）。此类形式具有生产率高、动力消耗少、机械化和自动化程度高、布置紧凑和占地面积小等特点；但其设备较复杂，基建投资大。因此，单阶式布置适用于大型永久性搅拌站。

（2）双阶式　砂、石、水泥等材料分两次提升，第一次将材料提升至储料斗；经配料称量后，第二次再将材料提升并卸入搅拌机，其工艺流程见图 12-11（b）。这种形式的搅拌站具有设备简单、投资少、建成快等优点；但其机械化和自动化程度较低，占地面积大，动力消耗多。因此，该布置形式适用于中小型搅拌站。

搅拌站按装置方式可分为固定式和移动式两类。前者适用于永久性的搅拌站；后者则适用于施工现场。

大型搅拌站按搅拌机平面布置形式的不同，可分为巢式和直线式两种。巢式是数台搅拌机环绕着一个共同的装料和出料中心布置，其特点是数台搅拌机共用一套称量装置，但一次只能搅拌一个品种的混凝土。直线式是指数台搅拌机排列成一列或两列，此种布置形式的每台搅拌机均需配备一套称量装置，但能同时搅拌几个品种的混凝土。

三、水泥混凝土搅拌站的组成及使用

下面主要介绍 HZS50 水泥混凝土搅拌站的结构和使用方法。

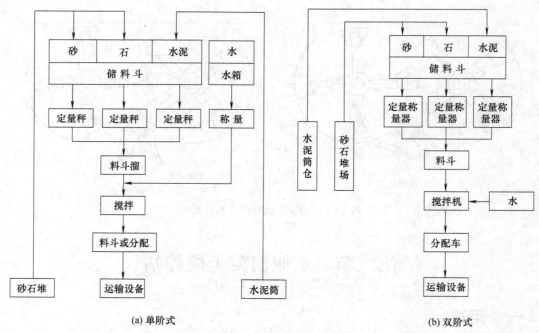

（a）单阶式

（b）双阶式

图 12-11　搅拌站工艺形式

　　HZS50 水泥混凝土搅拌站生产率为 $50 m^3/h$，为双卧轴式搅拌站；利用计算机控制，可储存 100 多种配合比，并可自动打印输出混凝土参数；具有生产效率高、自动化程度高等特点。它主要由以下几部分组成。

1. 供料装置

　　HZS50 供料装置由 4 个料仓和悬臂拉铲组成。4 个料仓中 3 个为石子仓，1 个为砂子仓。整个料仓容量大于 $2000 m^3$，可满足 5 天生产需要。砂仓口可配置暖气片，防止冬季施工落料不畅，悬臂拉铲用于供料。

　　悬臂拉铲的结构如图 12-12 所示。它由铲斗、悬臂、双卷筒卷扬机、回转机构等组成。卷扬机和操纵室安置在一个塔楼上。悬臂装在回转平台上，反向滑轮安装在悬臂的端部。悬

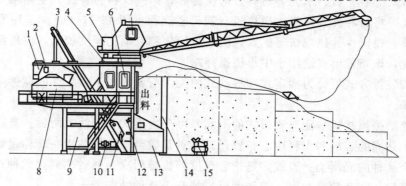

图 12-12　悬臂拉铲结构示意

1—水泥秤；2—示值表；3—料斗卷扬机；4—回转机构；5—拉铲绞车；6—主操作室；
7—拉铲操作室；8—搅拌机；9—水箱；10—水泵；11—提升料斗；
12—电磁气阀；13—骨料秤；14—分壁柱；15—空压机

臂拉铲的特点是不需其他机械辅助集料，拉料半径大，可达 20m 以上。扇形料场的夹角可达 21°，且可把骨料堆得较高，在料槽上面形成一个容积较大的活料堆，从而提高了生产效率，并减少了料场占地面积。

2. 配料系统

配料系统由微机、称量装置、料仓及仓门开启机构等组成。仓门采用以气缸为动力的扇形圆周门，门的开口可根据微机指定的配合比自动调节。根据工艺流程的需要，称量装置依次对各料仓卸出的骨料进行计量。称量装置主要有杠杆秤和电子秤两种。前者的特点是使用可靠，维修方便，可自动或手动操作，但其体积大，自重大，制造费用高。而电子秤是一种新型的称量设备，体积小，重量轻，结构简单，安装方便，称量精度也较高。

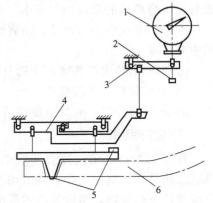

如图 12-13 所示，骨料杠杆称量秤有秤斗、秤盘、一级杠杆、二级杠杆和弹簧表头等主要组成部分。弹簧表头是秤的关键部件，其表盘上有三个定针，分别用来预选三种不同骨料的质量，当动针与定针重合时就发出信号，控制骨料区三个闸门的开闭。

图 12-13 骨料杠杆称量秤
1—表头；2—油缓冲器；3—二级杠杆；
4—一级杠杆；5—秤盘；6—轨道

配料系统在使用中应注意下列问题。

① 切忌仓斗卡料。卡料一般是由于仓门变形和物料中有较长异物造成的。

② 为保证称量的准确，不受外界电源电压影响，传感器和测量电桥必须由稳压电源供电。

③ 新机安装时应检查电子秤的灵敏度。

3. 上料系统

上料系统的作用是将称好的骨料送上搅拌缸，它由料斗、轨道、卷扬机和限位装置组成。如图 12-14 所示，卷扬机驱动钢丝绳牵引料斗在轨道上运动，从而实现上料功能。上料系统在使用中应注意轨道安装不翘曲以防料斗卡滞，并定期检查、调整两根提升钢丝绳长度，使之保持一致。如两绳长度不一致，提升料斗将偏斜、脱轨。

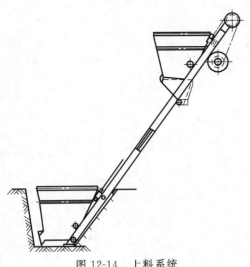

图 12-14 上料系统

4. 水泥上料及计量系统

水泥上料及计量系统由三个 100t 水泥仓、三个 40t/h 螺旋输送机、称量斗、杠杆秤、吸尘装置等组成。当微机发出指令后，螺旋输送机开始工作，水泥进入水泥称量斗。水泥称量斗上的杠杆秤经拉力传感器传递给微机，并显示数值。当达到规定值时，螺旋输送机停止工作，称量斗将称好的水泥卸入搅拌机。

该种系统在使用中应注意以下几个问题：

① 水泥仓、螺旋输送机的所有连接处都应防止漏雨；

② 螺旋输送机、水泥称量斗要有防振措施；

③ 螺旋机、水泥称量斗长时间停机前应清理水泥，防止结块，以免影响以后使用。

5. 供水及添加剂系统

供水系统由水泵、电磁阀、涡轮流量计、喷水管、清洗龙头、过水滤清器等组成。该系统对进入搅拌机的散料均匀喷水，便于清洗整个搅拌站，具有结构简单、工作可靠等优点。

添加剂系统由添加剂箱、防腐泵、计量筒、电容物料计、小防腐泵等组成。该系统在使用中应注意：

① 添加剂箱内严禁落入杂物及泥浆，以防卡住泵叶轮，防止泵的磨损；

② 电容物料计严禁磕碰；

③ 长时间停机，应将添加剂箱内清洁干净，以免腐蚀箱体和泵。

6. 搅拌装置

HZS50 搅拌站的搅拌装置采用双卧轴强制搅拌方式。这种方式较自落式搅拌效率高，混凝土质量好，适应性广，且节约水泥 15%～20%。它由两个 18.5kW 的电动机驱动两个分摆线针轮减速器，然后带动两根搅拌轴旋转。每根搅拌机装有螺旋状分布的叶片，搅拌缸内壁都镶有衬板。搅拌叶片与衬板间隙在 3～5mm 范围内，这样可减少衬板的磨损和卡石子现象的发生。

7. 卸料装置

卸料装置由卸料门、气缸、限位装置及卸料斗组成。当搅拌到规定时间后，气缸活塞杆将卸料门打开，混凝土由搅拌缸底部卸出。

第十三章 水泥混凝土输送设备

水泥混凝土输送设备是将拌制好的水泥混凝土输送到施工现场的机械设备。根据施工目的，可分为搅拌输送车、输送泵和输送泵车。

第一节 混凝土搅拌输送车

一、用途

混凝土搅拌输送车是一种远距离输送混凝土的专用车辆。实际上就是在汽车底盘上安装一套搅拌机构、卸料机构等设备，并具有搅拌与运输双重功能的专用车辆。它的特点是在输送量大、远距离的情况下，能保证混凝土质量的均匀。一般是在混凝土制备点与浇筑点距离较远时使用，特别适用于道路、机场、水利等大面积的混凝土工程及特殊的机械化施工中。

二、分类及代号表示方法

混凝土搅拌输送车可以按以下几方面分类。

① 按搅拌装置传动形式可分为机械传动、全液压传动和机械-液压传动的混凝土搅拌输送车。采用液压传动与行星减速器易实现大减速、无级调速，并具有结构紧凑等特点，目前普遍采用这种传动形式。

② 按行驶底盘结构形式可分为自行式和拖挂式搅拌输送车。自行式为采用普通载重汽车底盘；拖挂式为采用专用拖挂式底盘。

③ 按搅拌筒驱动形式可分为集中驱动和单独驱动的搅拌输送车。

集中驱动为搅拌筒旋转与整车行驶共用一台发动机。它的特点是结构简单、紧凑、造价低廉。但因道路条件的变化将会引起搅拌筒转速的波动，影响混凝土拌和物的质量。

单独驱动是单独为搅拌筒设置一台发动机。该形式的搅拌输送车可选用各种汽车底盘，搅拌筒工作状态与底盘的行驶性能互不影响。但是其制造成本较高、装车重量较大，适用于大容量搅拌输送车。

④ 按搅拌容量大小可分为小型（搅拌容量为 3m³ 以下）、中型（搅拌容量为 3～8m³）和大型（搅拌容量为 8m³ 以上）。中型车较为通用，特别是容量为 6m³ 的最为常用。

混凝土搅拌输送车型号分类及表示方法见表 13-1。

表 13-1 混凝土搅拌输送车型号分类及表示方法

类	组	型	代号	代号含义	主参数	
					名称	单位
混凝土机械	混凝土搅拌输送车 J（搅）C（车）	飞轮取力	JC	集中驱动的飞轮取力搅拌车	搅拌输送容量	m³
		前端取力（Q）	JCQ	集中驱动的前端取力搅拌输送车		
		单独驱动（D）	JCD	单独驱动的搅拌输送车		
		前端卸料（L）	JCL	前端卸料搅拌输送车		
		附带臂架和混凝土泵（B）	JCB	附带臂架和混凝土泵的搅拌输送车		
		附带皮带输送机（P）	JCP	附带皮带运送机的搅拌输送车		
		附带自行上料装置（Z）	JCZ	附带自行上料装置的搅拌输送车		
		附带搅拌筒倾翻机构（F）	JCF	附带搅拌筒倾翻机构的搅拌输送车		

三、混凝土搅拌输送车的主要结构

混凝土搅拌输送车一般由汽车底盘（或半拖挂式专用底盘）、传动系统、搅拌筒、供水装置和操纵系统等组成，如图 13-1 所示。底盘和上车工作装置可分别由各自的发动机独立驱动，也可以由底盘的发动机集中驱动。分别独立驱动可使搅拌筒在车辆行驶过程中保持转速不变。

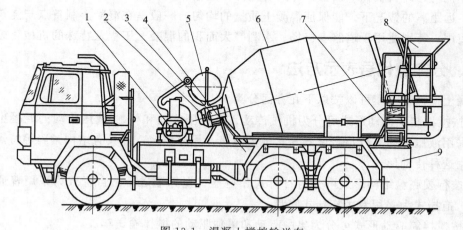

图 13-1 混凝土搅拌输送车
1—泵连接组件；2—减速器总成；3—液压系统；4—机架；5—供水系统；
6—搅拌筒；7—操纵系统；8—进出料装置；9—底盘车

1. 传动系统

混凝土搅拌输送车的传动系统广泛采用机械-液压传动形式，如图 13-2 所示。其动力传

递路线是发动机→传动轴→变量柱塞泵→定量柱塞液压马达→行星齿轮减速器→球铰联轴器→搅拌筒。为了减少汽车行驶中因车架变形和道路不平对搅拌装置的影响，传动轴与搅拌筒底部用一对球面相连的齿轮联轴器连接起来，构成浮动支承。采用这种支承方式，允许搅拌筒与传动轴之间有±2.5°的相对角位移，提高了传动部分的传动效率，延长工作时间。

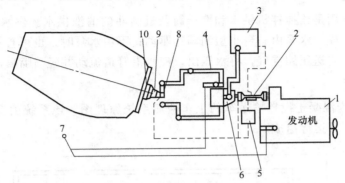

图 13-2　机械-液压传动系统

1—发动机；2—驱动轴；3—油箱；4—配管；5—油液冷却器；6—油泵；
7—后部控制器；8—油马达；9—行星齿轮减速器；10—球铰联轴器

2. 搅拌筒

搅拌筒是搅拌输送车的核心部分，它用高强度耐磨钢制造，减小了搅拌筒壁厚和提料刀片的厚度，减轻了整车重量。其结构为单口型筒体，支承在不同平面的三个支点上，即筒体下端的中心轴安装在机架的轴承座内，另一端由辊道分别支承在一对滚轮上。搅拌筒轴线与水平面的倾斜角为16°～20°。筒体底部端面封闭，由上部的开口进料、卸料（见图13-3）。

搅拌筒的内壁面焊有两条相隔180°的带状螺旋叶片，以保证物料沿螺旋线滚动和上下翻动，防止混凝土离析和凝固。当搅拌筒正转时，进料搅拌；反转时，拌和好的混凝土则沿着螺旋叶片向外旋出卸料，卸料速度由搅拌筒的反转转速控制。为了引导进料和防止物料落入筒内时损坏叶片，在筒口处安装一段导料管。

搅拌筒的进料、卸料机构如图13-4所示，其进料斗铰接在支架上。进料斗的进料口与

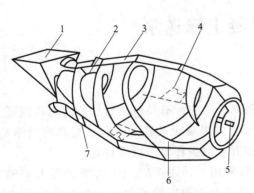

图 13-3　搅拌筒内部构造

1—加料斗；2—进料导管；3—搅拌筒壳体；
4—辅助搅拌叶片；5—中心轴；
6—带状螺旋叶片；7—环形辊道

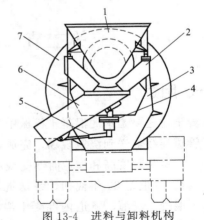

图 13-4　进料与卸料机构

1—进料斗；2—固定卸料槽；3—支架；4—调节转盘；
5—调节杆；6—活动卸料槽；7—搅拌筒

搅拌筒内的进料导管口贴紧，以防物料漏出。混凝土沿导料管的外表面与筒口内壁间的环形槽卸出。两块固定卸料槽分别安装在支架的两侧。活动卸料槽可通过调节转盘和调节杆来适应不同卸料位置的要求。

3. 供水装置

供水装置的作用是给搅拌机供水和搅拌筒及进料斗的清洗供水。供水装置一般由水泵、水箱和管路系统组成。水泵由一台小型油马达驱动；不用水泵时，也可直接利用底盘上所配备的储气筒向水箱内送压缩空气，将水压出，使水沿管道流动并经喷嘴喷出，进行清洗。

4. 液压系统

图 13-5 所示为混凝土搅拌输送车的上车液压系统原理图。该系统由变量泵、恒流量控制阀、转阀、液压马达等组成。

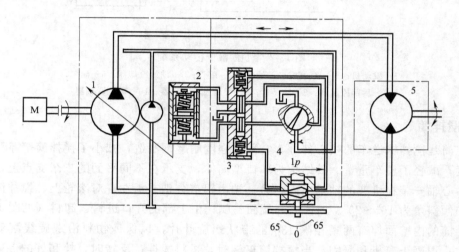

图 13-5　上车液压系统原理图
1—变量泵（带增压器和控制油泵）；2—控制油缸；3—恒流量控制阀；
4—转阀（带定位控制杆）；5—常流量液压马达

第二节　水泥混凝土输送泵

一、用途

混凝土输送泵是水泥混凝土机械中的主要设备之一，它配有特殊的管道，可以将混凝土沿专用管道连续输送到浇筑现场，完成垂直与水平方向混凝土的输送工作。它具有效率高、质量好、机械化程度高和作业时不受现场条件限制并可减少环境污染等特点。

我国在 20 世纪 80 年代初，泵送混凝土开始被采用，并逐渐应用在大型混凝土基础工程、水下混凝土浇灌、隧道内混凝土浇灌、地下混凝土工程以及其他大型混凝土建筑工程中。特别是对施工现场场地狭窄、浇筑工作面较小或配筋稠密的建筑物浇筑，混凝土泵是一种有效而经济的输送机械。然而由于其输送距离和浇筑面积有局限性，混凝土最大骨料粒径不得超过 100mm，混凝土坍落度也不宜小于 5cm，这些条件限制了其使用范围的扩大。

二、分类及代号表示方法

混凝土泵可按以下几方面分类。

① 按构造和工作原理可分为活塞式、挤压式和风动式。其中活塞式混凝土泵又因传动方式不同而分为机械式和液压式两类。

② 按其驱动方式可分为电动机驱动和柴油机驱动。

③ 按其理论输送量可分为小型（小于 30m³/h）、中型（30～50m³/h）、大型（大于80m³/h）。

④ 按其分配阀形式可分为管形阀、闸板阀和转阀。

⑤ 按移动方式可分为固定式、拖挂式和车载式。固定式混凝土泵安装在固定机座上，多由电动机驱动，适用于工程量大、移动少的场合。拖挂式混凝土泵安装在可以拖行的台车上。车载式混凝土泵安装在机动车辆底盘上，又称为混凝土泵车。

混凝土输送泵的代号表示方法见表 13-2。

表 13-2　混凝土输送泵的代号表示方法

类	组	型	代号	代号含义	主参数	
					名称	单位
混凝土机械	混凝土输送泵 H(混) B(泵)	固定式(G)	HBG	固定式混凝土泵	输送容量	m³/h
		拖鞋式(T)	HBT	拖挂式混凝土泵		
		车载式(C)	HBC	车载式混凝土泵		

三、混凝土泵的主要结构

1. 总体构造

以三一重工 HBT60 混凝土泵的基本构造为例，如图 13-6 所示，混凝土泵由电动机带动液压泵产生压力油，驱动主油缸带动两个混凝土输送缸内的活塞产生交替往复运动，再由滑

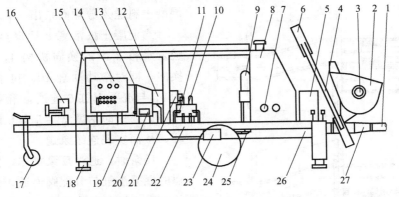

图 13-6　HBT60 混凝土泵的基本构造

1—混凝土配管；2—料斗；3—搅拌系统；4—阀；5—润滑脂箱；6—滑阀油缸；7—油压表；8—油箱；9—蓄能器；
10—主集流阀组；11—主配油管；12—主油泵；13—主电机；14—电控柜；15—机壳；16—水泵总成；17—导向轮；
18—支腿；19—主油缸；20—辅助阀组；21—副泵；22—底架；23—洗涤室；24—行走轮；25—水冷却器；
26—混凝土输送缸；27—Y 形管

阀与主油缸之间的有序动作，使得混凝土不断地从料斗吸入输送缸，通过 Y 形输送管道输送到施工现场。混凝土泵主要由混凝土泵送系统、混凝土搅拌系统、电控操作系统、润滑、冷却、清洗系统和支承行走机构等组成。

2. 泵送机构工作原理

泵送机构如图 13-7 所示。泵送机构由两只主油缸 1、2，水箱 3，换向机构 4，两只混凝土缸 5、6，两只混凝土缸活塞 7、8，料斗 14，分配阀 12（S形阀），摆臂 9，两只摆动油缸 10、11 和出料口 13 组成。

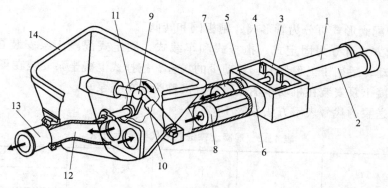

图 13-7　泵送机构

1,2—主油缸；3—水箱；4—换向机构；5,6—混凝土缸；7,8—混凝土缸活塞；
9—摆臂；10,11—摆动油缸；12—分配阀；13—出料口；14—料斗

混凝土缸活塞（7、8）分别与主油缸（1、2）活塞杆连接，在主油缸液压油作用下，作往复运动，一缸活塞前进，则另一缸活塞后退，混凝土缸出口与料斗连通，分配阀一端接出料口，另一端通过花键轴与摆臂连接，在摆动油缸作用下，可以左右摆动。

泵送混凝土料时，在主油缸作用下，混凝土缸活塞 7 前进，混凝土缸活塞 8 后退，同时在摆动油缸作用下，分配阀 12 与混凝土缸 5 连通，混凝土缸 6 与料斗连通。这样混凝土缸活塞 8 后退，便将料斗内的混凝土吸入混凝土缸，混凝土缸活塞 7 前进，则将混凝土缸内的混凝土料送入分配阀泵出。

当混凝土缸活塞 8 后退至行程终端时，触发水箱 3 中的换向机构 4，主油缸 1、2 换向，同时摆动油缸 10、11 换向，使分配阀 12 与混凝土缸 6 连通，混凝土缸 5 与料斗连通，这时活塞 7 后退，8 前进。如此循环，从而实现连续泵送。

反泵时，通过反泵操作，使处在吸入行程的混凝土缸与分配阀连通，处在推送行程的混凝土缸与料斗连通，从而将管路中的混凝土抽回料斗（如图 13-8 所示）。

泵送系统通过分配阀的转换完成混凝土的吸入与排出动作，因此分配阀是混凝土泵中的关键部件，其形式直接影响到混凝土泵

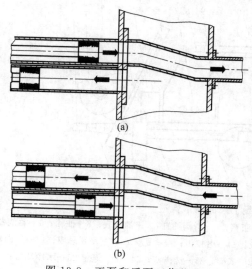

图 13-8　正泵和反泵工作状态

的性能。

3. 分配阀

分配阀控制料斗、两个混凝土缸及输送管道中的混凝土流道，它是活塞式混凝土泵的关键部件，混凝土泵的结构形式主要差异在分配阀，它直接影响混凝土泵的结构形式、吸入性能、压力损失和适用范围。混凝土泵两个缸共用一个集料斗，两个缸分别同时处于吸入行程和排出行程。处于吸入行程的工作缸和料斗相通，而处于排出行程的工作缸则与输送管相通，所以分配阀应具有二位四通（通料斗、两缸及输送管）的性能。分配阀可分为转阀、闸板阀及管形阀三大类，目前在液压式混凝土泵中普遍使用的分配阀为闸板阀和管形阀两种形式；管形阀是一种性能良好的分配阀，既分配混凝土，又组成混凝土输送管道，它装在料斗内，出料端总是和输送管道接通，吸料端沿眼镜板来回摆动，交替地同两个混凝土缸接通。该阀结构新颖，流通合理，截面变化平缓，泵送阻力小，阀部不容易堵塞。

现介绍管形阀中S形分配阀的工作原理，如图13-9所示，阀体9形状呈S形，其壁厚也是变化的，磨损大的地方壁厚也大，摆臂轴6与摆臂2相连，摆臂轴6穿过料斗时，有一组密封件起密封作用，大部分S管在切割环8内有弹性（橡胶）垫层，可对眼镜板7与切割环8之间密封起一定的补偿作用。S形分配阀的工作原理如图13-9（b）所示。工作时，摆动油缸推动S形分配阀左右摆动，当水平S形管摆至与混凝土缸Ⅰ对接时，处于压送过程，而另一混凝土缸Ⅱ则处于吸料过程；当S形管摆到与工作缸Ⅱ对接时，该缸处于压料过程，而缸Ⅰ则处于吸料过程。

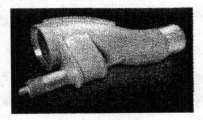

S形分配阀实物

眼镜板实物

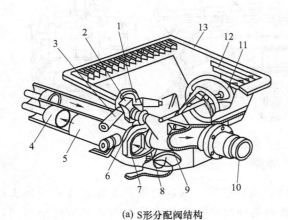

(a) S形分配阀结构

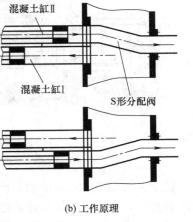

(b) 工作原理

图13-9　S形分配阀结构与工作原理

1,3—摆动油缸；2—摆臂；4—混凝土缸活塞；5—混凝土缸；6—摆臂轴；7—眼镜板；
8—切割环；9—S形分配阀；10—出料口；11—搅拌轮；12—网格；13—料斗

4. 料斗与搅拌系统

料斗与搅拌系统包括有料斗、搅拌轴组件、传动装置及润滑装置等部分成。料斗上部均设有方格筛网，防止大块集料或杂物进入集料斗，料斗中有搅拌叶片，对混凝土拌和物进行二次搅拌，并具有把混凝土拌和物推向混凝土分配阀口的喂料作用，搅拌叶片通过搅拌轴由液压马达驱动。搅拌轴转速一般为 20~25r/min，由于液压马达转速较高，故在液压马达和搅拌轴之间还设有蜗轮减速箱或摆线针轮减速箱。为了排除搅拌叶片工作时被大集料或其他硬物卡阻，搅拌轴应能反转，所以液压马达均为双向马达。

四、混凝土泵车主要结构

1. 泵车特点

拖泵工作有一定的局限性：①使用时必须在建筑物上铺设管道，准备工作量大；②随着浇灌位置变化，必须人工将管道出口不断移动，很不方便；③拖泵本身的移动很不方便，因而拖泵总是在固定地点工作直到工程完工，这种工作方式的设备利用率很低。

针对拖泵的缺点，专家们研制出了集行驶、泵送、布料功能于一体的混凝土泵车。与拖泵相比，泵车具有以下优点：①用自带的臂架进行布料，开到工作地点后，能很快打开臂架进行工作，通常在半小时内就能准备就绪；②配备液压卷折式臂架，在工作范围内能灵活的转动，布料方便快捷，没有死角，而且泵车的泵送速度快，一般在 90~150m³/h，工作效率高；③自动化程度高，整台车从泵送到布料均能由一人操作，并配备无线遥控系统，操作方便；④机动性能好，在一个地方作业完成后能迅速转移到另一个地方继续作业，设备利用率高，能同时负责好几个地方的混凝土泵送。

2. 混凝土泵车的结构组成

混凝土泵车外形构造如图 13-10 所示，其工作原理为：将汽车发动机的动力通过分动箱传给液压泵，然后带动混凝土泵工作，而所输送的混凝土在混凝土泵的作用下通过臂架系统上的布料装置送到一定高度与距离的浇筑地点。

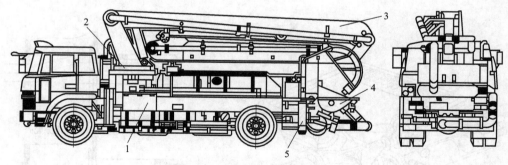

图 13-10　混凝土泵车外形构造

1—汽车底盘；2—回转机构；3—布料装置；4—混凝土泵；5—支腿

臂架系统如图 13-11 所示，由臂架、转台、旋转机构、固定转塔及支腿组成。臂架为全液压卷折式，3、5、7 各节臂架相互铰接，各自的油缸 2、4、6 实现折叠，各节臂架不同的角度组合，再配合臂架的旋转动作，可实现末端软管 8 的灵活调整，消除施工死角；转台为臂架提供支撑，并直接与旋转机构相连，转台可带动臂架一起进行 365°旋转；旋转机构连接臂架系统的固定部分与活动部分，并提供旋转的驱动力，主要由回转轴承及马达减速器组成。回转轴承承受着臂架产生的倾翻力矩，三一重工所使用的回转轴承为法国劳力士的产品，马达减速器由意大利布鲁维尼提供；固定转塔是臂架系统的底座，是一个高强度钢焊接的箱体，内部分为两腔，一腔装清洗用水，另一腔为液压系统的油箱；四条支腿与固定转塔连接，平时收拢，工作时展开支撑在地面上，增大支撑面，保证泵车工作时有足够的稳定性。

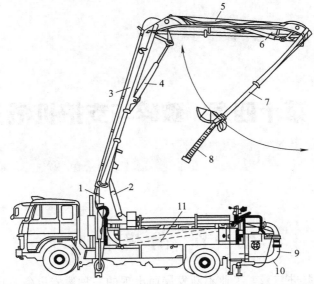

图 13-11　混凝土泵车的臂架伸展状态与工作状态

1—回转装置；2—变幅液压缸；3—第一节臂架；4—第二节臂架调节液压缸；5—第二节臂架；6—第三节臂架调节液压缸；7—第三节臂架；8—软管；9—输送管；10—混凝土泵；11—输送管

3. 三一重工泵车的技术参数

三一重工 SY5270THB 型泵车技术参数如表 13-3 所示。

表 13-3　三一重工 SY5270THB 型泵车技术参数

项目	参数	项目	参数
外形尺寸/m	11.7/2.495/3.92	坍落度/cm	14~23
自重/t	27.46	底盘型号	五十铃 CXZ51Q
最大速度/(km/h)	≥80	底盘驱动方式	6×4
最小转弯半径/m	9.2	底盘发动机型号	五十铃 6WFI
润滑方式	自动润滑脂	底盘发动机输出功率/kW	287
泵送系统驱动方式	液压式	底盘变速箱型号	MAG6W
泵送油缸内径/行程/mm	140/2000	臂架形式	四节卷折全液压
泵送输送缸内径/行程/mm	230/2000	臂架最大离地高度/m	36.6
泵送系统阀门形式	S 阀	臂架输送 管径/mm	125
理论排量/(m³/h)	120	臂架臂端软管长/m	3
理论泵送压力/MPa	6.5	臂架第一节臂长/m	8.7
理论泵送次数/(次/min)	24	臂架第二节臂长/m	7.86
泵送系统理论水平距离/m	850	臂架第三节臂长/m	7.98
泵送系统理论垂直高度/m	200	臂架第四节臂长/m	8.08
最大骨料尺寸/mm	40	臂架转台旋转角/(°)	365
料斗容积上料高度/m	0.6	臂架水平长度/m	32.6
系统油压/MPa	32.5	臂架垂直长度/m	36.6

第十四章 破碎与支护机械

第一节 凿 岩 台 车

　　凿岩台车是随着掘进与采矿工业不断发展而出现的一种凿岩设备，这种设备的特点是以机械代替人扶持凿岩机进行工作。它可以减轻凿岩工人的体力劳动，改善劳动条件，提高机械化水平，在保证炮孔质量的前提下，加快凿孔速度，从而提高凿岩效率。

　　凿岩台车类型很多。按其用途可分为露天台车、井下台车、采矿台车、锚杆台车。按行走方式可分为轨轮式凿岩台车、轮胎式凿岩台车和履带式凿岩台车；按驱动的动力可分为电动凿岩台车、气动凿岩台车和内燃机凿岩台车；按所装凿岩机的数目可分为单机、双机及多机凿岩台车。

　　凿岩台车主要用于巷道掘进和隧道掘进。工作中要求做到：①自动进入和退出工作面；②按炮孔布置图的要求，准确地找到工作面所要凿的炮孔位置和方向；③将凿岩机顺利地推进或运出。因此，功能齐全的凿岩台车的总体结构如图 14-1 所示。

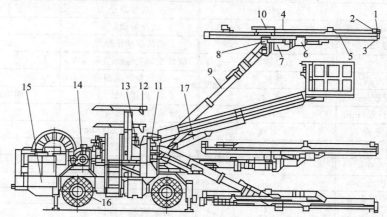

图 14-1　轮胎式凿岩台车的总体结构示意

1—钎头；2—托钎器；3—顶尖；4—钎具；5—推进器；6—托架；7—摆角缸；8—补偿缸；9—钻臂；10—凿岩机；11—转柱；12—照明灯；13—操作台；14—转钎油泵；15—车体；16—行走装置；17—支臂缸

1. 推进器

推进器的作用是在凿岩时完成推进或退回凿岩机，并对钎具施加足够的推力。凿岩台车使用着各种不同结构形式和不同工作原理的推进器，其中典型的有 3 种：油缸-钢丝绳式推进器、油马达-丝杠式推进器和油马达-链条式推进器。以油缸-钢丝绳式推进器为例。

油缸-钢丝绳式推进器如图 14-2 （a）所示，主要由导轨 1、滑轮 2、推进缸 3、调节螺杆 4、钢丝绳 5 等组成。其钢丝绳的缠绕方法如图 14-2 （b）所示，两根钢丝绳的端头分别固定在导轨的两侧，绕过滑轮牵引滑板 9，从而带动凿岩机运动。钢丝绳的松紧程度可用调节螺杆 4 进行调节，以满足工作牵引要求。图 14-2 （c）为推进缸的基本结构，它由缸体、活塞、活塞杆、端盖、滑轮等组成。活塞杆为中空双层套管结构，它的左端固定在导轨上，缸体和左右两对滑轮可以运动。当压力油从 A 孔进入活塞的右腔 D 时，左腔 E 的液压油从 B 孔排出，缸体向右运动，实现推进动作；反之，当压力油从 B 孔进入活塞的左腔 E 时，右腔 D 的低压油从 A 孔排出，缸体向左运动，凿岩机退回。

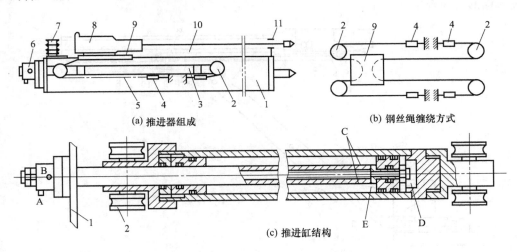

(a) 推进器组成　　　　　　　　　　　(b) 钢丝绳缠绕方式

(c) 推进缸结构

图 14-2　油缸-钢丝绳式推进器

1—导轨；2—滑轮；3—推进缸；4—调节螺杆；5—钢丝绳；6—油管接头；
7—绕管器；8—凿岩机；9—滑板；10—钎杆；11—托钎器

这种推进器的特点是推进缸的活塞杆固定，缸体运动。由推进缸产生的推力经钢丝绳滑轮组传给凿岩机，且作用在凿岩机上的推力等于推进缸推力的二分之一，而凿岩机的推进速度和移动距离是推进缸推进速度和行程的两倍。

这种推进器的优点是：结构简单、工作平稳可靠、外形尺寸小、维修容易，因而获得广泛应用。缺点是推进缸的加工较难。

2. 钻臂

钻臂是支撑托架、推进器、凿岩机进行凿岩作业的工作臂，它的前端与托架铰接，后端与转柱相铰接。钻臂的长短决定了凿岩作业的范围；其托架摆动的角度，决定了所钻炮孔的角度。因此，钻臂的结构尺寸、钻臂动作的灵活性、可靠性对钻车的生产率和使用性能影响都很大。

钻臂的分类，通常按其动作原理分为直角坐标钻臂、极坐标钻臂和复合坐标钻臂；按凿岩作业范围分为轻型、中型、重型钻臂；按钻臂结构分为定长式、折叠式、伸缩式钻臂；按钻臂系列标准分为基本型、变型钻臂等等。

（1）直角坐标钻臂　如图 14-3 所示，这种钻臂在凿岩作业中具有以下动作：其中 A 为钻臂升降，B 为钻臂水平摆动，C 为托架仰俯角，D 为托架水平摆角，E 为推进器补偿运动。这 5 种动作是直角坐标钻臂的基本运动。

这种形式的钻臂是传统型钻臂，其优点是：结构简单、定位直观、操作容易，适合钻凿直线和各种形式的倾斜掏槽孔以及不同排列方式并带有各种角度的炮孔，能满足凿岩爆破的工艺要求，因此应用很广。

国内外许多台车都采用这种形式的钻臂。其缺点是使用的油缸较多，操作程序比较复杂，对一个钻臂而言，存在着较大的凿岩盲区（在钻臂的工作范围内，有一定的无法凿岩区域称为凿岩盲区）。

如果不用转柱，而以齿条齿轮式回转机构代替，则钻臂运动的功能具有极坐标性质，组成极坐标形式的台车。

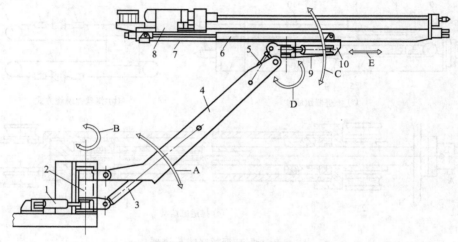

图 14-3　直角坐标钻臂

1—摆臂缸；2—转柱；3—支臂缸；4—钻臂；5—仰俯角缸；
6—补偿缸；7—推进器；8—凿岩机；9—摆角缸；10—托架

（2）极坐标钻臂　极坐标钻臂如图 14-4 所示，它是在直角坐标钻臂的基础上发展起来的，这种钻臂在结构与动作原理方面都大有改进，减少了油缸数量，简化了操作程序。因此，国内外有不少台车采用这种钻臂。

这种钻臂在调定炮孔位置时，只需做以下动作：A 为钻臂升降，B 为钻臂回转，C 为托架仰俯角，D 为推进器补偿运动。钻臂可升降并可回转 360°，构成了极坐标运动的工作原理，这种钻臂对顶板、侧壁和底板的炮孔，都可以贴近岩壁钻进，减少超挖量，钻臂的弯曲形状有利于减小凿岩盲区。

这种钻臂也存在一些问题：不能适应打楔形、锥形等倾斜形式的掏槽炮孔；操作调位直观性差；对于布置在回转中心线以下的炮孔，司机需要将推进器翻转，使钎杆在下面凿岩，这样对卡钎故障不能及时发现与处理；另外也存在一定的凿岩盲区等。

（3）复合坐标钻臂　掘进凿岩，除钻凿正面的爆破孔外，还需要钻凿一些其他用途的孔，如照明灯悬挂孔、电机车架线孔、风水管固定孔等。在地质条件不稳固的地方，还需要

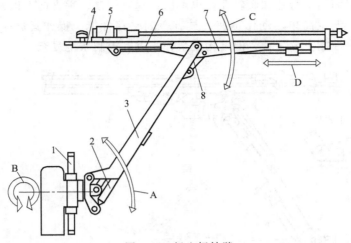

图 14-4　极坐标钻臂

1—齿条齿轮式回转机构；2—支臂缸；3—钻臂；4—推进器；
5—凿岩机；6—补偿缸；7—托架；8—仰俯角缸

钻锚杆孔。有些矿山要求使用掘进与采矿通用的凿岩台车，因而设计了复合坐标钻臂。复合臂也有许多种结构形式，这里介绍瑞典阿特拉斯公司所采用的两种形式。

① BUT10 型钻臂　如图 14-5 所示，它有 1 个主臂 4 和 1 个副臂 6，主、副臂的油缸布置与直角坐标钻臂相同，另外还有齿条齿轮式回转机构 1，所以它具有直角坐标和极坐标两种钻臂的特点，不但能钻正面的炮孔，还能钻两侧任意方向的炮孔，也能钻垂直向上的采矿炮孔或锚杆孔，性能更加完善，并且克服了凿岩盲区，但结构复杂、笨重，这种钻臂适用于大型台车。

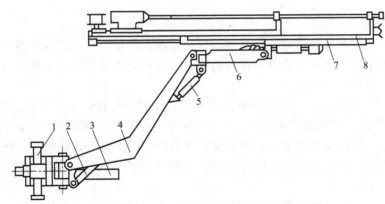

图 14-5　BUT10 型钻臂

1—齿条齿轮式回转机构；2—支臂缸；3—摆臂缸；4—主臂；
5—仰俯角缸；6—副臂；7—托架；8—伸缩式推进器

② BUT30 型钻臂　如图 14-6 所示，它由 1 对支臂缸 1 和 1 对仰俯角缸 3 组成钻臂的变幅机构和平移机构。钻臂的前、后铰点都是十字铰接，十字铰的结构如图 14-6 所示。支臂缸和仰俯角缸的协调工作，不但可使钻臂作垂直面的升降和水平面的摆臂运动，而且可使钎臂作倾斜运动（例如 45°角等），这时推进器可随着平移。推进器还可以单独作仰俯角和水平摆角运动。钻臂前方装有推进器翻转机构 4 和托架回转机构 5，这样的钻臂具有万能性

第十四章　破碎与支护机械

质，它不但可向正面钻平行孔和倾斜孔，也可以钻垂直侧壁、垂直向上以及带各种倾斜角度的炮孔。其特点是调位简单、动作迅速、具有空间平移性能、操作运转平稳、定位准确可靠、凿岩无盲区，性能十分完善。但结构复杂、笨重，控制系统复杂。

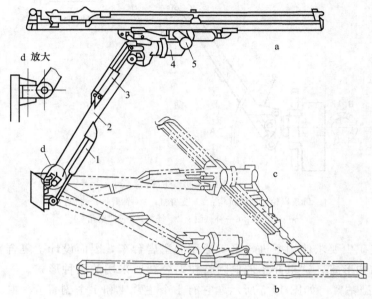

图 14-6 BUT30 型钻臂
(图中点画线表示机构到达的位置)
a—上部钻孔位置；b—下部钻孔位置；c—垂直侧面钻孔位置；d—十字铰的结构；
1—支臂缸；2—钻臂；3—仰俯角缸；4—推进器翻转机构；5—托架回转机构

3. 回转机构

回转机构是安装和支持钻臂、使钻臂沿水平轴或垂直轴旋转、使推进器翻转的机构。通过回转运动，使钻臂和推进器的动作范围达到巷道掘进所需要的钻孔工作区的要求。常见的回转机构有以下几种结构形式。

（1）转柱　图 14-7 所示是一种常见的直角坐标钻臂的转柱，它主要由摆臂缸 1、转柱套 2、转柱轴 3 等组成。转柱轴固定在底座上，转柱套可以转动，摆臂缸一端与转柱套的偏心耳环相铰接，另一端铰接在车体上，当摆臂缸伸缩时，由于偏心耳的关系，便可带动转柱套及钻臂回转，其回转角度由摆臂缸行程确定。这种回转机构的优点是结构简单、工作可靠、维修方便，因而应用广泛。

（2）螺旋副式转柱　螺旋副式转柱如图 14-8 所示，它由螺旋棒 2、活塞（螺旋母）3、轴头 4 和缸体 5 等组成。螺旋棒 2 用固定销与缸体 5 固装成一体，轴头 4 用螺栓固定在车架 1 上；活塞 3 上带有花键和螺旋母，当向 A 腔或 B 腔供油时，活塞 3 作直线运动，于是螺旋母迫使与其相啮合的螺旋棒 2 作回转运动，随之带动缸体 5 和钻臂等也作回转运动。这种转柱特点是外表无外露油缸，结构紧凑，但加工难度较大。这种形式的回转机构，不但用于钻臂的回转，更多的是应用于推进器的翻转运动。

（3）齿轮齿条式旋转机构　齿轮齿条式旋转机构如图 14-9 所示，它由齿轮 5、齿条 6、油缸 2、液压锁 1 和齿轮箱体等组成。齿轮套装在空心轴上，以键相连，钻臂及其支座安装

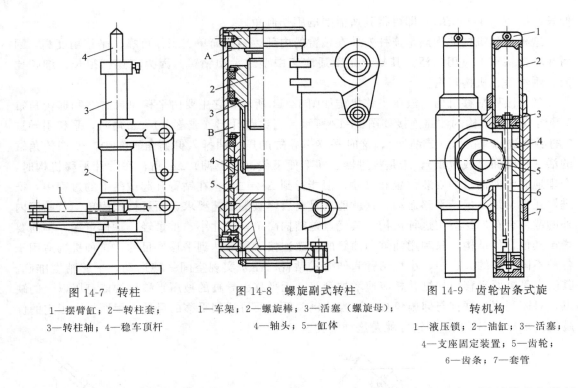

图 14-7 转柱

1—摆臂缸；2—转柱套；

3—转柱轴；4—稳车顶杆

图 14-8 螺旋副式转柱

1—车架；2—螺旋棒；3—活塞（螺旋母）；

4—轴头；5—缸体

图 14-9 齿轮齿条式旋
转机构

1—液压锁；2—油缸；3—活塞；

4—支座固定装置；5—齿轮；

6—齿条；7—套管

在空心轴的一端。当油缸工作时，两根齿条活塞杆作相反方向的直线运动，同时带动与其相啮合的齿轮和空心轴旋转。齿条的有效长度等于齿轮节圆的周长，因此可以驱动空心轴上的钻臂及其支座，沿顺时针及逆时针各转 180°。

这种回转机构安装在车体上，其尺寸和质量虽然较大，但都承受在车体上，与螺旋副式转柱相比较，减少了钻臂前方的质量，改善了台车总体平衡。由于钻臂能回转 360°，便于凿岩机贴近岩壁和底板钻孔，减少超挖，实现光面爆破，提高了经济效益。因此，它成为极坐标钻臂和复合坐标钻臂实现 360°回转的一种典型的回转机构，其优点是动作平缓、容易操作、工作可靠，但重量较大，结构较复杂。

4. 平移机构

为了满足爆破工艺的要求，提高钻平行炮孔的精度，几乎所有现代台车的钻臂都装设了自动平移机构。该机构的作用是当钻臂移位时，托架和推进器随机保持平行移位。这种机构有 2 种类型：机械平移机构和液压平移机构。

（1）机械平移机构 这类平移机构，常用的是机械内四连杆式平移机构，该机构如图 14-10 所示。钻臂在升降过程中，ABCD 四边形的杆长不变，其中 AB=CD，BC=AD，AB 边固定而且垂直于推进器。根据平行四边形的性质，AB 与 CD 始终平行，亦即推进器始终作平行移动。

当推进器不需要平移而钻带有倾角的炮孔时，只需向仰俯角缸一端输入液压油，使连杆 2

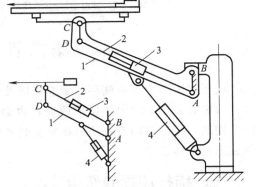

图 14-10 机械内四连杆式平移机构

1—钻臂；2—连杆；3—仰俯角缸；4—支臂缸

伸长或缩短（$AD \neq BC$）即可得到所需要的工作倾角。

　　这种平移机构的优点是连杆安装在钻臂的内部，结构简单、工作可靠、平移精度高，因而在小型钻车上应用广泛。其缺点是不适应于中型或大型钻臂，因为它连杆很长，细长比大、刚性差、机构笨重。

　　（2）液压平移机构　液压平移机构如图 14-11 所示，它主要由平移引导缸 2 和仰俯角缸 5 等组成。该机构的油路连接如图 14-12 所示。当钻臂升起（或落下）$\Delta\alpha$ 角时，平移引导缸 2 的活塞被钻臂拉出（或缩回），这时平移引导缸的压力油排入仰俯角缸 5 中，使仰俯角缸的活塞杆缩回（或拉出），于是推进器、托架便下俯（或上仰）$\Delta\alpha'$ 角，在设计平移机构时，合理地确定两油缸的安装位置和尺寸，便能得到 $\Delta\alpha = \Delta\alpha'$，在钻臂升起或落下的过程中，推进器托架始终是保持平移运动，这就能满足凿岩爆破的工艺要求，而且操作简单。目前国内外的凿岩台车广泛应用这种机构。其优点是结构简单、尺寸小、重量轻，工作可靠，不需要增设其他杆件结构，只利用油缸和油管的特殊连接，便可达到平移的目的，这种机构适用于各种不同结构的大、中、小型钻臂和伸缩式钻臂，便于实现空间平移运动，平移精度准确。其缺点是需要平移引导缸并相应地增加管路。无平移引导缸的液压平移机构能克服以上的缺点，只需利用支臂缸与仰俯角缸的适当比例关系，便可达到平移的目的，因而显示了它的优越性，瑞典的 BUT15 型钻臂就是这种结构。

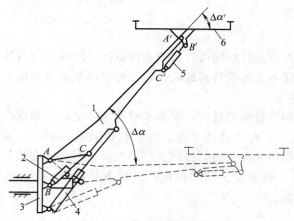

图 14-11　液压平移机构工作原理

1—钻臂；2—平移引导缸；3—回转支座；

4—支臂缸；5—仰俯角缸；6—托架

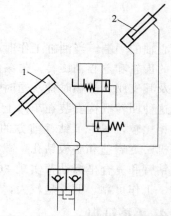

图 14-12　液压平移机构的油路连接

1—平移引导缸；2—仰俯角缸

第二节　锚杆台车

　　由于在岩石中原本就存在裂缝或爆破而产生的裂缝等造成硐室顶拱和边壁表面的岩石松动。或者，岩石中应力环境的改变，也会造成岩块松动，甚至发生塌方，因此在凿岩施工中，用锚杆把松动的岩块稳固在坚实的岩体上，靠锚杆和岩石的相互作用使岩体有一个静态的稳定的整体性能。

一、锚杆加固的作用

　　锚杆加固是一种快速、有效的加固岩石的方法，可用于洞室顶拱和边壁，以及边坡的加固，锚杆既可用于临时加固，也可用于永久加固。在爆破之后，岩石比较破碎，如不进行加固，就不能继续作业。在这种情况下，就要用锚杆进行临时加固，如果要长久地使用岩石洞室，通常要系统地用锚杆进行永久加固。

与其他加固方法相比，钻杆加固岩石有如下优点：①锚杆加固是一种简单、高效和经济的加固方法；②这种加固方法既可用于临时加固，也可用于永久加固；③采用这种加固方法不会减少开挖断面；④可以和其他加固方法联合使用；⑤可以实现全机械化作业。

二、锚杆台车的特点

以前进行锚杆作业时是分几道工序单独进行的，首先在洞室的顶拱或边壁在要装锚杆的地方钻孔，这要用凿岩台车；钻孔结束后，要向孔中加注水泥砂浆，这要用注浆机；注浆结束后，再向孔中装入锚杆，这要用顶推设备。由于设备多，互相干扰，再加上重复定位，所以安装锚杆的质量和速度都很低，而且也很不安全。为了改变这种状况，科研和施工人员就研制出了这种能将钻孔、注浆和装锚杆这三道工序在一台设备上依次完成的全机械化锚杆台车。

三、锚杆台车的组成

以 NH321 型全液压锚杆台车为例，这类设备一般由标准化凿岩钻车和不同的转架装置组成，可以安装任何一种形式的锚杆，可在矿山巷道、地下隧道等工程中进行锚杆支护作业，能完成钻孔、注浆（树脂或水泥砂浆）、自动安装锚杆的全过程工作。该锚杆台车采用 3 位通用锚杆支护转架，配有自动化岩石锚固装置，具有可放 10 个锚杆的锚杆仓。该锚杆台车采用 BDC16 型底盘，柴油机驱动，铰接车体，液压转向，行走速度为 13km/h；采用 NBUT-25BB 型液压钻臂，具有双三角支承交叉连接的液压缸，运动准确，自动保持平行，可分别伸缩 1.6m，安装一次可进行两排或多排的顶向或侧向锚杆支护作业；采用 RBC20/26 型锚杆装置，其中 RBC20 型长 3585mm，RBC26 型长 4195mm，均可安装直径 19mm、20mm、22mm、25mm 的标准锚杆，但 RBC20 型的安装长度为 1.9～2.1m，而 RBC26 型为 2.4～2.7m；用于树脂或水泥浆的注射管直径为 22mm、24mm、28mm；采用的凿岩机为 Cop1028HD 型液压凿岩机；采用动力站型号为 BHU32-1B 型。

NH321 全液压锚杆台车的外形及总体结构如图 14-13 所示，它由转架 1、钻臂 2、操纵

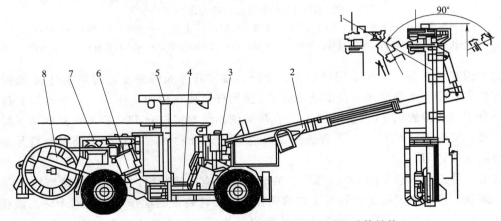

图 14-13　NH321 型全液压锚杆台车的外形及总体结构

1—转架；2—钻臂；3—操纵控制装置；4—底盘；5—安全防护顶棚；

6—粘接剂搅拌装置；7—发动机；8—卷筒

控制装置 3、底盘 4、安全防护顶棚 5、粘接剂搅拌装置 6、发动机 7 及卷筒 8 等部分组成。

1. 工作装置

NH321 型全液压锚杆台车的工作装置由 BUT35BB 型钻臂、RBC 转架组成。

（1）BUT35BB 型钻臂（如图 14-14 所示） 钻臂用三个十字铰头 2 安装在钻臂座上，上面十字铰头供铰接钻臂 3，下面两个十字铰头成水平布置，供铰接支臂液压缸 4 的活塞杆，支臂液压缸铰接在钻臂 3 中部下侧的铰座上。钻臂端部有横向支座 5，转架通过轴 A 铰接在支座 5 上，在支座 5 上铰接有转架摆动液压缸 7 的活塞杆，摆动液压缸铰接在转架上部。工作装置在支臂液压缸 4 推动下，可以上下、左右运动，当两个支臂液压缸活塞杆全伸时，钻臂上仰 70°；全收回时，钻臂下俯 30°，当两个支臂液压缸反向动作时，一个活塞杆全伸，一个活塞杆全收时，钻臂可向一侧摆动 45°，相反时，则向另一侧摆动 45°。当转架摆动液压缸 7 收回活塞杆时，转架上部后摆 15°；推出活塞杆时，转架上部前摆 90°。钻臂 3 装有螺旋式回转机构，可以使钻臂前部旋转 180°，钻臂 3 还装有活塞式伸缩装置，可以使钻臂端部伸长 1.6m。

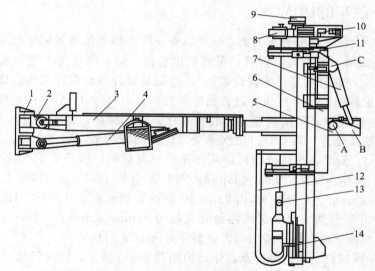

图 14-14　NH321 型全液压锚杆台车的工作装置

1—钻臂座；2—十字铰头；3—钻臂；4—支臂液压缸；5—支座；6—托架；7—摆动液压缸；
8—扶钎器；9—顶尖；10—转角液压缸；11—锚杆仓；12—软导管架；13—凿岩机；14—旋转器

（2）BBC 型转架　转架是完成钻孔、装药、装锚杆作业的装置，转架通过 A 轴铰接在横向支座上，转架上部铰接有摆动液压缸 7，活塞杆铰接在横向支座 5 上。在转架上有两组推进器分别推进凿岩机 13 与旋转器 14，在转架侧面装有锚杆仓 11，在液压缸推动下可以沿竖轴旋转，实现送杆动作，上下有链条，可以完成送杆动作。在转架上装有软管导架 12，装送混凝土软管用。

转架三种工位示意如图 14-15 所示。在转架上端有回转装置，带动扶钎器旋转。在下部有移动装置，推动凿岩机及旋转器横向移动；上部回转装置的动作是利用两个转角液压缸 2来实现。转角液压缸铰接在转架 1 上面，活塞杆铰接在转盘 3 上。在转盘 3 上装有扶钎器6、扶杆器 12 及扶管器 5。当转角液压缸 2 活塞杆均伸出至中间位置，扶钎器 6 在中间，为凿岩位置；当左侧活塞杆推出，右侧活塞杆收回，转盘逆时针转动，扶管器 5 对准钻孔，可以将管 11 送至孔中，完成装混凝土的作业。当左侧活塞杆收回，右侧活塞杆推出，转盘顺时针转动，使扶杆器 6 对准孔位，开动推进器可把锚杆送至孔内，之后开动旋转器可以完成拧紧螺母动作。当上部转盘旋转时，下部也配合动作，在位置 I 时，凿岩机在中间。当位置 II 时，送管器对准孔位，下部不动。当位置 III 时，扶杆器对准孔位时，下部移动，推动凿岩机左移，旋转器位于中间对准孔位，实现送锚杆及装钻杆螺母动作。

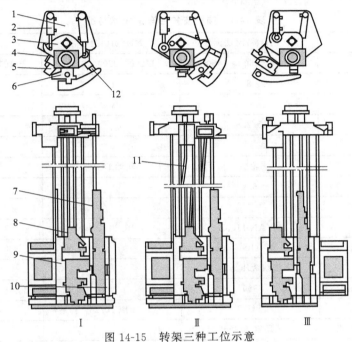

图 14-15　转架三种工位示意

1—转架；2—转角液压缸；3—转盘；4—顶尖；5—扶管器；6—扶钎器；7—旋转器；
8—凿岩机；9—凿岩机托架；10—旋转器托架；11—送浆管；12—扶杆器

在转架上装有推进器，推进器提供推进力为 0～15kN；旋转器转速为 300r/min，扭矩为 300kN。

2. 粘接剂搅拌系统

在锚杆支护钻车上装有专门设置的粘接剂搅拌系统。该系统装在车体上，通过管路将粘接剂送至钻孔中，其工作原理如图 14-16 所示。它将需搅拌的树脂或水泥砂浆及水加入到搅

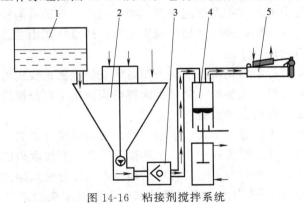

图 14-16　粘接剂搅拌系统

1—水箱；2—搅拌器；3—单向阀；4—高压泵；5—开关阀

拌器中搅拌，搅拌均匀后的粘接剂经单向阀 3 及管路，由向下移动的高压泵 4 的活塞造成的真空抽吸作用吸入真空腔，再由上移的高压泵 4 的活塞，经管路及开关阀间断地送入孔中。

四、锚杆支护台车的技术特征

锚杆支护台车的技术特征见表 14-1。

表 14-1　锚杆支护台车的技术特征

类型	ATH15-1B(法国)	NH321(中国)	SWK-OU(波兰)
运行尺寸/mm	7300×1500×1660	11200×2200×2250	10160×2200×1900
总质量/t	8	15	15.2
总功率/kW	40	2×30	85
工作高度/m	5/2.6		6/3
水平工作范围/m	6		3
行走机构方式	轮胎	轮胎 DC16	轮胎
行走机构速度/(km/h)	6.5		8
行走机构驱动			柴油机
钻臂类型	BVAN-1100B	BUT35BB	1-WTH1500
钻臂伸缩量/mm	1100		1500
钻臂旋转方式	摆线液压马达		
钻臂旋转角度/(°)	360		360
转架推进器类型	TU12	RBC20/26	
转架推进器的推进方式	液压缸-链条式		液压缸-链条式
凿岩机	RPH200	Cop1028HD	Cop1038
生产能力/(根/班)	60～100		70～100

第三节　螺杆泵湿式混凝土喷射机

一、概述

喷射混凝土支护是由喷射支护发展起来的，喷射混凝土支护或与锚杆联合使用，或与钢筋网联合使用，无论是在军用、民用的地下洞库工程，还是在矿山巷道、铁路隧道、水利水电隧道等建设工程中应用广泛。

喷射混凝土支护是通过喷射机械将混凝土喷射到支护表面来实现的，喷射混凝土成套机械设备主要有混凝土喷射机、上料机、混凝土搅拌机或由集上料与搅拌功能于一体的供料车组成，是喷射混凝土施工中的主要设备。

喷射机按喷射混凝土工艺分成干式、半湿（潮）式和湿式三大类。干式混凝土喷射机具有输送距离长、工作风压低、喷头脉冲小、工艺设备简单，对渗水岩面适应性好，干拌料可以存放较长时间等特点。这种混凝土喷射机按结构特点又可分成双罐式、转子式等。半湿式（潮式）混凝土喷射机是在干式混凝土喷射机的基础上发展起来的第二代混凝土喷射机。目前世界上湿式混凝土喷射机种类比较多，按其动力形式可分为风送式与泵送式，按其结构特

工程机械概论

190

点又可分为罐式、转子式、螺旋式、软管挤压泵式、螺旋挤压泵式以及活塞泵式等。湿式混凝土喷射机与干式混凝土喷射机相比,其优点主要在于混凝土进入喷射机前,按照一定比例配合好拌和水,水灰比能准确控制,物料混合均匀,有利于水泥的水化,因此施工现场粉尘少、回弹率低、混凝土层均质性好,强度高,是一种经济效益比较高的技术设备。

二、螺杆泵湿式混凝土喷射机

WSP 型湿式混凝土喷射机是我国研制的第一代湿式螺杆泵喷射机产品,这是一种低矮型湿喷设备。WSP-3 型螺杆泵湿式混凝土喷射机集上料、搅拌、速凝剂添加以及喷射等功能于一体,依靠螺杆泵的转子与定子套相互接触的空间来输送介质。现以 WSP-3 型螺杆泵湿式混凝土喷射机为例加以介绍。

1. 螺杆泵的工作原理

如图 14-17 所示,螺杆即转子 1 是由半径为 R 的圆截面组成,其螺距为 t,它在定子套 2 内作偏心为 e 的复合运动。螺杆 1 横截面的圆心 O_1 对定子套轴心 O_2 的位移量等于偏心距 e,螺杆轴心 O_2 对定子套轴心 O_1 的位置也等于 e。方向联轴器把传动轴的回转运动转变为螺杆的复合运动:由于传动轴的转动,与其相连接的螺杆(轴心 O_2)以 $2e$ 为直径绕定子轴转动,作为螺杆横截面的形心轴线也以 $2e$ 为直径反方向绕螺杆轴线转动。这一运动是以半径为 R 的螺杆 1 的圆弧相对于沿定子套槽一侧作滚动,且伴有滑动的结果。螺杆泵依靠螺杆 1 与定子套 2 相互啮合接触空间的容积变化来输送介质。当螺杆吸入腔一端的密封线连续地向排出腔一端作轴向移动时,使吸入腔容积增大,压力降低,拌和料在压差作用下沿料口进入吸入腔,随着螺杆 1 的转动密封腔内的介质连续而均匀地沿轴向移动到排出腔,由于排出腔容积逐渐缩小,则产生压力使拌和料受挤压而前进。由于在定子套 2 中移动的拌和料的截面积是常数,所以它移动的速度也是常数,因此形成了无脉冲的稳定流。

目前,国内外螺杆泵,在 1～3 级左右,级数越多出口压力越大。每级压力差 0.5MPa 左右,当压力超过 1.5MPa 时,磨损明显增加。

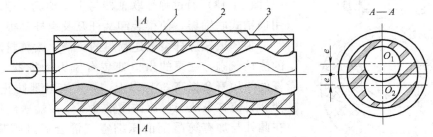

图 14-17　螺杆泵湿式混凝土喷射机工作原理

1—螺杆;2—定子套;3—壳体

2. 螺杆泵湿式混凝土喷射机的结构组成

该机的所有部件都安置在车架上,所有工作机构的动力由各自的电动机驱动。其主要组成部件如图 14-18 所示,包括振动筛 26、料斗 23、搅拌筒 20、集料仓 6、螺杆泵 10 等。

(1)振动筛　振动筛由偏心微型电动机 22 驱动,筛体设置在料斗 23 上,中间装有弹簧垫。

(2)输送与搅拌装置　在料斗壳体内装有用插接式结构安装的桨式叶片型螺旋,该螺旋

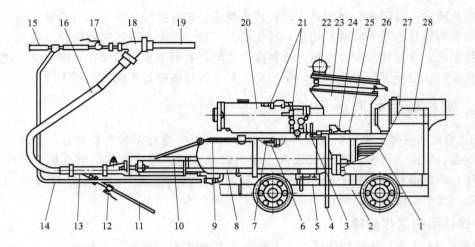

图 14-18　WSP-3 型螺杆泵湿式混凝土喷射机

1—主电动机；2—行走底架；3—进风球阀；4—进风管；5—减速器；6—集料仓；7—淋喷头；8—速凝剂罐；
9—速凝剂排出阀；10—螺杆泵；11,15—进风管；12,17—进风阀；13—风力助推器；14—速凝剂输送管；
16—水泥输送管；18—喷头；19—喷嘴；20—搅拌筒；21—供水阀；22—振动电动机；23—料斗；
24—淋喷头控制阀；25—水管；26—振动筛；27—行星减速器；28—电气控制箱

由电动机经行星减速器驱动旋转。在桨式螺旋后端装有两道供水管，由桨式叶片将干拌和料加水搅拌成符合一定水灰比要求的湿混合料后，送往下部集料仓 6，供螺杆泵输送。

（3）螺杆泵及其传动装置　图 14-19 为螺杆泵剖视图，螺杆由转子 3、定子 2 及可调壳体 1 组成。转子 3 由耐磨白口铸铁或喷焊的高耐磨材料制成，定子 2 由耐磨橡胶压铸而成，装在可调的壳体 1 内。通过拧紧调节螺栓 4 使定子内径缩小，以补偿磨损量，保证泵的正常工作压力和延长使用寿命。

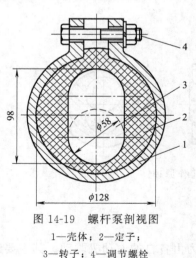

图 14-19　螺杆泵剖视图

1—壳体；2—定子；

3—转子；4—调节螺栓

转子后端用插销式联轴器与减速器 5 连接，减速器 5（见图 14-18）通过弹性联轴器与主电动机 1 相连。因为采用插销式联轴器，使得装卸螺杆泵及螺杆轴很方便。

为了减轻螺杆泵输送物料的负荷，改善料流在管道中的流动状态，在泵的出口处装有风力助推器 13，可使螺杆的使用寿命提高 60％以上，并可有效地防止堵管现象。拌和料流在泵压与风压共同推动下，被输送到喷头 18 处，在此处与加有速凝剂的压缩空气混合后经喷嘴喷到工作面上。

（4）速凝剂添加装置　速凝剂为水玻璃，装在罐 8 中，在水玻璃罐 8 上装有压力表和排气阀，靠压气将水玻璃送到喷头处的进风管 15 中，雾化后与拌和料混合，由喷嘴 19 喷出。水玻璃的量由装在速凝剂罐 8 排出口处的调节阀 9 控制。

（5）供水系统　供水系统主要由水压表、控制阀、淋喷头 7 及水管组成，正常情况下，由装在搅拌筒 20 上的两道水管 25 供水，当拌和料偏干时，打开装在集料仓 6 上的淋喷头 7

喷水，防止泵被夹住。喷头由喷嘴 19、喷头 18 以及进风阀 12 组成。

三、SPJS10 型混凝土喷射机械手

SPJS10 型混凝土喷射机应用了自动测距自动测向微电子控制技术，采用了液压集成油路及电液比例阀先进技术。该机械手具有 7 个自由度，由计算机来控制，基本上可满足混凝土喷射的动作要求。

该喷射机主要由喷头机构 1～5、大臂 10 与伸缩臂 7～8、回转台 17、行走小车 23、控制系统以及汽车底盘等组成，其结构如图 14-20 所示。

1. 喷头机构

柱塞式液压马达 3 通过齿轮副可使喷头 1 作 360°的划圆运动，液压缸 4 可实现喷头 1 上下仰俯 90°，而摆动液压缸 5 可使喷头 1 左右回转 220°，喷头倾角可在 0～8°范围内调整，以便获得不同的喷射直径。

2. 大臂与伸缩臂

大臂 10 由普通碳素钢板焊接而成，箱形断面结构，其仰俯动作由液压缸 11 来控制。伸缩臂是由伸缩臂杆 7 与小臂 8 组成，圆形断面形式。在仰俯液压缸 9 的控制下可仰起，伸缩臂采用冷轧钢管。大臂 10 在 0～135°范围内运转，伸缩臂可保证在 0～180°范围内调整，能进行全断面喷射，消除喷射死角。伸缩臂杆 7 的伸缩由人工定位，伸缩范围在 2～3.2m 之间。大臂 10 与小臂 8 之间，大臂 10 与支座之间均为铰接。大臂 10 内排布着液压管路，根部焊有三架，在运输状态下用来吊住伸缩臂。

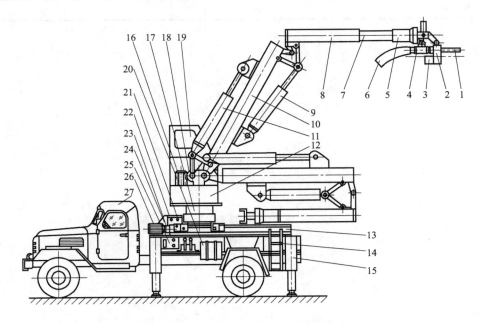

图 14-20　SPJS10 型混凝土喷射机械手

1—喷头；2—回转器；3—液压马达；4—液压缸；5—摆动液压缸；6—输料管；7—伸缩臂杆；8—小臂；
9—伸缩臂仰俯液压缸；10—大臂；11—大臂液压缸；12,25—油箱；13—小车轨道；14—梯子；
15—支脚；16,26—电动机；17—回转台；18—支座；19—操作室；20—汽油箱；
21—手动阀；22—液压缸；23—行走小车；24—联轴器；27—汽车底盘

3. 回转机构

机械手固定在回转台 17 上。喷射范围由回转机构控制。采用滚动轴承或回转支承结构。电动机 16 经摆线液压马达直接带动小齿轮做减速运动。回转支承内圈由 20 个 M16 长螺栓与行走小车平台连接，外圈与平台支撑架连接，通过液控抱闸实现回转机构的回转制动。

四、国内外螺杆泵湿式混凝土喷射机主要技术参数

螺杆泵湿式混凝土喷射机主要技术参数见表 14-2。

表 14-2　螺杆泵湿式混凝土喷射机主要技术参数

类型	WPS-3	S8ESG	SB3-3
生产能力/(m³/h)	4.5~5	20	3~6
工作风压/MPa	0.5		
泵出口最大压力/MPa	1.5	1.5(2.5)	1.5(2.5)
骨料最大粒径/mm	10	0~8	0~6
输送管内径/mm	50	50~100	50
最大水平输送距离/m	40	40	40
最大输送高度/m	20		
外形尺寸/mm	3100×(840~1200)×1370		
全机质量/kg	1100	340(450)	
泵功率/kW	18.5	18.5	18.5
电动机功率/kW	33.37		

第十五章 桩工机械

桩工机械是用于桩基础、地基改良加固、地下挡土连续墙、地下防渗连续墙施工及其他特殊地基基础等工程施工的机械设备,其作用是将各式桩埋入土中,以提高基础的承载能力。

现代建桥用的基础桩有两种基本类型:预制桩和灌注桩。前者用各种打桩机将其沉入土中,后者用钻孔机钻出深孔以灌注混凝土。

根据预制桩和灌注桩的施工,可把桩工机械分为预制桩施工机械和灌注桩施工机械两大类。

第一节 预制桩施工机械

一、预制桩施工机械类型

(1)打桩机 打桩机由桩锤和桩架组成,靠桩锤冲击桩头,使桩在冲击力的作用下贯入土中,故又称冲击式打桩机。

根据桩锤驱动方式不同,可分为蒸汽、柴油和液压三种打桩机。

(2)振动沉拔桩机 振动沉拔桩机由振动桩锤和桩架组成。振动桩锤利用机械振动法使桩沉入或拔出。

(3)静力压拔桩机 静力压拔桩机采用机械或液压方式产生静压力,使桩在持续静压力作用下被压入或拔出。

(4)桩架 桩架是打桩机的配套设备,桩架应能承受自重、桩锤重、桩及辅助设备等重量。由于工作环境的差异,桩架可分为陆上桩架和船上桩架两种。由于作业性能的差异,桩架有简易桩架和多能桩架(或称万能桩架)。简易桩架具有桩锤或钻具提升设备,一般只能打直桩;多能桩架具有多种功能,即可提升桩、桩锤或钻具,使立柱倾斜一定角度,平台回转360°,自动行走等。多能桩架适用于打各种类型桩。由于行走机构不同,桩架可分为滚管式、轨道式、轮胎式、汽车式、履带式和步履式等。

二、预制桩施工机械结构及原理

1. 柴油打桩机

　　柴油打桩机由柴油桩锤和桩架两部分组成。桩架有专用的，也有利用挖掘机或起重机上的长臂吊杆加装龙门架改装而成。柴油桩锤按其动作特点分导杆式和筒式两种。导杆式桩锤冲击体为气缸，它构造简单，但打桩能量小；筒式桩锤冲击体为活塞，打击能量大，施工效率高，是目前使用较广泛的一种打桩设备。下面以筒式桩锤为例介绍柴油桩锤的构造及工作原理。

　　筒式柴油桩锤依靠活塞上下跳动来锤击桩，其构造如图15-1所示。它由锤体、燃料供给系统、润滑系统、冷却系统和启动系统等组成。

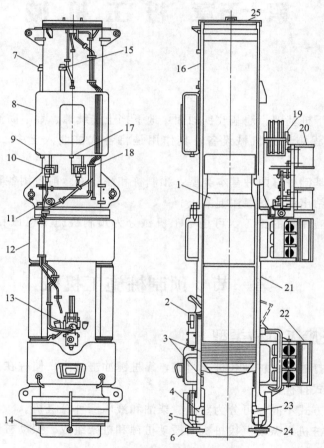

图 15-1　D72 型筒式柴油桩锤构造

1—上活塞；2—燃油泵；3—活塞环；4—外端环；5—缓冲垫；6—橡胶环导向；7—燃油进口；8—燃油箱；
9—燃油排放旋塞；10—燃油阀；11—上活塞保险螺栓；12—冷却水箱；13—燃油和润滑油泵；
14—下活塞；15—燃油进口；16—上气缸；17—导向缸；18—润滑油阀；19—起落架；20—导向卡；
21—下气缸；22—下气缸导向卡爪；23—铜套；24—下活塞保险卡；25—顶盖

　　锤体主要由上气缸16、导向缸17、下气缸21、上活塞1、下活塞14和缓冲垫5等组成。导向缸17在打斜桩时为上活塞引导方向，还可防止上活塞跳出锤体。上气缸是上活塞的导向装置。下气缸是工作气缸，它与上、下活塞一起组成燃烧室，是柴油桩锤爆炸冲击工作的场所。上、下气缸用高强度螺栓连接。在上气缸外部附有燃油箱及润滑油箱，通过附在缸壁上的油管将燃油与润滑油送至下气缸上的燃油泵与润滑油泵。上活塞和下活塞都是工作活塞，上活塞又称自由活塞，不工作时位于上气缸的下部，工作时可在上、下气缸内跳动，上、下活塞都靠活塞环密封，并承受很大的冲击力和高温高压作用。

在下气缸底部外端环与活塞冲头之间装有一个缓冲垫 5（橡胶圈）。它的主要作用是缓冲打桩时下活塞对下气缸的冲击。这个橡胶圈强度高、耐油性强。

在下气缸四周，分布着斜向布置的进、排气管，供进气和排气用。

柴油桩锤启动时，由桩架卷扬机将起落架吊升，起落架钩住上活塞提升到一定高度，吊钩碰到碰块，上活塞脱离起落架，靠自重落下，柴油桩锤即可启动。

筒式柴油桩锤的工作原理及其循环如图 15-2 所示。

（1）喷油过程［图 15-2（a）］ 上活塞被起落架吊起，新鲜空气进入气缸，燃油泵进行吸油。上活塞提升到一定高度后自动脱钩掉落，上活塞下降。当下降的活塞碰到燃油泵的压油曲臂时，即把一定量的燃油喷入下活塞的凹面。

（2）压缩过程［图 15-2（b）］ 上活塞继续下降，吸、排气口被上活塞挡住而关闭，气缸内的空气被压缩，空气的压力和温度均升高，为燃烧爆炸创造条件。

（3）冲击、雾化过程［图 15-2（c）］ 当上活塞快与下活塞相撞时，燃烧室内的气压迅速增大。当上、下活塞碰撞时，下活塞冲击面的燃油受到冲击而雾化。上、下活塞撞击产生强大的冲击力，大约有 50％左右的冲击机械能传递给下活塞，通过桩帽，使桩下沉。被称为"第一次打击"。

（4）燃烧爆炸过程［图 15-2（d）］ 雾化后的混合气体，由于受高温和高压的作用，立刻燃烧爆炸，产生巨大的能量。通过下活塞对桩再次冲击（即第二次打击），同时使上活塞跳起。

（5）排气过程［图 15-2（e）］ 上跳的活塞通过排气口后，燃烧过的废气便从排气口排出。上活塞上升越过燃油泵的压油曲臂后，曲臂在弹簧作用下，回复到原位，同时吸入一定量的燃油，为下次喷油做准备。

（6）吸气过程［图 15-2（f）］ 上活塞在惯性力作用下，继续上升，这时气缸内产生负压，新鲜空气被吸入气缸内。活塞跳得越高，所吸入的新鲜空气越多。

（7）活塞下行并排气过程［图 15-2（g）］ 上活塞的动能全部转化为势能后，又再次下降，一部分的新鲜空气与残余废气的混合气由排气口排出直至重复喷油过程，柴油桩锤便周而复始地工作。

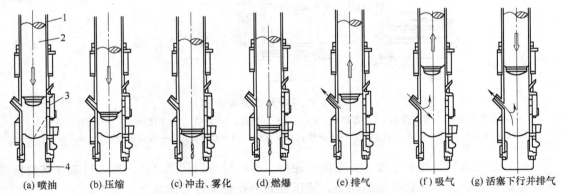

图 15-2 筒式柴油桩锤的工作原理及其循环

(a) 喷油　(b) 压缩　(c) 冲击、雾化　(d) 燃爆　(e) 排气　(f) 吸气　(g) 活塞下行并排气

1—气缸；2—上活塞；3—燃油泵；4—下活塞

2. 液压打桩机

液压打桩机由液压桩锤和桩架两部分组成。液压桩锤利用液压能将锤体提升到一定高

度，锤体依靠自重或自重加液压能下降，进行锤击。从打桩原理上可分为单作用式和双作用式两种。单作用式即自由下落式，冲击能量较小，但结构比较简单。双作用式液压桩锤在锤体被举起的同时，向蓄能器内注入高压油，锤体下落时，液压泵和蓄能器内的高压油同时给液压桩锤提供动力，促使锤体加速下落，使锤体下落的加速度超过自由落体加速度。双作用式液压桩锤冲击能量大，结构紧凑，但液压油路比单作用式液压桩锤要复杂些。

液压桩锤主要由锤体部分、液压系统和电气控制系统等组成，如图 15-3 所示为锤体部分的结构简图。

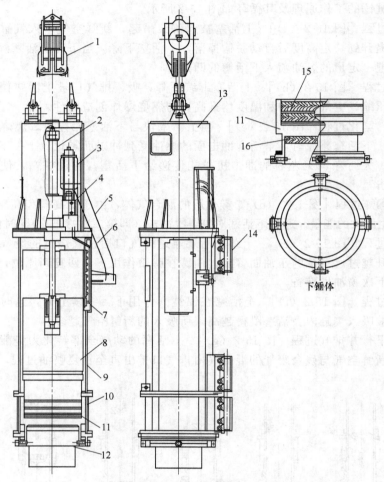

图 15-3　液压桩锤结构简图

1—起吊装置；2—液压油缸；3—蓄能器；4—液压控制装置；5—油管；6—控制电缆；7—无触点开关；
8—锤体；9—壳体；10—下壳体；11—下锤体；12—桩帽；13—上壳体；14—导向装置；15，16—缓冲垫

（1）起吊装置　起吊装置 1 主要由滑轮架、滑轮组与钢丝绳组成，通过桩架顶部的滑轮组与卷扬机相连。利用卷扬机的动力，液压桩锤可在桩架的导向轨上上下滑动。

（2）导向装置　导向装置 14 与柴油桩锤的导向卡基本相似，它用螺栓将导向装置与壳体和桩帽相连，使其与桩架导轨的滑道相配合，锤体可沿导轨上下滑动。

（3）上壳体　保护液压桩锤上部的液压元件、液压油管和电气装置，同时连接起吊装置和壳体。上壳体还用作配重使用，可以缓解和减少工作时锤体不规则的抖动或反弹，提高工作性能。

（4）锤体　液压桩锤通过锤体下降打击桩帽，将能量传给桩，实现桩的下沉。锤体的上部与液压油缸活塞杆头部通过法兰连接。

（5）壳体　壳体把上壳体和下壳体连在一起，在它外侧安装着导向装置、无触点开关、液压油管和控制电缆的夹板等。液压油缸的缸筒与壳体连接，锤体上下运动锤击沉桩的全过程均在壳体内完成。

（6）下壳体　下壳体将桩帽罩在其中，上部与壳体的下部相连，下部支在桩帽上。

（7）下锤体　下锤体上部有两层缓冲垫，与柴油桩锤下活塞的缓冲垫作用一样，防止过大的冲击力打击桩头。

（8）桩帽及缓冲垫　打桩时桩帽套在钢板桩或混凝土预制桩的顶部，除起导向作用外，与缓冲垫一起既保护桩头不受损坏，也使锤体及液压缸的冲击荷载大为减小。在打桩作业时，应注意经常更换缓冲垫。

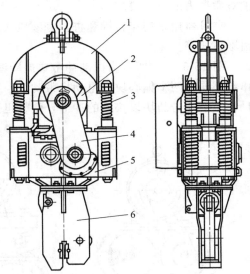

图 15-4　振动桩锤的构造

1—悬挂装置；2—电动机；3—减振装置；
4—传动机构；5—振动器；6—夹桩器

3. 振动沉拔桩机

振动沉拔桩机由振动桩锤（见图 15-4）和通用桩架组成。振动桩锤是利用机械振动法使桩沉入或拔出。按振动频率可分为低、中、高和超高频四种形式；按作用原理可分为振动式和振动冲击式两种；按动力装置与振动器的连接方式可分为刚性式和柔性式两种；按动力源可分为电动式和液压式两种。

（1）振动桩锤工作原理　振动桩锤主要装置为振动器，利用振动器所产生的激振力，使桩身产生高频振动。这时桩在其自重或很小的附加压力作用下沉入土中，或是在较小的提升力作用下被拔出。

振动器都是采用机械式振动器，由两根装有偏心块的轴组成（图 15-5）。这两根轴上装有相同的偏心块，但两根轴相向转动。这时两根轴上的偏心块所产生的离心力，在水平方向上的分力互相抵消，而其垂直方向上的分力则叠加起来。其合力为

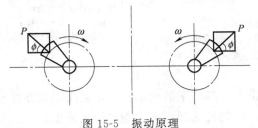

图 15-5　振动原理

$$P = 2mr\omega^2\sin\phi \quad (\text{N}) \tag{15-1}$$

式中　m——偏心块的质量，kg；

ω——角速度，1/s；

r——偏心块质心至回转中心的距离，m。

合力 P 一般称为"激振力"。就是在这一激振力的作用下，桩身产生沿其纵向轴线的强迫振动。

（2）电动式振动沉拔桩机　电动式振动沉拔桩机是将振动器产生的振动，通过与振动器连成一体的夹桩器传给桩体，使桩体产生振动。桩体周围的土壤由于受到振动作用，摩擦阻

力显著下降，桩就在振动沉拔桩机和自重的作用下沉入土中。在拔桩时，振动可使拔桩阻力显著减小，只需较小的提升力就能把桩拔出。

电动式振动沉拔桩机由振动器、夹桩器、电动机等组成。电动机 1 与振动器 3 刚性连接的，称为刚性振动锤（图 15-6a）；电动机 5 与振动器 1 之间装有螺旋弹簧的，则称为柔性振动锤 [图 15-6（b）]。

振动器的偏心块可以用电动机以 V 带驱动，振动频率可调节，以适应不同土壤打不同桩对激振力的不同要求。

夹桩器用来连接桩锤和桩，分液压式、气压式、手动（杠杆或液压）式和直接（销接或圆锥）式等。

图 15-6（c）所示为振动冲击式振动锤。沉桩时既靠振动又靠冲击。振动器和桩帽经由弹簧相连。两个偏心块在电动机带动下，同步反向旋转时，在振动器 1 作垂直方向振动的同时，给予冲击凸块以快速的冲击，使桩迅速下沉。

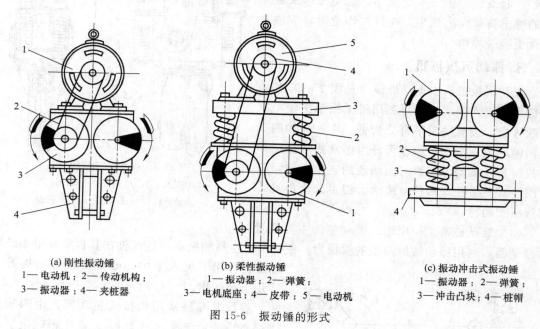

(a) 刚性振动锤
1—电动机；2—传动机构；
3—振动器；4—夹桩器

(b) 柔性振动锤
1—振动器；2—弹簧；
3—电机底座；4—皮带；5—电动机

(c) 振动冲击式振动锤
1—振动器；2—弹簧；
3—冲击凸块；4—桩帽

图 15-6　振动锤的形式

这种振动冲击式桩锤，具有很大的振幅和冲击力，其功率消耗也较少，适用于在黏性土壤或坚硬的土层中打桩。其缺点是冲击时噪声大，电动机受到频繁的冲击作用易损坏。

（3）液压式振动沉拔桩机　液压式振动沉拔桩机采用液压马达驱动。液压马达驱动能无级调节振动频率，还有启动力矩小、外形尺寸小、质量轻、不需要电源等优点。但其传动效率低，结构复杂，维修困难，价格高。

4. 静力压拔桩机

依靠持续作用静压力，将桩压入或拔出的桩工机械，称为静力压拔桩机。

静力压拔桩机分为机械式和液压式两种。机械式压拔桩机由机械方式传递静压力，液压式用液压油缸产生的静压力来压桩或拔桩。

液压式压拔桩机工作时噪声低、振动小、无污染，与冲击式施工方式比较，桩身不受冲击应力，不易损坏，施工质量好，效率高。

5. 桩架

大多数桩锤或钻具都要用桩架支持，并为之导向，桩架的形式很多，这里主要介绍通用桩架，即那些能适用于多种桩锤或钻具的桩架。目前通用桩架有两种基本形式：一种是沿轨道行驶的万能桩架，另一种是装在履带式底盘上的桩架。沿轨道行驶的万能桩架因其要在预先铺好的水平轨道上工作，机构庞大，占用场地大，组装和搬运麻烦，因而近年来已很少使用。而履带式桩架发展较为迅速，这里仅介绍这种桩架。

（1）悬挂式履带桩架　如图 15-7 所示，悬挂式履带桩架是以履带式起重机为底盘，用吊臂 2 悬吊桩架立柱 6，立柱 6 下面与机体 1 通过支撑杆 7 相连接。由于桩架、桩锤的重量较大，重心高且前移，容易使起重机失稳，所以通常要在机体上增加一些配重。立柱在吊臂端部的安装比较简单。为了能方便地调整立柱的垂直度，立柱下端与机体的连接一般都采用丝杠或液压式等伸缩可调的机构。

悬挂式桩架的缺点是横向稳定性较差，立柱的悬挂不能很好地保持垂直。这一点限制了悬挂式桩架不能用于打斜桩。

（2）三支点式履带桩架　三支点式履带桩架同样是以履带式起重机为底盘，但在使用时必须作较多的改动。首先拆除吊臂，增加两个斜撑 2，斜撑 2 下端用球铰支持在液压支腿的横梁上使两个斜撑的下端在横向保持较大的间距，构成稳定的三点式支撑结构，如图 15-8 所示。

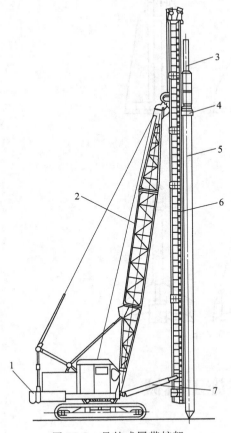

图 15-7　悬挂式履带桩架

1—机体；2—吊臂；3—桩锤；4—桩帽；
5—桩；6—桩架立柱；7—支撑杆

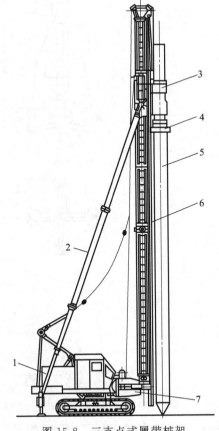

图 15-8　三支点式履带桩架

1—机体；2—斜撑；3—桩锤；4—桩帽；5—桩；
6—桩架立柱；7—立柱支撑

三支点式履带桩架在性能上是比较理想的，工作幅度小，具有良好的稳定性，另外还可通过斜撑的伸缩使立柱倾斜，以适应打斜桩的需要。

6. 冲击式钻机

冲击式钻机是灌注桩基础施工的一种重要钻孔机械，它能适应各种不同地质情况，特别是在卵石层中钻孔。同时，用冲击式钻机钻孔，成孔后，孔壁四周会形成一层密实的土层，对稳定孔壁、提高桩基承载能力均有一定作用。

冲击式钻机所有部件均装在拖车上，包括电动机、传动机构、卷扬机和桅杆等。冲击式钻孔是利用钻机的曲柄连杆机构，将动力的回转运动变为往复运动，通过钢丝绳带动冲锤上下运动。通过冲锤自由下落的冲击作用，将卵石或岩石破碎，钻渣随泥浆（或用掏渣筒）排出。

冲锤（图15-9）有各种形状，但它们的冲刃大多是十字形的。

由于冲击式钻机的钻进是将岩石破碎成粉粒状钻渣，功率消耗大，钻进效率低。因此，除在卵石层中钻孔时采用外，其他地层的钻孔已被其他形式的钻机所取代。

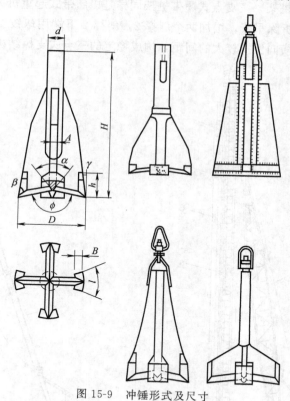

图15-9　冲锤形式及尺寸

第二节　灌注桩施工机械

一、灌注桩的施工机械类型

灌注桩的施工关键在于成孔，其施工方法和配套的施工机械有以下几种。

① 全套管施工法：即贝诺特法，使用设备有全套管钻机。

② 旋转钻施工法：采用的设备是旋转钻机。

③ 回转斗钻孔法：使用回转斗钻机。

④ 冲击钻孔法：使用冲击钻机。

⑤ 螺旋钻孔法：常使用长螺旋钻机和短螺旋钻机。

二、灌注桩的施工机械结构及原理

1. 全套管钻机

全套管施工法是由法国贝诺特公司（Benoto）发明的一种施工方法，也称为贝诺特施工法。配合这种施工工艺的设备称为全套管设备或全套管钻机，它主要用于桥梁等大型建筑基础灌注桩的施工。施工时在成孔过程中一面下沉钢质套管，一面在钢管中抓挖黏土或砂石，直至钢管下沉至设计深度，成孔后灌注混凝土，同时逐步将钢管拔出，以便重复使用。

（1）全套管钻机的分类及总体结构　全套管钻机按结构形式可分为两大类，即整机式和分体式。

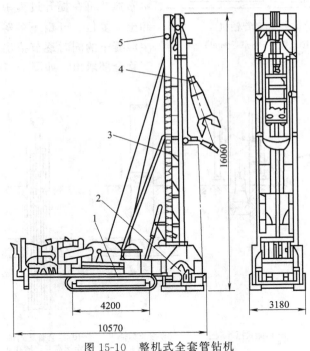

图 15-10　整机式全套管钻机

1—主机；2—钻机；3—套管；4—锤式抓斗；5—钻架

整机式采用履带式或步履式底盘，其上装有动力系统、钻机作业系统等。其结构如图15-10 所示，由主机 1、钻机 2、套管 3、锤式抓斗 4、钻架 5 等组成。主机主要由驱动全套管钻机短距离移动的底盘和动力系统、卷扬系统等组成。钻机主要由压拔管、晃管、夹管机构组成，包括压拔管、晃管、夹管油缸和液压系统及相应的管路控制系统等组成。套管是一种标准的钢质套管，套管采用螺栓连接，要求有严格的互换性。锤式抓斗由单绳控制，靠自由落体冲击落入孔内取土，再提上地面卸土。钻架主要为锤式抓斗取土服务，设置有卸土外摆机构和配合锤式抓斗卸土的开启锤式抓斗机构。

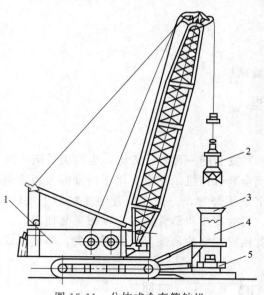

分体式全套管钻机是以压拔管机构作为一个独立系统，施工时必须配备其他形式的机架（如履带式起重机），才能进行钻孔作业，其结构如图 15-11 所示。分体式全套管钻机主要由起重机 1、锤式抓斗 2、锤式抓斗导向口 3、套管 4、钻机 5 等组成。起重机为通用起重机，锤式抓斗、导向口、套管均与整机式全套管钻机的相应机构相同，钻机是整套机构中的工作机，它由导向及纠偏机构、晃管装置、压拔管液压缸、摆动臂和底架等组成。

（2）全套管钻机的工作原理　全套管钻机一般均装有液压驱动的抱管、晃管、压拔管机构。成孔过程是将套管边晃边压，进入土壤之中，并使用锤式抓斗在套管中取土。抓斗利用自重插入土中，用钢绳收拢抓瓣。这一特殊的单索抓斗可在提升过程中完成向外摆动、开瓣卸土、复位、开瓣下落等过程。成孔后，在灌注混凝土的同时逐节拔出并拆除套管，最后将套管全部取出，如图 15-12 所示。

图 15-11　分体式全套管钻机
1—起重机；2—锤式抓斗；3—导向口；
4—套管；5—钻机

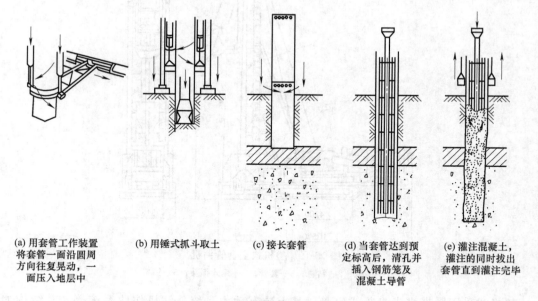

(a) 用套管工作装置将套管一面沿圆周方向往复晃动，一面压入地层中　(b) 用锤式抓斗取土　(c) 接长套管　(d) 当套管达到预定标高后，清孔并插入钢筋笼及混凝土导管　(e) 灌注混凝土，灌注的同时拔出套管直到灌注完毕

图 15-12　全套管施工法原理

2. 旋转钻机

旋转钻机如图 15-13 所示，由带转盘的基础车 1（履带式或轮胎式）、钻杆回转机构 4、钻架 2、工作装置（钻杆 5 和钻头 6）等组成。

旋转钻机是利用旋转的工作装置切下土壤，使之混入泥浆中排出孔外。根据排出渣浆的方式不同，旋转钻机分为正循环和反循环两类。常用反循环钻机。

正循环钻机的工作原理如图 15-14 所示。钻机由电动机驱动转盘带动钻杆、钻头旋转钻孔，同时开动泥浆泵对泥浆池中的泥浆施加压力使其通过胶管、提水龙头、空心钻杆，最后从钻头下部喷出，冲刷孔底，并把与泥浆混合在一起的钻渣沿孔壁上升经孔口排出，流入沉淀池。钻渣沉积下来后，较干净的泥浆又流回泥浆池，如此形成一个工作循环。

反循环钻机的工作原理如图 15-15 所示。这类钻机工作泥浆循环与正循环方向相反，夹带杂渣的泥浆经钻头、空心钻杆、提水龙头、胶管进入泥浆泵，再从泵的闸阀排出流入泥浆池中，而后泥浆经沉淀后再流入孔内。

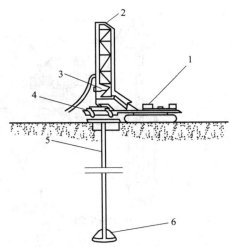

图 15-13　旋转钻机示意图

1—基础车；2—钻架；3—提水龙头；
4—钻杆回转机构；5—钻杆；6—钻头

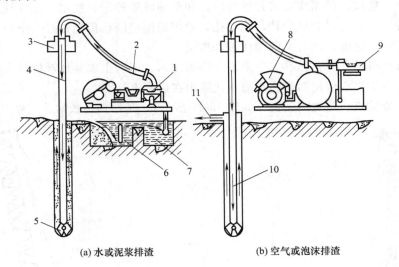

(a) 水或泥浆排渣　　　　　(b) 空气或泡沫排渣

图 15-14　正循环钻机工作原理

1—泥浆泵；2—胶管；3—提水龙头；4—钻杆；5—钻头；6—沉淀池；7—泥浆池；
8—空压机；9—泡沫喷射管；10—空气或泡沫；11—排渣管道

3. 螺旋钻机

螺旋钻机是灌注桩施工机械的主要机种。其原理与麻花钻相似，钻头的下部有切削刃，切下来的土沿钻杆上的螺旋叶片上升，排至地面上。螺旋钻机钻孔直径范围为 150～200mm，一次钻孔深度可达 15～20m。

目前，各国使用的螺旋钻机主要有长螺旋钻机、短螺旋钻机、振动螺旋钻机、加压螺旋钻机、多轴螺旋钻机、凿岩螺旋钻机、套管螺旋钻机、锚杆螺旋钻机等。这里主要介绍长螺旋钻机与短螺旋钻机。

（1）长螺旋钻机　长螺旋钻机如图 15-16 所示，通常由钻具和底盘桩架两部分组成。钻

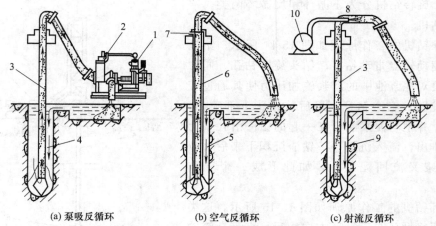

(a) 泵吸反循环 (b) 空气反循环 (c) 射流反循环

图 15-15　反循环钻机工作原理

1—真空泵；2—泥浆泵；3—钻渣；4,5,9—清水；6—气泡；7—高压空气进气口；8—高压水进口；10—水泵

具的驱动可用电动机、内燃机或液压马达。钻杆 3 的全长上都有螺旋叶片，底盘桩架有汽车式、履带式和步履式。采用履带式打桩机时，和柴油桩锤等配合使用，在立柱上同时挂有柴油桩锤和螺旋钻具，通过立柱旋转，先钻孔，后用柴油桩锤将预制桩打入土中，这样可以降低噪声，提高施工进度，同时又能保证桩基质量。

用长螺旋钻机钻孔时，钻具的中空轴允许加注水、膨润土或其他液体进入孔中，并可防止提升螺旋时由于真空作用而塌孔和防止泥浆附在螺旋上。

（2）短螺旋钻机　短螺旋钻机（如图 15-17 所示），其钻具与长螺旋的钻具相似，但钻

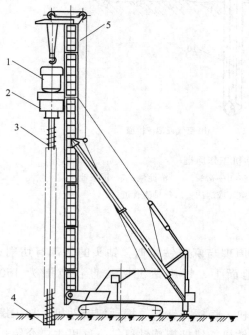

图 15-16　长螺旋钻机

1—电动机；2—减速器；3—钻杆；
4—钻头；5—钻架

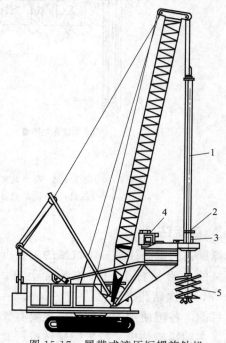

图 15-17　履带式液压短螺旋钻机

1—钻杆；2—加压油缸；3—变速箱；
4—发动机；5—钻头

杆上只有一段叶片（约为2～6个导程）。工作时，短螺旋不能像长螺旋那样直接把土输送到地面上来，而是采用断续工作方式，即钻进一段，提出钻具卸土，然后再钻进。此种钻机也可分为汽车式底盘和履带式底盘两种。

短螺旋钻机由于一次取土量少，因此在工作时整机稳定性好。但进钻时由于钻具重量轻，进钻较困难。短螺旋钻机的钻杆有整体式和伸缩式两种。前者钻深可达20m，后者钻深可达30～40m。

短螺旋钻机有3种卸土方式。第一种方式是高速甩土[图15-18（a）]，即低速钻进，高速提钻卸土，土块在离心力作用下被甩掉。这种方式虽然出土迅速，但因甩土范围大，对环境有影响。第二种方式为刮土器卸土[图15-18（b）]，即当钻具提升至地面后，将刮土器的刮土板插入顶部螺旋叶片中间，螺旋一边旋转，一边定速提升，使刮土板沿螺旋刮土，清完土后，将刮土器抬离螺旋，再进行钻孔。第二种方式为开裂式螺旋卸土[图15-18（c）]，即在钻杆底端设有铰销，当螺旋被提升至底盘定位板处时，开裂式螺旋上端的顶推杆与定位板相碰，开裂式螺旋即被压开，使土从中部卸出，如一次未能卸净，可反复进行几次。

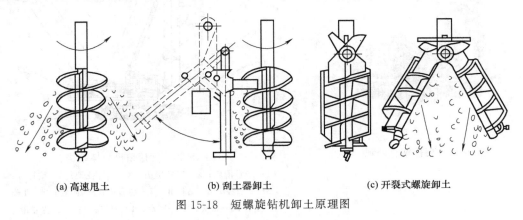

(a) 高速甩土   (b) 刮土器卸土   (c) 开裂式螺旋卸土

图15-18　短螺旋钻机卸土原理图

第三节　旋挖钻机

一、概述

旋挖钻机是一种用于建筑基础工程中混凝土灌注桩施工的成孔作业机械，它配合不同的钻具可以完成在多种地层中的成孔施工作业。旋挖钻机的外观如图15-19所示。旋挖钻机广泛应用于市政建设、铁路、公路、桥梁和高层建筑等基础施工工程。

二、旋挖钻机总体结构

旋挖钻机总体结构主要由发动机、底盘、工作装置及液压系统等组成，如图15-20所示。

发动机（以徐工XRS1050型旋挖钻机为例介绍）采用进口康明斯增压中冷发动机，利用先进电液控制技术，动力强劲，能够自感应负载变化，并相应调整功率的大小。

发动机型号为CUMMINS QSM11-C400，功率298kW/（2100r/min），最大输出扭矩1898N·m（1400r/min），满足U.S.EPA Tier 3、CARB Tier 3、EU Stage ⅢA排放标准。

图 15-19　旋挖钻机外观

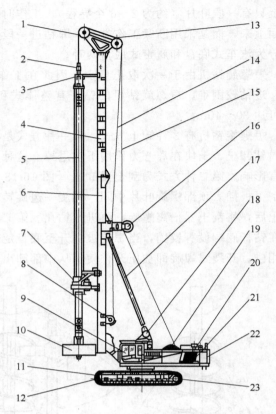

图 15-20　旋挖钻机总体结构

1—副卷滑轮；2—回转接头；3—钻杆托架；4—钻杆Ⅲ；
5—钻杆Ⅰ；6—钻杆Ⅱ；7—动力头；8—副卷；9—驾驶
室；10—钻头；11—底盘；12—导向轮；13—主卷滑
轮；14—副卷钢丝绳；15—主卷钢丝绳；16—主卷背轮；
17—倾缸；18—变幅机构；19—主卷；20—发动机；
21—机棚；22—配重；23—驱动轮

该发动机噪声低，振动小，环保高效，性能稳定可靠。

底盘是钻机工作装置的安装基础，由行走机构、底架、上车回转组成，具有超强稳定性，底盘采用重型液压可伸缩式履带，便于运输，行走性能优越。

三、旋挖钻机的工作装置

旋挖钻机工作装置包括动力头总成、钻桅总成、变幅机构、加压油缸和倾缸、主副卷扬、钻杆、钻头等。

（1）动力头　动力头是钻机工作的动力源，发动机驱动油泵供油，驱动动力头马达旋转，进而将马达输出扭矩通过减速器传递给动力头齿轮箱，再由动力箱齿轮啮合回转支承外齿，回转支承再连接驱动套带动钻杆加压和旋转。动力头主要作用是驱动钻杆、钻具回转，并提供加压力来完成钻进切削，可根据不同地质条件改变旋转速度和输出扭矩。

（2）钻桅　钻桅是钻机的重要工作部件，是钻杆、动力头、钻杆托架的重要支撑部件。

在工作状态下，钻桅呈竖直状态。运输状态下，钻桅向前平放，鹅头总成前端触地，钻桅呈水平状态。动力头与钻杆托架在工作状态时，沿钻桅两侧导轨做竖直运动，导轨对钻孔作业起着直接导向作用。

钻桅上主要装有鹅头总成、加压油缸、副卷扬总成等。整个钻桅分为三节，在运输过程中，需将鹅头总成、钻桅Ⅱ与钻桅Ⅲ拆卸，以减小整机运输高度与运输长度。

（3）变幅机构　变幅机构主要由支撑架、臂架、摇臂、变幅油缸等组成，是连接钻桅与下车结构的重要部件，同时与钻桅倾缸起着支撑钻桅、保证钻桅垂直的作用。各部件之间通过销轴连接，形成大三角结构。

通过变幅油缸的伸缩运动，钻机作业期间可灵活调整钻杆中心到回转平台旋转中心的距离。也可以通过左右倾缸的伸缩调节使钻桅在一定角度内左右摆动，使钻桅在工作时始终保持铅直状态。

（4）加压油缸和倾缸　加压油缸固定于钻桅前端，工作状态下与动力头连接。加压油缸的伸缩带动动力头上下运动，从而对钻杆进行反复加压。而钻桅倾缸的伸缩运动改变钻桅整体的倾斜角度，在施工状态下，起着调节钻桅垂直度的作用，通过手柄动作输出电流信号至电液比例控制阀，调节通过阀体的流量，进而控制倾缸的伸缩速度。

（5）鹅头　鹅头总成位于钻桅的最上端，主要包括鹅头架与主副滑轮。工作时需用螺栓将鹅头总成与钻桅Ⅲ连接固定。鹅头总成主要是根据定滑轮原理，通过主副滑轮改变主副卷扬钢丝绳的运动方向，其直接影响着钻杆提升与下放。

（6）主卷扬　主卷扬主要由液压马达、减速器、卷筒、卷扬支架、钢丝绳、压绳器、轴端支承等组成。它的功能是通过钢丝绳吊起钻杆，并在施工过程中，提升和下放钻杆。因此，主卷扬是钻机完成钻孔工作的重要组成部分。它的提升和下放钻杆的动作是由液压马达带动减速器、卷筒回转，从而收放钢丝绳来实现。

主卷扬机构采用独特的销轴式一筒双机主轴向间隙调节装置和单层钢丝绳缠绕结构，大大降低了制造和装配的难度，使卷扬机构具有超大提升力和延长钢丝绳寿命的优点。

① 主卷扬一筒双机轴向间隙调节装置：一筒双机结构采用双马达双减速器驱动结构，即在卷筒的两端分别连接第一卷扬减速器和第二卷扬减速器，第二卷扬减速器与卷扬支架连接，第一卷扬减速器与连接盘连接，连接盘通过周圈均布的销轴固定在卷扬支架的另一端；销轴通过压板固定。第一卷扬减速器通过连接盘沿销轴的轴向窜动，一方面补偿了因制造误差造成的卷扬轴向尺寸偏差；另一方面还补偿了卷扬因热胀冷缩而产生的轴向尺寸变化。

② 单排绳结构：主卷扬钢丝绳采用压实股面接触钢丝绳，钢丝绳表面通过特殊缠绳工艺处理，使钢丝绳在缠绳过程中与滑轮、卷筒之间呈现面接触的状态，钢丝绳与钢丝绳之间不接触，减小接触应力，避免了钢丝绳之间互相挤压的"咬绳"现象，因此，主卷扬在满足大吨位旋挖钻机超大提升力的同时，还能有效地减轻钢丝绳的磨损，延长钢丝绳寿命，降低施工成本。

另外，主卷扬上安装了观察主卷的红外线摄像头，在驾驶室能昼夜观察主卷扬钢丝绳使用情况。

（7）副卷扬　副卷扬主要组成部分包括：液压马达、减速器、卷筒、钢丝绳、压绳器等。它的主要功能是在工地上吊装钻具、护筒、钢筋笼及其他不大于5t的重物，是钻机施工过程中的辅助起重设备。

（8）转台　回转台是工作装置部分的安装基础，发动机、液压系统、驾驶室、变幅机构、回转机构、配重等部件直接安装在其上。

转台采用双列球结构大直径的回转支承，与原有单排球结构的相比，轴向承载力和倾翻力矩分别提升了，完全满足大直径旋挖钻机的工况，整个钻机的稳定性得到了显著提高。双回转减速器制动扭矩大，当动力头全扭矩输出时，双回转减速器能锁住回转支撑，保证上车在施工过程中不旋转，提高整车稳定性，保证成孔质量。

（9）变幅机构　XRS1050 型旋挖钻机采用大三角变幅机构，如图 15-21 所示，主要由左右倾缸、支撑架、臂架、变幅油缸、摇臂组成。通过变幅油缸的伸缩运动，钻机作业期间可灵活调整钻杆中心到回转平台旋转中心的距离。通过左右倾缸的伸缩运动，可以对钻桅的垂直度进行调节。

XRS1050 型旋挖钻机变幅范围为 4350～4650mm。

与传统的平行四边形变幅机构不同，大三角变幅机构对变幅作业进行了优化，如图 15-22 所示，倾缸上铰点上移，下铰点后移并且加宽。倾缸前后、左右支

图 15-21　变幅机构结构
1—臂架；2—支撑架；3—左右倾缸；
4—变幅油缸；5—摇臂

撑角度增大，倾缸对钻桅的支撑力显著增加，能显著降低施工过程中钻桅的晃动量，提高设备工作装置的稳定性，保证在大型、超深桩孔施工过程中的成孔质量。

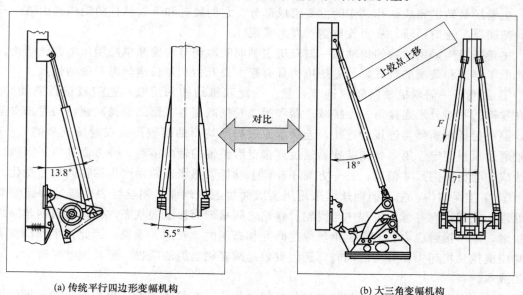

(a) 传统平行四边形变幅机构　　　　　　　(b) 大三角变幅机构

图 15-22　变幅机构比较

（10）钢丝绳　主卷扬钢丝绳采用压实股面接触钢丝绳，钢丝绳表面通过特殊缠绳工艺处理，使钢丝绳在缠绳过程中与滑轮、卷筒之间呈现面接触的状态，减小接触应力，有效地提高钢丝绳寿命。

单排绳主卷扬虽然能减轻钢丝绳的磨损，但是由于卷筒较长，当钢丝绳缠绕到卷筒端部的时候，钢丝绳的入绳角较大，此时钢丝绳与背轮的磨损加剧。因此，在施工中，应引导客户根据钻深配备钢丝绳，当遇到浅孔时应配短绳。短绳的优点：

① 可以减少钢丝绳的购置成本；

② 可以有效地减小。钢丝绳的入绳角，减轻钢丝绳与背轮、钢丝绳与卷筒之间的磨损，有效地延长钢丝绳的寿命。

XRS1050 旋挖钻机主卷钢丝绳都是 35WXK7 面接触的钢丝绳，此类钢丝绳表面钢丝绳数量为 135 根。

主卷钢丝绳型号：

40NAT35WXK7＋1960ZS-145

40——————————公称直径

NAT——————————光面钢丝

35WXK7——————————钢丝绳规格

1960——————————钢丝绳强度级别

ZS——————————右旋

145——————————钢丝绳长度（见表 15-1）

表 15-1　旋挖钻机主卷钢丝绳长度与钻深的对应关系

钢丝绳直径/mm	最大钻深/m	钢丝绳长度/m	卷筒直径/mm
ϕ40	105	145	ϕ950

钢丝绳长度的选择：实际钻孔深度＋40m。

即钢丝绳长度与最大钻深差值：145－105＝40m；

主卷扬钢丝绳长度计算举例：XRS1050 旋挖钻机满足最大钻深 105m 时，钢丝绳长度为 145m。

四、底盘

底盘是钻机工作装置的安装基础，由行走机构、底架、上车回转组成。

行走机构的功能是实现钻机的行走和移位。主要由液压马达、减速器、驱动轮及张紧装置、履带、承重轮、托链轮、导向轮等部件组成。如图 15-23 所示，行走机构通过液压系统控制，可实现前行、后行、左转弯、右转弯、原地水平旋转等动作。

底架用于安装和支承履带行走机构，内部装有液压油缸、液压系统的中心回转接头。上车的液压系统的工作压力油液通过中心回转接头传输到履带行走机构和履带伸缩机构。通过液压油缸的伸缩运动实现了履带行走机构的展宽和缩回。这一功能使钻机在工作时展宽两履带的外边距，提高了整机工作的稳定性，在车载运输时缩回履带，减小整机宽度，适应了路况的要求。

目前 XRS1050 旋挖钻机底盘为方箱结构，驱动轮与导向轮关于回转中心不对称，导向轮距离回转中心尺寸较大。在 XRS1050 施工过程中，为保证整车稳定性要注意两点：①施工时确保导向轮在钻孔侧；②严禁钻机超变幅转台施工。

自制底盘的旋挖钻机与同等吨位 CAT 底盘旋挖钻机相比，具有很大的优势：①回转支撑承载能力强，整机稳定性好，不易倾翻；②制动扭矩大，成孔质量高。

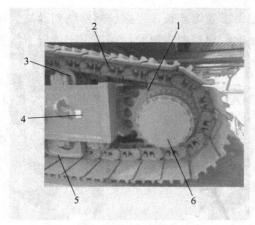

图 15-23　底盘结构
1—驱动轮；2—履带；3—支重轮；
4—纵梁；5—夹轨器；6—减速器

五、旋挖钻机维护要点

（1）油水分离器的维护与保养　拧开油水分离器下端的螺堵即可实现放水；每天维护一次。

（2）机油检查与加注方法　每天开机前必须检查。机油更换时间：首次更换为 50h，正常工作每 250h 更换一次新油。

（3）三滤的更换　发动机型号 QSM11-C400，柴滤滤芯 FS1000，机滤滤芯 LF9001，空滤器滤芯 AA2960，空滤器 AH8822，更换周期：250h。

（4）主卷扬减速器加油　更换周期：新设备首次使用 250h 或一个月，应当更换减速器内齿轮油，以后每 1000h 或每年更换一次。齿轮油加注量：15L×2。

（5）回转减速器的换油保养　更换周期：新设备首次使用 250h 或一个月，应当更换减速器内齿轮油，以后每 1000h 或每年更换一次。齿轮油加注量：5L×2。

（6）行走减速器的换油保养　更换周期：新设备首次使用 250h 或一个月，应当更换减速器内齿轮油，以后每 1000h 或每年更换一次。齿轮油加注量：15L×2。

（7）动力头油品的更换保养　更换周期：新设备首次使用 250h 或一个月，应当更换减速器内齿轮油，以后每 1000h 或每年更换一次。动力头减速器齿轮油加注量：5.5L×2。动力箱齿轮油加注量：85L。

（8）液压油换油保养　每天工作前检查液压油油位，在机器工作 500h 应首次更换液压油，以后每隔 1500h/每年更换一次，加注量到油位刻度线位置。

（9）重要部位连接螺栓　重要部位连接螺栓按维护保养周期表中规定的时间定期检查，并按螺栓预紧力矩要求定期预紧，预紧时需涂螺纹紧固胶。重要部位连接螺栓包括：各减速器连接螺栓、动力头托架、回转支承连接螺栓等。

XRS1050 旋挖钻机油品更换信息见表 15-2、表 15-3。

表 15-2　XRS1050 型旋挖钻机油品、润滑油（脂）及防冻液信息（常温）

应用部件	代号及等级	数量/L	产品名称	生产厂商	备注
发动机机油	CH-4 15W/40	约 34	柴机油	加德士	油标刻线中位
动力头箱体		约 85		加德士	至油位窗口中位
行走减速器		约 15×2		加德士	
回转减速器	eropa 220	约 5×2	齿轮油	加德士	
主卷减速器		约 15×2		加德士	至检查孔有油溢出
副卷减速器		约 4		加德士	
动力头减速器		约 5.5×3		加德士	以油位堵内标尺有油为准
散热器	55/45	约 60	防冻液	加德士	以加到膨胀水箱加水口脖颈底部为准

表 15-3　XRS1050 型旋挖钻机常温与低温油品选用对照

油品	常温(−15～40℃)	低温(−30～40℃)
柴机油	加德士 CH-4 15W/40	加德士 CH-4 10W/35
液压油	加德士 Rando HD46	加德士 Rando HDZ46
齿轮油	加德士 Meropa 220	加德士 Meropa Synthetic EP 220
防冻液	加德士特级防冻防锈液稀释液(55/45)	

六、XRS1050 型旋挖钻机介绍

　　XRS1050 型旋挖钻机是徐工基础工程机械有限公司自主研发的一款技术含量高，作业性能好，集高效、环保、节能与一身的大型旋挖钻机。主要针对大孔径、深桩、硬地层工况。广泛用于跨江、跨海大桥等大型工程中桥墩基础的施工。

　　XRS1050 型旋挖钻机最大钻孔深度为 105m，最大钻孔直径为 2.5m。

1. XRS1050 型旋挖钻机技术性能

　　XRS1050 型旋挖钻机技术性能参数见表 15-4。

表 15-4　XRS1050 型旋挖钻机技术性能参数

序号	名称		单位	参数值
1	最大转孔直径		mm	φ2500
2	最大钻孔深度(钻头筒体高度 0.8m)		m	105
3	允许变幅作业范围		mm	4350～4650
4	工作状态钻机尺寸(长×宽×高)		mm	10265×4800×27514
5	运输状态钻机尺寸(长×宽×高)		mm	17615×3500×3535
6	整机重量(标配钻杆、不含钻头)		t	108
7	发动机	发动机型号	—	CUMMINS QSM11-C400
		发动机额定功率/转速	kW	298/(2100r/min)
8	液压系统	主泵最大工作压力	MPa	35
		副泵最大工作压力	MPa	30
9	动力头	动力头的最大扭矩	kN·m	390
		动力头的转速	r/min	7～18
10	加压油缸	加压油缸最大加压力	kN	240
		加压油缸最大提升力	kN	220
		加压油缸行程	mm	6000
11	主卷扬	主卷扬提升力	kN	400
		主卷扬最大单绳速度	m/min	60
		主卷扬钢丝绳直径	mm	40
12	副卷扬	副卷扬提升力	kN	100
		副卷扬最大单绳速度	m/min	65
		副卷扬钢丝绳直径	mm	20
13	钻桅	桅杆左/右倾角	(°)	4/4
		桅杆前倾角	(°)	5

序号	名称		单位	参数值
14	转台回转	转台回转角度	(°)	360
15	行走	整机最大行走速度	km/h	1.2
		整机最大爬坡度	%	35
16	履带	履带板宽	mm	800
		履带外宽	mm	3500～4800
		履带纵向两轮中心距	mm	5484
		平均接地比压	kPa	120.7

为了配置直径 2.5m 的钻头，钻杆系列参数表见表 15-5。

表 15-5　与直径 2.5m 的钻头相应的钻杆参数

钻杆	L	T	W	A	G
4 节杆	72.2	69	0.8	3	18.5
5 节杆	92.2	86	0.8	3	18.2
6 节杆	109.1	105	0.8	3	19.87

注：L—钻杆最大伸出长度（m）；T—最大钻深（m）；W—钻具高度（m）；A—最大钻孔直径（m）；G—钻杆重量（t）。

2. XRS1050 型旋挖钻机液压系统

XRS1050 型旋挖钻机液压系统采用负荷传感技术，使液压系统效率更高，更节能；泵、阀、减速器、马达均为进口国际知名品牌，保证了整机施工的高可靠性。

主油路采用力士乐系统：主泵 A8VO140LA1KS＋A10VO71，主阀 M7-1577/M7-1578，副阀 M4-4227。

散热系统采用艾普尔三合一组合式散热系统，结构紧凑、散热效率高。

XRS1050 型旋挖钻机液压系统主要部件见表 15-6。

表 15-6　XRS1050 型旋挖钻机液压系统

参数/配置	厂家	型号
发动机	美国康明斯	QSM-400
液压主泵	德国力士乐	A8VO140
液压主阀	德国力士乐	M7-1577/M7-1578
液压副阀	德国力士乐	M4-4227
动力头马达	德国力士乐	A6VM160HA2×3
动力头减速器	意大利邦飞利	310L2 32.6×3
主卷马达	德国力士乐	A6VE160×2
主卷减速器	欧开	F130×2
行走马达	德国力士乐	A2FE180×2
行走减速器	欧开	F130/167×2
回转减速器	德国力士乐	GFB36T3B101-38
控制器	德国力士乐	RD6-9/20

参数/配置	厂家	型号
垂直度控制器	芬兰 EPEC	PLCSET1
先导控制手柄	德国力士乐	4THH6E70-1X/YT236M01
电磁阀	德国 HAWE	SWPN2-V-G24
动力头轴承	瑞典 FAG	22217E/NU232ECM
散热器	爱普尔(三合一)	500-0031

第十六章 盾 构 机

第一节 概 述

一、隧道施工方法概述

开挖隧道的方法通常可以分为明挖法和暗挖法两大类型。

所谓明挖法就是从地表向下开挖，先把隧道上方的地层全部挖去，然后修筑衬砌，再进行回填，把隧道掩埋起来。采用的机械设备通常是挖掘机等土石方机械和桩工机械。

暗挖法则是全部工程作业都在地下进行，它的主要施工方法有：钻爆法（又称矿山法）、盾构法和掘进机法，钻爆法即对开挖的隧道进行钻孔、装药、爆破和出渣并进行喷锚支护的施工方法，采用的机械设备通常有凿岩、装药机械；装渣运输机械；喷锚支护机械；二次模筑衬砌机械和动力通风机械等。

图 16-1 盾构机外观

盾构是在软岩和土体中进行隧道施工的专门机具，使用盾构机开挖隧道的方法称为盾构法。盾构法是软土地层中隧道暗挖施工的主要方法，盾构机是将开挖、支护和衬砌组合为一体，并对隧道进行全断面开挖的大型施工机械，外观如图16-1所示。它主要用于被掘进的工作面本身在开挖过程中不能保持稳定和有地下水的地层中，适用于城市地铁和穿河（穿海）隧道、污水管道等工程。盾构法工作示意如图 16-2 所示。

二、盾构机分类介绍

盾构机的分类方法有以下几种。

① 从挖掘的地质条件分：软土盾构机（软土）、复合式盾构机、全断面硬岩盾构机（TBM）。

② 从盾构机的工作机理分：敞开式和密闭式；密闭式分为土压平衡式盾构机、泥水平

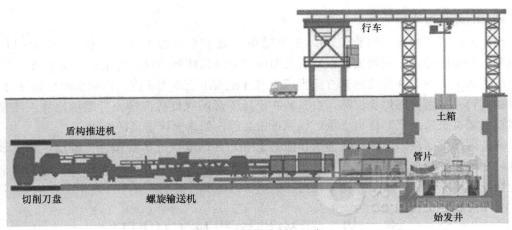

图 16-2　盾构法施工示意

衡式盾构机（含加气压）。

　　③ 从直径的大小分：小型盾构机（一般在 5m 以下）；大型盾构机（一般在 5m 以上）；超大型盾构机（一般在 14m 以上）。

1. 泥水平衡式盾构机

　　泥水平衡式盾构机适用于地下水压大（一般 0.25～0.3MPa 以上）、土体渗透系数大的地质状况。根据泥水压力调节不同，泥水平衡盾构机有两种类型。

　　依靠泥水在切削面形成泥膜，由于泥水输送系统的压力与泥水仓内相同，因此，实际上是通过调节泥水输送系统的压力来调节泥水仓的压力达到切削面的稳定。需要通过多台大功率泥浆泵将开挖的渣土以泥浆的形式泵送至隧道外，由于输送距离加长，需要增加接力泵，每增加一台泵，会对泥水的压力产生波动，泵的功率越大，影响越大，会影响切削面的泥水压力调节精度。短距离掘进造价较低，影响较小。地面需要设置泥水处理系统，以供给适合的泥水，处理切削出的渣土。泥水平衡式盾构机如图 16-3 所示。

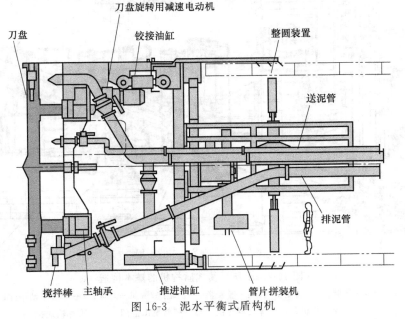

图 16-3　泥水平衡式盾构机

2. 土压平衡式盾构机

土压平衡式盾构机（简称 EPB）主要适用于地下水压力小（一般在 0.25MPa 以下）、渗透系数较小的地层。利用安装在盾构最前面的全断面切削刀盘，将正面土体切削下来进入刀盘后面的土舱内，并使舱内具有适当压力与开挖面水土压力平衡，以减少盾构推进对地层土体的扰动，从而控制地表沉降，由安装在土舱下部的螺旋机向排土口连续地将土渣排出。依靠控制螺旋机转速来掌握出土量，以保持密封舱内始终充满适当的渣土。

通过向开挖面注入泡沫、聚合物和膨润土等，可以改良土体的塑性、流动性和止水性，提高刀盘的开挖效率，降低刀具的磨损。土压平衡式盾构机具有开挖面稳定，施工效率高，安全性好，可靠性强、出土方便等特点。

第二节　盾构机构造及工作原理

下面以德国海瑞克土压平衡式盾构机为例来分析盾构机的组成及工作原理。

一、盾构机的工作原理

图 16-4 为土压平衡式盾构机的基本构造。土压平衡式盾构机主要由盾壳、刀盘、螺旋运输机、盾构推进液压缸、管片拼装机以及盾尾密封装置等构成。它是在普通盾构机的基础上，在盾构机中部增设一道密封隔板，把盾构开挖面与隧道截然分隔，使密封隔板与开挖面土层之间形成一道密封泥土舱，刀盘在泥土舱中工作，另外通过密封隔板还装有螺旋输送机。当盾构机由盾构推进液压缸向前推进时，由刀盘切削下来的泥土充满泥土舱和螺旋输送

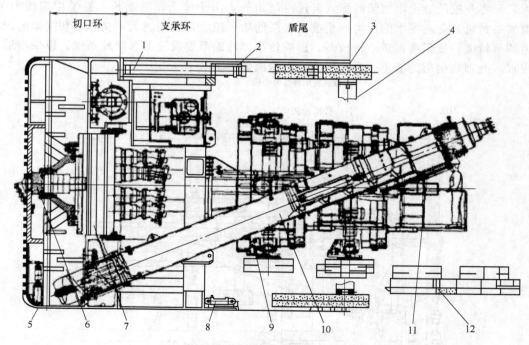

图 16-4　土压平衡式盾构机的基本构造

1—推进液压缸；2—同步注浆管；3—盾尾密封；4—整圆器；5—超挖刀；6—刀盘；7—刀盘驱动组件；8—铰接液压缸；
9—管片拼装机；10—螺旋输送机；11—螺旋机出渣门；12—管片输送机

机壳体内的全部空间，同时，依靠充满的泥土来顶住开挖面土层的水土压力；另外还可通过调节螺旋转机的转速来控制开挖量，使盾构排土量和开挖量保持或接近平衡，以此来保持开挖地层的稳定和防止地面变形。但由于随着土质特性和流入压力的不同，螺旋输送机排土效率亦不同，因此要直接从调整螺旋输送机转速来得到准确的排土量是不可能的，而要使排土量和开挖量达到平衡就更难以掌握。所以，实际上是通过调整排土量或开挖量来直接控制泥土舱内的压力，并使其与开挖面地层水、土压力相平衡，同时直接利用泥土舱内的泥土对开挖面地层进行支护，从而使开挖面土层保持稳定。这就是土压平衡式盾构机的基本工作原理。

二、盾构机的工作过程

1. 盾构机的掘进

液压马达驱动刀盘旋转，同时开启盾构机推进油缸，将盾构机向前推进。随着推进油缸的向前推进，刀盘持续旋转，被切削下来的渣土充满泥土舱；此时开动螺旋输送机将切削下来的渣土推送到皮带输送机上，然后由皮带输送机运输至渣土车的土箱中，再通过竖井运至地面。

2. 掘进中控制排土量与排土速度

当泥土舱和螺旋输送机中的渣土积累到一定数量时，开挖面被切下的渣土经刀槽进入泥土舱的阻力将增大。当泥土舱的土压与开挖面的土压力和地下水的水压力相平衡时，开挖面就能保持稳定，开挖面对应的地面部分也不致塌陷或隆起。这时只要保持从螺旋输送机和泥土仓中输送出去的渣土量与切削下来的流入泥土舱中的渣土量相平衡时，开挖工作就能顺利进行。

3. 管片拼装

盾构机掘进一环衬砌长度的距离后，拼装机操作手操作拼装机拼装单层衬砌管片，使隧道一次成型。

三、盾构机的构造

盾构机主要由以下部分组成：盾壳、刀盘、刀盘驱动、双室气闸、管片安装机、排土机构、后配套装置、电气系统和辅助设备。盾构机的构造如图 16-5 所示。

1. 盾壳

盾壳是一个用厚钢板焊接而成的圆筒，是盾构受力支撑的主体结构。其作用如下。

① 承受地下水压和地层土压力，起临时支护作用，可保护设备及操作人员的安全。

② 承受盾构千斤顶的水平推力及各种施工荷载，使盾构在土层中顶进。

③ 是盾构各机构的支承和安装基础。

盾壳主要包括切口环（前盾）、支承环（中盾）和尾盾三部分，如图 16-6 所示。

盾壳的切口环受力复杂，壁厚比支承环和盾尾略厚，一般取 55mm，其他部分厚度为 45mm。切口环内焊接有承压隔板，它是刀盘驱动机构的基座，同时将泥土舱与后部工作区分开。推进油缸的推力可通过承压隔板作用到开挖面上，以起到支撑和稳定开挖面的作用。切口环的切割端带有 5mm 的硬化表面，可提高其硬度。承压隔板上还焊接有一个双室人员舱，其内设有一道人行闸门，其下部连接有螺旋输送机。压力壁上按不同深度还安装了 5 个

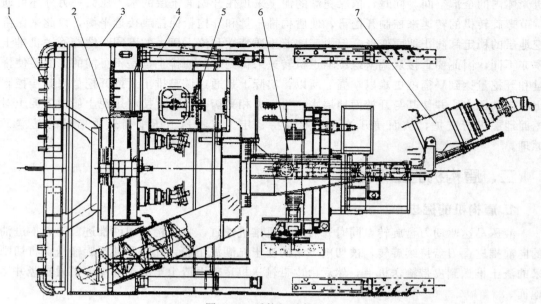

图 16-5　盾构机的构造

1—刀盘；2—刀盘驱动；3—盾壳；4—推进液压缸；5—人员仓；6—管片拼装机；7—螺旋输送机

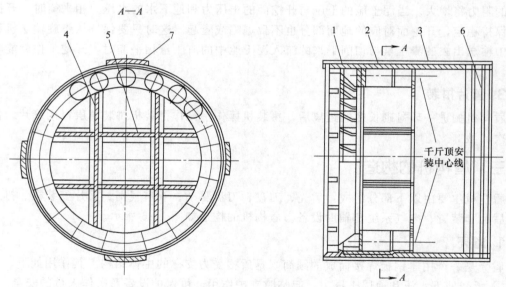

图 16-6　盾壳

1—切口环；2—支承环；3—钢板束；4—立柱；5—横梁；6—盾尾密封；7—盖板

土压传感器，可以用来探测泥土舱中不同高度的土压力。

　　支承环和切口环之间通过法兰以螺栓连接，支承环内侧的周边位置装有一定数量推进油缸（或称千斤顶），推进油缸杆上安装有塑料撑靴，撑靴顶推在后面已安装好的管片上，通过控制油缸杆向后伸出可以提供给盾构机向前的掘进力。这些千斤顶按上下左右被分成 A、B、C、D 四组，掘进过程中，在操作室中可单独控制每一组油缸的压力，这样盾构机就可以实现左转、右转、抬头、低头或直行，从而可以使掘进中盾构机的轴线尽量拟合成隧道设计轴线。盾壳上预留超前钻孔功能，以便根据需要使用超前钻机。

支承环的后边是尾盾，尾盾通过被动跟随的铰接油缸与支承环相连，这种铰接连接可以使盾构机易于转向。盾尾和衬砌管片之间用3排可连续供应密封油脂的钢丝刷封闭起来。

2. 切削刀盘

刀盘是一个带有多个进料槽的切削盘体，位于盾构机的最前部，在盾构施工时对开挖面有切削土体和稳定支撑两大功能。刀盘有封闭型和开放型之分。封闭型切削刀盘由辐条、切削刀具、进土槽和面板等构成。辐条的布置有多种形式，如Y形、十字形、米字形等。进土槽的形状有从切削刀盘中心部分到外围部分宽度一致的和越到外围部分宽度越大的两种。进土槽的宽度是根据切削土砂堵塞情况或砾石的最大直径等决定。但一般采用200～500mm之间较多，刀盘的开口率多为15%～40%左右，但在砂砾地层中有时也有高达50%以上的。开放型切削刀盘是由切削刀具和加劲辐条构成，辐条在盾构直径小时多为3～4根，在中口径时大多为4～5根。

刀盘在设计时需根据相应的地质情况，充分考虑其结构形式、支承方式、开口率大小及刀具的合理布置等因素。在土压平衡盾构机刀盘背面还装有搅拌棒，能对土仓内渣土进行搅拌。土压式盾构刀盘的形式有面板式和辐条式，如图16-7所示。

| (a) 面板式刀盘 | (b) 辐条式刀盘 |

图16-7　土压式盾构刀盘的形式

面板式开口率相对较小，更好支撑掌子面，中途换刀安全可靠，但开挖土体进入土仓内容易黏结堵塞，使刀盘上结泥饼。

辐条式刀盘开口率大，对软土地层的适应性比面板式强，不易堵塞，但不能安装滚刀，中途换刀需另外加固土体。

海瑞克的一种盾构其刀盘的开口率约为28%，刀盘直径为6.28m，是盾构机上直径最大的部分。刀盘上一个带4根支撑辐条的法兰板用来连接刀盘和刀盘驱动部分，刀盘上可根据被切削土质的软硬而选择安装硬岩刀具或软土刀具，刀盘的外侧装有一把超挖刀。盾构机在转向掘进时，可操作超挖刀油缸使超挖刀沿刀盘的径向方向向外伸出，从而扩大开挖直径，这样易于实现盾构机的转向。超挖刀油缸杆的行程为50mm，刀盘上安装的所有类型的刀具都由螺栓连接，都可以从刀盘后面的泥土仓中进行更换。

法兰板的后部安装有一个回转接头，其作用是向刀盘的面板上输入泡沫或膨润土，以及向超挖刀液压油缸输送液压油。

图 16-8 所示为常见刀具外形，表 16-1 为刀具结构及特点。

(a) 柱形仿形刀

(b) 刮刀

(c) 加泥泡沫保护刀

(d) 边缘滚刀(球齿刀圈)

(e) 周边刮刀

(f) 主先行刀(贝壳刀)

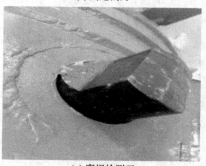

(g) 磨损检测刀

图 16-8　常见刀具外形

表 16-1　刀具结构及特点

名称	结构示意图	特点	名称	结构示意图	特点
单刃滚刀		用于硬岩掘进,可换装齿刀	中心齿刀		用于软岩掘进,背装式可换装中心滚刀
双刃正滚刀		用于硬岩掘进,背装式可换装双刃齿刀	正齿刀		用于软土掘进,背装式可换装正滚刀
双刃中心刀		用于硬岩掘进,背装式可换装齿刀	切刀		软土刀具,装于排渣口一侧
刮刀		软土刀具,同时在硬岩掘进中可用作刮渣	滚刀型仿形刀		用于局部扩大隧道断面

3. 刀盘驱动支承机构

刀盘驱动支承机构用以驱动刀盘旋转,以对物体进行挤压和切削。它位于盾构切口环的中部,前部与刀盘的法兰相连,后部与压力壁法兰以螺栓连接。主要由驱动支承轴承、大齿圈、密封支承、带轴承的小齿轮、减速器及马达等组成。

(1) 刀盘支承方式　刀盘支承方式有中心支承式、中间支承式和周边大轴承支承式,如图 16-9 所示。

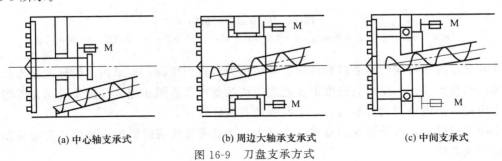

(a) 中心轴支承式　　　(b) 周边大轴承支承式　　　(c) 中间支承式

图 16-9　刀盘支承方式

① 中心支承式　一般用于中小型盾构，中心支承式有一中心轴，设计简单，机械效率高，土仓内土体被直接搅拌范围广，流动顺畅。但机内空间狭小，不利于布置其他设备，处理大粒径石块困难。

② 周边支承式　一般用于小盾构，可以承受刀盘较大的和不均衡的负载，同时还可以在盾构中心留出较大的空间，有利于设备的维修和操作，较易处理砾石，但刀盘外周部分易黏结泥土。

③ 中间支承式　主要用于大中型直径的盾构，这种支承布置把土仓隔成两个区域，中心区域的土体流动性差，黏性土长期集聚在中心区域会形成泥饼。它的优点是可以承受刀盘较大的和不均衡的负载，导引稳定，刀盘幅臂能起一定的搅拌作用。中心部位的空间有利于布置向刀盘输送液体的中心回转接头，与周边大轴承支承形式一样是应用较广的支承形式。如图 16-10 所示刀盘中间支承形式。

图 16-10　刀盘中间支承形式

（2）刀盘驱动机构　刀盘驱动机构构造如图 16-11 所示。主轴承由前后两个大小不同的推力滚柱和一个径向滚柱组成，大齿圈为轴承内环，外环通过螺栓与切口环承压隔板的法兰相连。

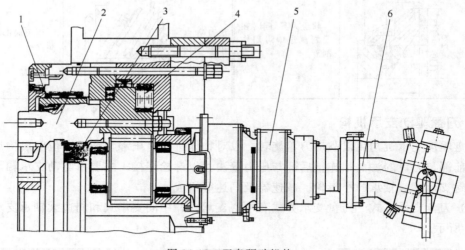

图 16-11　刀盘驱动机构
1—主轴承外密封；2—刀盘连接件；3—主轴承内密封；4—主轴承；5—减速器；6—液压马达

这种支承方式可同时承受前后轴向、径向推力和转矩负荷，轴承内回转环又是刀盘驱动大齿圈，结构紧凑。刀盘用高强度螺栓经连接法兰盘与大齿圈相连，马达带动减速器输出轴上的小齿轮，小齿轮与大齿圈啮合，从而驱动刀盘旋转。

小推力滚柱主要承受刀盘的自重，大推力滚柱承受盾构掘进机的推进力，是盾构掘进机的主要组成部件。

为了获得最大的主轴承寿命，主轴承设置有内、外密封系统。外密封用三道密封将轴承腔和工作面舱隔开。这三道密封都是耐用的网状加强型唇密封，且三道密封系统均有不间断的加压润滑油系统来润滑。内密封为一个两道的唇密封，用以密封小齿轮箱。小齿轮安装在两个球形滚子轴承上，可以消除重压下几何结构偏移对齿轮啮合的影响。

刀盘驱动方式有定速电动机、液压、变频电动机三种驱动方式。由于定速电动机不能实现转速调节，一般不采用。液压驱动虽可实现无级调速，但噪声较大且有热能损失，效率不及变频电动机，加上需配备后续设备，维护保养较为困难，所以刀盘驱动已逐渐发展由变频电动机为主的驱动方式，如图16-12所示。

图16-11为刀盘驱动机构，刀盘驱动由螺栓牢固地连接在切口环承压隔板的法兰上。它可以使刀盘在顺时针和逆

图16-12 变频电动机驱动刀盘方式

时针两个方向上实现 $0\sim6.1r/min$ 的无级变速，刀盘驱动主要由8组传动副和主齿轮箱组成，每组传动副由一个斜轴式变量轴向柱塞马达和水冷式变速齿轮箱组成，其中一组传动副的变速齿轮箱中带有制动装置，用于制动刀盘。

安装在切口环右侧承压隔板上的一台定量螺旋式齿轮油润滑油泵，用来润滑主齿轮箱。该油路中一个水冷式的齿轮油冷却器用来冷却齿轮油。

4. 双室气闸

双室气闸装在切口环上，包括前室和主室两部分。当掘进过程中刀具磨损、工作人员进入到泥土舱检查及更换刀具时，就要使用双室气闸。

在进入泥土舱时，为避免挖面的坍塌，要在泥土舱中建立并保持与该地层深度土压力与水压力相适应的气压，这样工作人员在进出泥土舱时，就存在一个适应泥土舱中压力的问题。通过调整气闸前室和主室的压力，就可以使工作人员适应常压和开挖舱压力之间的变化。

工作人员进入泥土舱的工作程序如下：工作人员甲先从前室进入主室，关闭主室和前室之间的隔离门，按照规定程序给主室加压，直到主室的压力和泥土舱的压力相同时，打开主室和泥土舱之间的闸阀，使两者之间压力平衡；这时打开主室和泥土舱之间的隔离门，工作人员甲进入泥土舱，如果这时工作人员乙也需要进入泥土舱工作，乙就可以先进入前室，然后关闭前室和常压操作环境之间的隔离门，给前室加压，直到和主室及泥土舱中的压力相同，打开前室和主室之间的闸阀，使两者之间的压力平衡，打开主室和前室之间的隔离门，工作人员乙进入主室和泥土舱中。

5. 管片安装机

管片安装机的功能是能准确地将管片放到恰当的位置上并能安全且迅速地把管片组装成所定形式。因此它需要具备以下三个动作：即能提升管片，能沿盾构轴向平行移动，能经盾构轴线回转。相应的拼装机构为举升装置、平移装置和回转装置。

如图 16-13 所示，管片安装机由托梁、基本框架、转动架、管片举升装置和举重钳等组成。整个机构安装在托梁上，托梁通过螺栓与盾尾内的 H 形支柱相连接。安装机的移动架通过左右各两个滚轮安放在托梁上的走行槽中，管片的轴向平移由平移油缸推动移动架滚轮沿托梁走行槽水平移动来操作；管片的升降通过举升液压油缸伸缩实现；回转马达安装在移动架内，通过小齿轮驱动与回转架相连接的大齿圈转动，从而带动与转动架相连接的起升装置、举重钳将管片旋转到位。

图 16-13　管片安装机与螺旋输送机

进行管片安装时，先粗定位，即用举重钳抓住管片，举升油缸将其提升，平移机构将提起的管片移到拼装的横断面位置，回转机构再将该管片旋转到相应的径向位置；然后再用偏转油缸、仰俯油缸和举升油缸的不同步伸缩进行微调定位，最后完成安装。

管片安装机能实现锁紧、平移、回转、升降、仰俯、横摇和偏转七种动作，除锁紧动作外的其余六种动作均与管片的六个自由度相对应，从而可以使管片准确就位。

安装人员可以使用遥控器操作管片安装机安装管片，通常一环管片由六块管片组成，它们是 3 个标准块、2 块临块和 1 块封顶块。隧道成型后，管环之间及管环的管片之间都装有密封，用以防水，且管片之间及管环之间都由高强度的螺栓连接。

6. 排土机构

盾构机的排土机构主要包括螺旋输送机和皮带输送机，渣土由螺旋输送机从泥土舱中运输到皮带输送机上，皮带输送机再将渣土向后运输至第四节台车的尾部，落入等候的渣土车的土箱中，土箱装满后，再由电瓶车牵引沿轨道运至竖井，龙门吊将土箱吊至地面，并倒入渣土坑中。

螺旋输送机结构由隔板闸门、伸缩筒、出渣筒、螺旋轴、液压驱动马达、两道出料闸门组成，前者关闭可以使泥土舱和螺旋输送机隔断，后者可以在停止掘进或维修时关闭。在整个盾构机断电的情况下，此闸门也可由蓄能器储存的能量自动关闭，以防止开挖舱中的水及渣土在压力作用下进入盾构工作区，筒壁上留有泡沫和膨润土添加口并装有土压计，如图 16-13 所示。

螺旋输送机的作用如下。

① 连续排出土舱渣土；

② 输送过程中形成密封土塞，防止泥土中的水分流失，保持土舱土压；

③ 可通过调节其排土速度实现掘进时土舱的土压平衡。

皮带输送机由皮带机支架、前随动轮、后驱动轮、上下托轮、皮带、皮带张紧装置、皮带刮泥装置、带减速器的驱动电动机组成，作用是将渣土从输送机出渣口转运到渣土车。

7. 真圆保持器

盾构向前推进时管环从盾尾脱出，为避免因管片接头缝隙、自重及土压的影响使管环产生横向变形，使用真圆保持器修正，真圆保持器带有前后移动千斤顶和上下伸缩千斤顶。

8. 后配套设备

后配套设备主要由以下几部分组成：管片运输设备，四节后配套台车及其上面安装的盾构机操作所需的操作室、电气部件、液压部件、注浆设备、泡沫设备、膨润土设备、循环水设备及通风设备等。

管片运输设备包括管片运送小车，运送管片的电动葫芦及其连接桥轨道。

管片由龙门吊从地面吊下至竖井内的管片车上，再由电瓶车牵引管片车至第一节台车前的电动葫芦下方，然后由电动葫芦吊起管片向前运送到管片小车上，最后由管片小车再向前运送，供给管片拼装机使用。

一号台车上装有盾构机的操作室及注浆设备。

盾构机操作室中有盾构机操作控制台、控制电脑、盾构机 PLC 自动控制系统、VMT 隧道掘进激光导向系统、电脑及螺旋输送机后部出土口监视器。

二号台车及其上的设备有包含液压油箱在内的液压泵站、膨润土箱、膨润土泵、盾尾密封油脂泵及润滑油脂泵。

液压油箱及液压泵站为刀盘驱动、推进油缸、铰接油缸、管片拼装机、管片运输小车、螺旋输送机、注浆泵等液压设备提供压力油。泵站上装有液压油过滤及冷却回路，液压油冷却器是水冷式。

盾尾密封油脂泵在盾构机掘进时将盾尾密封油脂由 12 条管路压送到 3 排盾尾密封刷与管片之间形成的两个腔室中，以防止注射到管片背后的浆液进入盾体内。

润滑油脂泵将油脂泵送到盾体中的小油脂桶中，盾构机掘进时，4kW 电机驱动的小油脂泵将油脂输送到主驱动齿轮箱、螺旋输送机齿轮箱及刀盘回转接头中。这些油脂起两个作用，一个作用是被注入到上述三个组件中唇形密封件之间的空间，起到润滑唇形密封件工作区域及帮助阻止脏物进入被密封区域内部的作用；对于螺旋输送机齿轮箱还有另外一个作用，就是润滑齿轮箱的球面轴承。

三号台车上装有 2 台空压机、1 个 1m³ 储气罐、1 组配电柜及 1 台二次风机。

空压机可提供 0.8MPa 的压缩空气并将压缩空气储存在储气罐中。压缩空气可以用来驱动盾尾油脂泵、密封油脂泵和气动污水泵；用来给人员舱、开挖室加压；用来操作膨润土、盾尾油脂的气动开关；用来与泡沫剂、水混合形成改良土壤的泡沫；用来驱动气动工具等。

二次风机由 11kW 的电机驱动，将由中间井输送至第四节台车位置处的新鲜空气，继续向前送至盾体附近，以便给盾构提供良好的通风。

四号台车上装有变压器、电缆卷筒、水管卷筒、风管盒。

铺设在隧道中的两条内径为 100mm 的水管作为盾构机的进、回水管，将竖井外地面上的蓄水池与水管卷筒上的水管连接起来，在与蓄水池连接的一台高压水泵驱动下，盾构机用水在蓄水池和盾构机之间循环。通常情况下，进入盾构机水管的水压控制在 0.5MPa 左右。正常掘进时，进入盾构机水循环系统的水有以下的用途：对液压油、主驱动齿轮油、空压机、配电柜中的电器部件及刀盘驱动副变速轮起到冷却作用；为泡沫剂的合成提供用水；提供给盾构机及隧道清洁用水；蓄水池中的水用冷却塔进行循环冷却。

风管盒中装有折叠式的风管，风管与竖井地面上的风机连接，向隧道中的盾构机里提供新鲜空气。新鲜空气通过风管被送至第四节台车的位置。

9. 电气设备

盾构机电气设备包括电缆卷筒、主供电电缆、变压器、配电柜、动力电缆、控制电缆、控制系统、操作控制台、现场控制台、螺旋输送机后部出土口监视器、电机、插座、照明、接地等。电器系统最小保护等级为IP5.5。

主供电电缆安装在电缆卷筒上，10kV的高压电由地面通过高压电缆沿隧道输送到与之连接的主供电电缆上，接着通过变压器转变成400V、50Hz的低压电进入配电柜，再通过供电电缆和控制电缆供盾构机使用。

西门子S7-PLC是控制系统的关键部件，控制系统用于控制盾构机掘进、拼装时的各主要功能。

例如，盾构机要掘进时，盾构机司机按下操作控制台上的掘进按钮，一个电信号就被传到PLC控制系统。控制系统首先分析推进的条件是否具备（如推进油缸液压油泵是否打开，润滑脂系统是否工作正常等），如果推进的条件不具备，就不能推进；如果条件具备，控制系统就会使推进按钮指示灯变亮，同时控制系统也会给推进油缸控制阀的电磁阀供电，电磁阀通电后打开推进油缸控制阀，盾构机开始向前推进。PLC安装于控制室，在配电柜里装有远程接口，PLC系统也与操作控制台的控制电脑及VMT公司的隧道激光导向系统电脑相连。

盾构机操作室内的控制台和盾构机的某些现场操作控制台用来操作盾构，以实现各种功能。操作控制台上有控制系统电脑显示器、实现各种功能的按钮、调整压力和速度的旋钮、显示压力或油缸伸长长度的显示模块及各种钥匙开关等。

螺旋输送机后部出土口监视器用来监视螺旋输送机的出土情况。

电动机为液压油泵、皮带机、泡沫剂泵、合成泡沫用水水泵、膨润土泵等提供动力。当电动机的功率在30kW以下时，采用直接启动的方式。当电动机的功率大于30kW时，为了降低启动电流，采用星形-三角形启动的方式。

10. 辅助设备

辅助设备包括数据采集系统，SLS-T隧道掘进激光导向系统，注浆装置，泡沫装置，膨润土装置等。

（1）数据采集系统　数据采集系统的硬件是一台有一定配置要求的计算机和能使该计算机与隧道中掘进的盾构机保持联络的调制解调器、转换器及电话线等元件。该计算机可以放置在地面的监控室中，并始终与隧道中掘进的盾构机自动控制系统的PLC保持联络，这样数据采集系统就可以和盾构机自动控制系统的PLC具有相同的各种关于盾构机当前状态的信息。数据采集系统按掘进、管片拼装、停止掘进三个不同运行状态段来记录、处理、存储、显示和评判盾构机运行中的所有关键监控参数。

通过数据采集系统，地面工作人员就可以在地面监控室中实时监控盾构机各系统的运行情况。数据采集系统还可以完成以下任务：用来查找盾构机以前掘进的档案信息；通过与打印机相连打印各环的掘进报告，修改隧道中盾构机PLC的程序等。

（2）隧道掘进激光导向系统　德国VMT公司的SLS-T隧道掘进激光导向系统主要作用如下。

① 可以在隧道掘进激光导向系统用电脑显示屏上随时以图形的形式显示盾构机轴线相对于隧道设计轴线的准确位置。这样在盾构机掘进时，操作者就可以依此来调整盾构机掘进的姿态，以便使盾构机的轴线接近隧道的设计轴线，这样盾构机轴线和隧道设计轴线之间的偏差就可以始终保持在一个很小的数值范围内。

② 推进一环结束后，隧道掘进激光导向系统从盾构机PLC自动控制系统获得推进油缸和铰

接油缸的油缸杆伸长量的数值，并依此计算出上一环管片的管环平面；再综合考虑被手工输入隧道掘进激光导向系统电脑的盾尾间隙等因素，计算并选择这一环适合拼装的管片类型。

③ 可以提供完整的各环掘进姿态及其他相关资料的档案资料。

④ 可以通过标准的隧道设计几何元素计算出隧道的理论轴线。

⑤ 可以通过调制解调器和电话线与地面的一台电脑相连，这样在地面就可以实时监控盾构机的掘进姿态。

隧道掘进激光导向系统的主要部件有激光经纬仪，带有棱镜的激光靶、黄盒子、控制盒和隧道掘进激光导向系统用电脑。

激光经纬仪临时固定在安装好的管片上，随着盾构机的不断向前掘进，激光经纬仪也要不断向前移动，这被称为移站，激光靶则被固定在支承环的双室气闸上。激光经纬仪发射出的激光束照射在激光靶上，激光靶可以判定激光的入射角及折射角；另外，激光靶内还有测倾仪，用来测量盾构机的滚动和倾斜角度。再根据激光经纬仪与激光靶之间的距离及各相关点的坐标等数据，隧道掘进激光导向系统就可以计算出当前盾构机轴线的准确位置。

控制盒用来组织隧道掘进激光导向系统电脑与激光经纬仪和激光靶之间的联络，并向黄盒子和激光靶供电。黄盒子用来向激光经纬仪供电并传输数据；隧道掘进激光导向系统电脑则是将该系统获得的所有数据进行综合、计算和评估，所得结果可以以图形或数字的形式显示在显示屏上。

（3）注浆装置　注浆装置主要包括两个注浆泵、浆液箱及管线。

在竖井，浆液被放入浆液车中，电瓶车牵引浆液车至盾构机浆液箱旁，浆液车将浆液泵放入浆液箱中。

两个注浆泵各有两个出口，这样总共有4个出口。4个出口直接连至盾尾上圆周方向分布的4个注浆管上，盾构机掘进时，由注浆泵泵出的浆液被同步注入隧道管片与土层之间的环隙中，浆液凝固后就可以起到稳定管片和地层的作用。

为了适应开挖速度的快慢，注浆装置可根据压力来控制注浆量的大小，还可预先选择最小至最大的注浆压力。这样可以达到两个目的，一是盾尾密封不会被损坏，管片不会承受过大的压力；二是对周围土层的扰动最小。注浆方式有两种：人工方式和自动方式。人工方式可以任选4根注浆管中的一根，由操作人员在现场操作台上操作按钮启动注浆系统；自动方式则是在注浆现场操作台上预先设定好的，盾构机掘进即启动注浆系统。

（4）泡沫装置　泡沫装置主要包括泡沫剂罐、泡沫剂泵、水泵、4个溶液计量调节阀、4个空气剂量调节阀、5个液体流量计、4个气体流量计、泡沫发生器及连接管路。

泡沫装置产生泡沫，并向盾构机开挖室中注入泡沫，用于开挖土层的改良。作为支撑介质的土在加入泡沫后，其塑性、流动性、防渗性和弹性都得到改进，盾构机掘进驱动功率就可减少，同时也可减少刀具的磨损。

泡沫剂泵将泡沫剂从泡沫剂罐中泵出，并与水泵泵出的水按盾构司机操作指令的比例混合形成溶液。控制系统是通过安装在水泵出水口处的液体流量计测量水泵泵出水的流量，并根据这一流量控制泡沫剂泵的输出量来完成这一混合比例指令的。混合溶液向前输送至盾体中，并被分配输送到4条管路中；经过溶液剂量调节阀和液体流量计后，又被分别输送到4个泡沫发生器中；在泡沫发生器中与同时被输入的压缩空气混合产生泡沫；压缩空气进入泡沫发生器前也要先经过气体流量计和空气剂量调节阀；泡沫剂溶液和压缩空气也是按盾构机司机操作指令的比例混合的，这一指令需通过盾构机控制系统接收液体流量计和气体流量计的信息并控制空气剂量调节阀和溶液剂量调节阀来完成。最后，泡沫沿4条管路通过刀盘旋转接头，再通过刀盘上的开口，注入到开挖室中。在控制室，操作人员也可以根据需要从4条管路中任意选择，向开挖室注入泡沫。

（5）膨润土装置　膨润土装置也是用来改良土质的，以利于盾构机的掘进。膨润土装置主要包括膨润土箱、膨润土泵、9个气动膨润土管路控制阀及连接管路。和浆液一样，在竖井，膨润土被放入膨润土车中，电瓶车牵引膨润土车至膨润土箱旁，膨润土车再将膨润土泵入膨润土箱中。

需要注入膨润土时，膨润土被膨润土泵沿管路向前泵至盾体内，操作人员可根据需要，在控制室的操作控制台上，通过控制气动膨润土管路控制阀的开关，将膨润土加入到开挖室，泥土仓或螺旋输送机中。

四、盾构机液压及辅助系统

1. 推进系统

动力部分由主推进泵或微速推进泵为推进系统油路供油，泵的出口皆装有单向阀，主油路装有测压接头、压力表及安全阀，推进油缸分区域控制，每组区域内有一个油缸带有行程传感器，每组阀块控制着该区域油缸的有杆腔进油与回油，推进千斤顶如图16-14所示。

图16-14　推进千斤顶

2. 铰接系统

根据盾构推进千斤顶在盾构机上固定位置的不同，铰接装置可分为主动伸缩型和依靠外力被动伸缩型。主动型比被动型成本高，但易控制，现在复合土压盾构一般采用主动型，且通过油缸油口前设置液控阀，也可实现铰接随动。

铰接油缸在盾体内部沿盾体一周将中盾与盾尾连接在一起，中盾与盾尾前环通常采用多道橡胶唇口式铰接密封，在盾构转向时可通过铰接密封处左右1.5°、上下0.5°的角度缓冲实现盾构转向。

铰接油缸由一个斜盘式轴向柱塞泵提供压力能，柱塞泵压力油送至每组铰接油缸的控制阀块，该控制阀块主要由一个三位三通Y型电磁换向阀和一对液控单向阀组成，可实现铰接油缸的锁定。在每组铰接油缸两个油口前油路上还设有两个联控的液控单向阀，它们由单独的球阀控制，球阀得电，液控单向阀实现反向导通，铰接油缸则可随动。

3. 拼装机驱动系统

① 拼装机旋转由两个液压马达驱动，马达由台车主油箱下的变量泵供油，两个马达皆设有锁止油缸，马达旋转需要先将锁止油缸通入2MPa压力油为其解锁。马达可通过带动拼装机环形内齿圈实现210°左右的正转或反转。当旋转达到角度限定值时，多余的压力油从马达卸油口卸压回油，管片拼装机如图16-15所示。

② 除拼装机旋转外，拼装机升降、滑动、俯仰、偏转、摇摆及管片抓紧的油缸都是由设置在拼装机伸缩系统中定量油泵供油，该伸缩油箱配有囊式蓄能器，可为伸缩系统补压加

压。各部位油缸都在油路上设有液压锁及安全阀组成的阀块，其中升降油缸还装有行程传感器（缩限），并在油路上装有单向顺序阀块，起平衡阀控制降速的作用。

4. 螺旋机驱动系统

螺旋机驱动系统由三个液压马达带动螺旋轴转动输土，三个液压马达由台车上的四个变量柱塞泵提供压力能，四个柱塞泵为两用两备，两个相同的三位三通 O 型电磁换向阀控制马达的正反转和双泵合流后的卸荷。同时在双泵合流后的主油路上装有电液换向阀，可将至马达旋转系统主油路的压力油换向送至掘进油缸液压系统，为掘进油缸快速回缩提供压力油，马达上装有回转速度检测开关，速度过快时控制卸油。

5. 闸门系统

闸门系统包括：在台车主油箱下面的闸门定量油泵、螺旋输送机前端隔板闸门两个驱动油缸、螺旋机出土口两道闸门的四个驱动油缸等，闸门定量油泵还为螺旋机伸缩的两个油缸及连接桥前端的两个牵引油缸供油。螺旋机伸缩油缸如图 16-16 所示。

除了牵引油缸外，其余油缸皆配有行程限位，两道出土闸门液压油缸在特殊情况下可由两个手动换向阀利用蓄能器供能控制开关，每组油缸都设有液压锁阀块。

图 16-15　管片拼装机

图 16-16　螺旋输送机伸缩油缸

6. 仿形刀系统

仿形刀系统由主油箱下的定量泵提供压力油，系统终端分别为仿形刀油缸、快速备用接头、磨损检测刀内腔。同时主油路还将压力油送至推进油缸大腔，为推进油缸常速回缩提供压力。仿形刀与磨损检测刀位于刀盘面板上，需要中心回转体转送液压油。仿形刀油缸设有液压锁阀块，磨损检测刀刀腔内有经减压阀处理后的 5MPa 压力油。

7. 液压油冷却循环系统

主要由油箱过滤单元和液压油冷却单元组成。油箱过滤单元由齿轮泵将主油箱液压油循环送至净油机过滤后回油箱。

液压油冷却也是通过齿轮泵将箱内液压油循环送至水冷式热交换机进行散热处理后回油箱。液压油冷却装置如图 16-17 所示。

图 16-17　液压油冷却装置

8. 同步注浆与二次注浆液压系统

（1）同步注浆　管片壁后的同步注浆与盾构掘进同时进行，是通过同步注浆系统及盾尾的注浆管在盾构向前推进，盾尾空隙形成的瞬间将浆液注入空隙填充，使周围土体获得及时的支撑，可有效地防止岩体坍塌，控制地表沉降。

复合土压盾构同步注浆通常由四个活塞式注浆泵压送浆液，如图 16-18 所示，每个活塞由单独的液压缸驱动，液压油缸可利用手动控制进回油，也可以利用插装阀与液控换向阀组合自动切换进回油，驱动油缸由两个变量泵供油，两个变量泵由电动机同轴带动。

图 16-18　柱塞式注浆泵

（2）二次注浆液压系统　二次注浆是在同步注浆结束后，通过对管片的吊装孔对管片背后进行补强注浆，补充未填充到位的空腔，提高管片壁后土体密实度，对土岩进行加固止水。

图 16-19　双作用柱塞泵

二次注浆利用双作用柱塞式注浆泵将搅拌好的液浆送至注浆枪，注浆枪将浆液从吊装孔处打到管片壁背后，二次注浆柱塞油缸液压油由变量泵从其单独配备的液压油箱泵送，油箱内装有 68 号耐磨液压油，液压油箱旁配有水冷散热器和蓄能器，双作用柱塞泵如图 16-19 所示。

9. 自动供油润滑系统

自动供油润滑系统由装在盾体内部人闸仓下方的齿轮油泵供油，齿轮油泵轮电机驱动下将齿轮油循环送至散热器散热，散热后的油液进入刀盘驱动齿圈与内圈间滚珠轴承处，为滚珠轴承和齿圈进行冷却润滑。齿轮油需定期更换。

10. 集中润滑系统

集中润滑油脂系统为一个气动黄油泵将黄油送至两个电动分泵，分泵 1 为刀盘驱动外周给脂密封润滑。分泵 2 则分别为刀盘驱动内周密封、铰接密封、中心回转体回转润滑、螺旋机驱动密封、柱形仿形刀刀腔内壁、砂浆搅拌器两端轴承这六个部位进行给脂密封润滑。各处密封配有油脂压力计与压力表。图 16-20 为气动黄油泵，图 16-21 为电动黄油泵。

图 16-20　气动黄油泵　　　　　　　　　图 16-21　电动黄油泵

11. 盾尾油脂系统

盾尾油脂泵具备手动和自动两种操作模式，手动模式可选择供脂位置和供脂模式（间歇/连续），自动供脂时，供脂时间可设定。油脂向每道钢丝刷密封之间供应油脂，保证泥水不进入盾构内部。在盾尾油脂给脂主油路上装有一个特殊的压力表，由于油脂黏稠不易测压，所以该压力表盘下边容腔内充满1号锂基润滑油。气动盾尾油脂泵如图16-22所示，盾尾刷如图16-23所示。

图 16-22　气动盾尾油脂泵　　　　　　　图 16-23　盾尾刷

12. 膨润土及泡沫添加系统

膨润土和泡沫同属土质改良添加剂，都通过中心回转体转送至刀盘面板上的加泥口与泡沫口，喷射到开挖面上，可实现开挖面水土压力平衡，拓宽土压盾构适应范围，起到润滑砂土、调整土仓土体塑性流动性、防止地下水喷涌等作用。

① 膨润土（泥浆）由搅拌站拌和好后，通过泥浆箱用泵泵至加泥箱，加泥箱泥浆由两个双作用柱塞泵实现加泥泵送，主要作用是将膨润土喷射到开挖面外，还可以将膨润土送至

螺旋机与盾壳。两个柱塞泵液压驱动系统与二次注浆结构原理相似，皆配有独立的液压油箱及水冷散热器等。

②泡沫添加系统原理：由原液补充泵将原液送至泡沫原液箱，原液箱内的原液再由原液泵送至泡沫溶液储存箱内，加水稀释搅拌，搅拌好的泡沫溶液由泡沫泵送至泡沫发生器内，与从空气系统来的高压空气进行发泡，发泡完成后，再通过中心回转体转送至刀盘面板上的泡沫口。泡沫除打到掌子面外也可送至螺旋机。泡沫发生器如图16-24所示，螺杆（泡沫）泵如图16-25所示。

图16-24　泡沫发生器　　　　　　　　图16-25　螺杆（泡沫）泵

13. 空气系统

两台空气压缩机（一用一备）将空气压缩后送入储气罐，储气罐内的空气经粗过滤后送至冷干机除水，除水后再经精滤送至主空气管。经主空气管将空气分至各台车预留管、气动隔膜泵、气动阀组、盾尾油脂泵、泡沫发生器、集中润滑泵、风动扳手及带压换刀时的保压阀组等。

14. 水循环系统

（1）冷却水　冷却水箱内的冷却水由四个水泵将冷却水输送至刀盘驱动外内周密封、刀盘驱动电动机、滚珠轴承齿轮油散热器、主油箱液压油散热器四处。其中至外内周密封部分冷却水分送至空压机冷却器，至刀盘电动机冷却的部分冷却水分送至加泥泵冷却器及二次注浆泵冷却器。冷却水给各部件冷却后，通过水管卷盘的外循环水经热交换机散热后回到水箱，实现冷却循环。

（2）工业用水　蓄水箱内的用水通过水管卷盘补充，三个水泵中一个是为加泥泡沫系统及同步注浆清洗，另外两个泵为刀盘注水泵。

（3）污水处理　盾尾处污水经过气动隔膜泵和污水管泵送至3号台车的污水箱内，箱内污水由潜水泵泵送至出土渣土斗内，再运到井外，必要时隔膜泵可直接通过预留污水管路将污水抽到渣土斗排放。气动隔膜泵及注浆管气动球阀如图16-26所示。

图16-26　气动隔膜泵及注浆管气动球阀

第三节 其他类型盾构机

一、泥水气压平衡式盾构机

依靠泥水在切削面形成泥膜，通过加气压来调整泥水的压力达到切削面的稳定，其特点是泥水输送系统不参与压力调节。其压力舱由泥水舱（开挖舱）和气垫舱组成，通过改变气垫舱的压力，间接调整泥水舱的工作压力，这种控制方式反应灵敏，控制精度高。泥水舱内部的泥水在压力作用下，能够迅速渗入开挖面形成泥膜。由于泥水输送系统不参与压力调节，因此，可以选用更大功率的输送泵将开挖的渣土以泥浆的形式泵送至隧道外，可以选用大管径的输送管，具有作业效率高、环境清洁的特点。

地面需要设置泥水处理系统，以供给适合的泥水，处理切削出的渣土。

为了保持开挖面稳定，必须可靠而迅速地形成泥膜，以使压力有效地作用于开挖面。控制泥水压力和控制泥水质量是两个重要的内容。

（1）泥水的密度　一般送泥相对密度在 1.05～1.25 之间，要根据实验决定。

（2）含砂量　在强透水性土体中，泥膜形成的快慢与掺入泥水中砂粒的最大粒径以及含砂量（砂粒重/黏土颗粒重）有密切的关系，这是因为砂粒具有填堵土体孔隙的作用。为了充分发挥这一作用，砂粒的粒径应比土体孔隙大而且含量适中。

（3）泥水的黏性　泥水必须具有适当的黏性，以收到以下效果：

① 防止泥水中的黏土、砂粒在泥水室内的沉积，保持开挖面稳定；

② 提高黏性，增大阻力防止逸泥；

③ 使开挖下来的弃土以流体输送，经后处理设备滤除废渣，将泥水分离。

二、全断面硬岩掘进机（TBM）

全断面硬岩掘进机，适用于岩层中的掘进，根据支护形式分为三种，分别适用于不同的地质条件。

① 撑靴式，常用于纯质岩。

② 单护盾，常用于劣质地层及地下水位较高的地层。

③ 双护盾，常用于混合地层。

撑靴式机器首先利用两个撑靴将自身固定在岩石壁上，然后在高压下液压油缸将刀盘推向隧道开挖面，让滚刀碾碎岩石。双撑靴式机器也是应用了以上原理，只是比单撑靴式机器多了一对撑靴。

单护盾硬岩掘进机用于脆性地层及软岩地层。在护盾式掘进过程中，隧道由混凝土管片衬砌。为了不断向前掘进，单护盾硬岩掘进机的液压推进油缸顶着最后一环管片利用反作用力向前推进。

双护盾（或伸缩式）硬岩掘进机结合撑靴式和单护盾掘进设备的双重优势，能够进行挖掘并铺设衬砌管片在多样化的岩石地层中都可以快速地掘进。

第四节　盾构的施工和运用

一、盾构法施工工艺过程

使用盾构法施工隧道，施工工艺过程如图 16-27 所示。

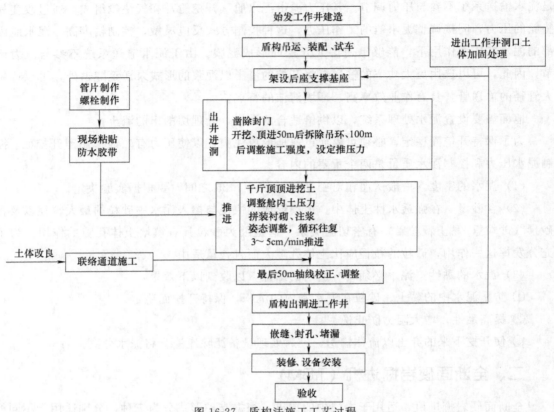

图 16-27　盾构法施工工艺过程

1. 盾构的组装及拆卸

在盾构施工段的始端和终端，要布置基坑或工作井，用以进行盾构的安装和拆卸工作。若盾构推进线路特别长时，还应设置检修工作井。这些井和基坑应尽量结合隧道规划线路上的通风井、设备井、地铁车站、排水泵房以及立体交叉、平行交叉、施工方法转换处来设置。

作为拼装和拆卸使用的井，其建筑尺寸应根据盾构装、拆及施工要求来确定，其宽度一般应比盾构直径大 1.6~2.0m，以满足安装时铆、焊等工作的要求。长度应等于盾构机长加 3.5~5.0m。从施工要求考虑，井的宽度具有盾构安装尺寸已足够，而长度则要考虑在盾构前面拆除洞门封板和在盾构后面布置后座和垂直运输所需的尺寸。

2. 盾构基座

盾构基座在井内用来安装及稳妥地搁置盾构，更重要的是通过设在基座上的导轨使盾构在施工前获得正确的导向。基座可以采用现浇钢筋混凝土或钢结构，导轨一般布置在盾构下半部的 90°范围内，由两根或多根钢轨组成。基座除承受盾构自重外，还应考虑盾构切入地层后，进行纠偏时产生的集中荷载。

3. 盾构进出洞方法

盾构进出洞是盾构法施工最重要的工序之一。在始发井内，盾构按设计高程及方向推出预留孔洞，进入正常土层的过程称为盾构进洞，反之，盾构在地层中完成某一区间的隧道施工后，进入盾构到达井的过程称为盾构出洞。盾构进出工作井涉及洞门预留块制作、四周土体、封门凿除、盾构后座支撑下顶进、施工参数的调整等。一般进洞 50m 之后，盾构法隧道施工才进入正常。

二、隧道衬砌的拼装

软土地层盾构施工的隧道衬砌，通常采用预制钢筋混凝土管片拼装而成。

管片拼装方法根据结构受力要求，分为通缝拼装和错缝拼装两种。通缝拼装，管片的纵缝要环环对齐。这种拼装较为方便，易定位，衬砌环施工应力小，但环面不平整的误差容易累积起来，特别是采用较厚的现浇防水材料时，更是如此。若结构设计需要采用衬砌本身来传递圆环内力时，宜采用错缝拼装，即衬砌的纵缝应在相邻圆环环间错开 1/3～1/2 管片。错缝拼装的隧道比通缝拼装的隧道整体性强，但由于环面不平整，常引起较大的施工应力，防水材料也常因压密不够而渗漏水。

管片拼装方法按其程序，可分为先纵后环和先环后纵两种。先环后纵法是：拼装前将所有盾构千斤顶缩回，管片先拼装成圆环，然后用千斤顶使拼好的圆环纵向靠拢（与已成环连接成洞）。用这种方法拼装的环面较为平整，纵缝拼装质量好，但对于容易产生后退现象的盾构，不宜采用。先纵后环的拼装方法可以有效地防止盾构后退，即拼装某一块管片时，就只缩回该管片部分的千斤顶，其他千斤顶则轴对称地支撑或升压。这样逐块轮流缩回与伸出部分千斤顶，直至拼装成环。在整个拼装过程中，要求控制盾构位置不变。

管片拼装常由管片安装机来进行，其操作顺序是自下而上，左右交叉，最后封顶成环。

三、衬砌壁后注浆

为防止地表沉降，必须将盾尾和衬砌之间的建筑空隙及时压浆充填。压浆可以改善隧道衬砌的受力状态，增强衬砌的防水效能，因此，压架是盾构施工的关键工序。

根据施工经验，压浆数量同注入压力及要求控制的地表沉降有关，一般为理论计算建筑空隙体积的 110%～180%。

压浆要对称于衬砌环进行，尽量避免单点超压注浆，以减少衬砌环的不均匀施工荷载。注浆压力一般为 0.5～1.0MPa。

四、盾构法施工的运输、供电、通风和排水

1. 运输

隧道内需运输的材料有开挖的土方、管片、压浆材料，以及隧道延伸所需的枕木、钢轨、走道板、管道等。运输方式分为水平运输和垂直运输。

水平运输大都采用轻型窄轨（轨距 600mm），用蓄电池式电机车牵引。在运距长、坡度陡的情况下，可采用内燃机车。

2. 供电

盾构施工时，除了要重视盾构本身及井下设备的供电外，对于地面降水用水泵、气压用空压机等的供电也务必充分保证，否则会因断电招致重大工程事故。供电系统要考虑足够的备用系数，还应采用多路电源供电的办法。供电线路及设备要有良好的安全措施，并经常维修检查。

3. 通风

盾构施工均为单头巷道的形式，为此，应根据工作面实际操作人数，供给新鲜空气，并注意调节工作面的温度与湿度。一般采用矿用通风机，考虑一定距离的接力，送到开挖面。地层中含有沼气、瓦斯等易燃、易爆气体时，除加强盾构机密闭措施外，还应加强通风。应对有害气体进行监测，并降低到可能爆燃的浓度以下。

4. 排水

隧道施工用水、渗漏水以及工作面涌水应迅速排除，以保证盾构机械的安全操作。隧道内积水一般先排入工作井，然后再用专设的抽水系统排至地面。

第十七章　工程起重机

第一节　起重机械的基本参数

起重机的参数是表征其技术性能的指标，也是设计和选用起重机的依据。它主要包括：起重量、幅度（或外伸距）、起升高度、工作速度、生产率、轨距（或跨度、轮距）和轴距、工作级别、起重机外形尺寸、自重和轮压等。

1. 起重量

起重量通常是指最大额定起重量，它表示起重机正常工作时所允许起升的最大重物质量（t）。对于使用吊钩的起重机，它指允许吊钩吊起的最大重物的质量。对于使用吊钩以外各种吊具的起重机，如使用抓头、电磁吸盘、集装箱吊具等的起重机，这些吊具的质量应包括在内，即为允许起升的最大重物质量与可拆吊具的质量之和。对于起重量较大的起重机通常除主钩外，还装设起重能力较小、起升速度较快的副钩。副钩的起重量一般约为主钩重量的 $20\%\sim40\%$。

轮胎、汽车、履带等起重机的额定起重量是随工作幅度不同而变化的，其标定起重量是指使用支腿且臂架处于最小幅度位置时允许起升的最大质量。

起重量一般由使用部门根据需要提出。在选定起重量时，应使其符合我国起重机械系列标准和交通行业标准的规定。

2. 幅度（或外伸距）

幅度是指起重机吊具伸出起重机支点以外的水平距离（m），不同形式的起重机往往采用不同的计算起点。对于回转臂架起重机，其幅度是指回转中心线与吊具中心线间的水平距离。

3. 起升高度

起升高度是指起重机能将额定起重量起升的最大垂直距离（m）。

4. 工作速度

起重机的工作速度包括起升、变幅、回转、运行四个机构的速度。起升速度是起重机械起升额定起重量时，货物匀速上升的速度（m/min）；变幅速度是起重机吊具从最大幅度至最小幅度并沿水平方向运动的平均速度（m/min）；回转速度是回转起重机的转动部分在匀速转动状态下每分钟回转的圈数（r/min）；运行速度是起重机械或起重小车匀速运行时的速度（m/min），对于无轨运行机械常称行驶速度（km/h）。起重机各机构的工作速度既取决于作业上的要求，又取决于技术上的可能性。

5. 生产率

起重机的生产率是指在单位时间内吊运货物的总吨数，通常用 t/h 表示。它是综合了起重量、工作行程和工作速度等基本参数，以及操作技能、作业组织等因素而表明起重机工作能力的综合指标。由此可见，起重机的生产率不仅取决于起重机本身的性能参数，如起重量大小、工作速度高低等，还与货物种类、工作条件、生产组织以及司机的熟练程度等密切相关。

6. 起重机及其机构的工作级别

工作级别是表明起重机及其机构工作繁忙程度和荷载状态的参数。

起重机是间歇动作的机械。工作时，各个机构不但时开时停，而且有时正转，有时反转；有时满载，有时空载；有时荷载大，有时荷载小；有的起重机日夜三班工作，有的特殊用途的起重机甚至一年才用1～2次。在起重机每次吊运货物的工作循环中，各个机构运动时间的长短和开动次数也不相同，这些现象都会对起重机的金属结构和机构零部件的疲劳、磨损等产生不同的影响。因此，应根据不同情况对起重机及其机构划分为不同的工作级别，目的是为合理地设计、制造和选用起重机及其零部件提供一个统一的基础。

根据我国起重机设计规范（GB/T 3811—2008），起重机及其机构的工作级别是按它们的利用等级和荷载状态来划分的。利用等级反映了工作的繁忙程度，起重机按其设计使用期内总的工作循环次数分等级，各机构再按其使用期内运转总时数分等级。起重机及其机构的荷载状态表明它们经常受载的轻重程度，均分为轻、中、重、特重四级。根据起重机或机构的利用等级和荷载状态，把起重机的工作级别分为 $A_1 \sim A_8$ 共八个级别，各机构则分为 $M_1 \sim M_8$ 各八个工作级别。例如，1～3级是指不经常使用的或经常轻闲地使用的级别，而7～8级则表示繁忙地使用或者利用等级中等但荷载状态为重或特重的情况。

第二节 起重机械零部件及主要机构

一、起重机械零部件

1. 钢丝绳

钢丝绳是广泛应用于起重机中的挠性构件，具有承载力大、卷绕性好、运动平稳无噪声、工作可靠等优点。

（1）结构形式的选择 起重机钢丝绳通常采用双重绕绳：先由钢丝捻绕成绳股，再由绳股绕绳芯捻绕成绳，如图 17-1 所示为双绕线接触钢丝绳。钢丝抗拉强度极限可达 1.4～2 GPa，其中 1.7 GPa、1.85 GP 较常用。钢丝按力学性能分为特号、Ⅰ号、Ⅱ号三种。特号韧性最好，用于载人的升降机；Ⅰ号韧性较好，用于一般起重机；Ⅱ号成本较低，用做捆扎绳。钢丝表面分镀锌和光面两种，前者防腐性能好，但由于镀锌的影响，其抗破断拉力和挠性有所降低。

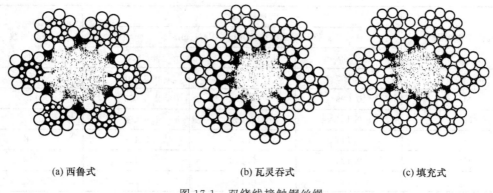

(a) 西鲁式　　　　　　　　(b) 瓦灵吞式　　　　　　　(c) 填充式

图 17-1　双绕线接触钢丝绳

钢丝绳的捻绕方向根据其外层绳股的螺旋线方向分为右旋绳和左旋绳，一般无特殊要求，多采用右旋绳。钢丝捻成绳股与绳股捻成绳方向相同为顺捻，钢丝捻成绳股与绳股捻成绳方向相反为交捻，如图 17-2 所示。交捻不会松散，制造方便，但挠性和寿命不如顺捻。

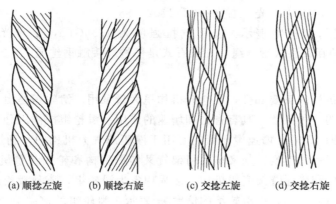

(a) 顺捻左旋　　(b) 顺捻右旋　　(c) 交捻左旋　　(d) 交捻右旋

图 17-2　钢丝绳绕向

钢丝绳按钢丝与钢丝之间的接触形式分为点接触、线接触和面接触。点接触钢丝绳钢丝易滑动，接触应力大，影响使用寿命，但制造成本低；线接触钢丝绳钢丝之间接触良好，使用寿命约为点接触钢丝绳的 2 倍，故起升机构应优先采用线接触钢丝绳。在腐蚀较大的环境采用镀锌钢丝绳。

（2）钢丝绳直径的计算与选择　　钢丝绳直径可由钢丝绳最大工作静拉力确定，即：

$$D = C\sqrt{S_{max}}$$

式中　　D——钢丝绳最小直径，mm；

　　　　C——选择系数，见表 17-1；

　　　　S_{max}——钢丝绳最大工作静拉力，N。

　　　　对于单联滑轮组：　　　　　　　$S_{max} = Q/(m\eta)$

式中　　Q——被提升的物体重量；

　　　　m——滑轮组倍率；

　　　　η——安全系数，见表 17-1。

对于双联滑轮组：
$$S_{\max} = Q/(2m\eta)$$

表 17-1 钢丝绳选择系数 C 和安全系数 η

机构工作级别	选择系数 C			安全系数 η
	钢丝绳公称抗拉强度 $\delta_b/(\text{N}/\text{mm}^2)$			
	1550	1700	1850	
$M_1 \sim M_3$	0.093	0.089	0.085	4
M_4	0.099	0.095	0.091	4.5
M_5	0.104	0.100	0.096	5
M_6	0.114	0.109	0.106	6
M_7	0.123	0.118	0.113	7
M_8	0.140	0.134	0.128	9

注：1. 对于运搬危险物品的起重用钢丝绳，一般应按比设计工作级别高一级的工作级别选择表中的 C 或 η 值。
2. 臂架伸缩用的钢丝绳，安全系数不得小于 4。

（3）钢丝绳的标记　确定了钢丝绳的形式和所需钢丝绳的最小直径后，可在圆股钢丝绳国家标准 GB 1102—88 中选定所需钢丝绳型号。钢丝绳型号中应包括结构形式、主参数、钢丝绳质量和捻制方法。具体标记见下例所示：

6W(19)－35－155－Ⅰ－光－右交—GB 1102—88

这种型号标记的钢丝绳表示：公称抗拉强度为 1.55GPa，Ⅰ号光面制成的直径为 35mm，右向交绕的瓦灵吞式钢丝绳，瓦灵吞式是一种线接触钢丝绳。

2. 滑轮组

滑轮组是起重机械的重要部件，在起升机构里大量采用。滑轮组是由钢丝绳依次绕过定滑轮和动滑轮组成的一种装置，具有省力和增速的作用。滑轮组按作用分为省力滑轮组和增速滑轮组两种（见图 17-3）。增速滑轮组主要用于液压或气力机构中，利用油或气缸工作装置获得数倍于活塞行程的速度，如叉车的门架货叉伸缩机构和轮式起重机的吊臂伸缩机构，起重机械的起升机构和普通臂架变幅机构，多采用省力滑轮组，该种滑轮组以较少的力能吊起较大的重物。省力的大小，用滑轮组的倍率 m 表示。滑轮组的倍率 m 在数值上等于滑轮组承载分支数与绕进卷筒上驱动分支数之比。图 17-3 的倍率为 4，倍率 m 的大小可用公式表示

$$M = Q/S = L/h = v_0/v$$

式中　Q——被吊起物品的重量；

S——钢丝绳自由端拉力；

L——钢丝绳自由端移动的距离；

h——物品的提升距离；

v_0——钢丝绳的线速度；

v——物品的提升速度。

滑轮组倍率的选定，对起升机构的总体尺寸影响较大。倍率增大，则钢丝绳分支拉力减小，钢丝绳直径、滑轮和卷筒直径也都减小，在起升速度不变时，需提高卷筒的转速，即减少机构传动比。但倍率过大，又会使滑轮组本身体积和重量增大，同时还会降低效率，加速钢丝绳的磨损。

起重量小时，选用小的倍率，随着起重量的增大，倍率应相应提高。倍率增大，起升速

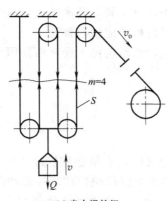
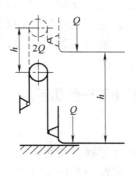

(a) 省力滑轮组   (b) 增速滑轮组

图 17-3   滑轮组类型

度相应减少。移动式起重机常用的单联滑轮组倍率见表 17-2。

表 17-2   移动式起重机常用的单联滑轮组倍率

额定起重量/t	3	5	8	12	16	25	40	65	100
倍率	2	3	4~6	6	6~8	8~10	10	12~16	16~20

3. 制动器

为保证起重机工作的安全和可靠，在起升机构中必须装设制动器，而在其他机构中视工作要求也要装设制动器。起升机构中用制动器使重物的升降运动停止并使重物保持在空中，或者用制动器来调节重物的下降速度。而在回转和走行机构中则可用制动器保证在一定行程内停住机构。

（1）制动器的主要作用

① 支持重物。当重物的起升和下降动作完毕后，使重物保持不动。

② 停止。消耗运动部分的动能，使其减速直至停止。

③ 下降制动。消耗下降重物的位能以调节重物的下降速度。

（2）制动器的种类及其比较   制动器按其工作状态可分为：常闭式、常开式、综合式。

常闭式制动器经常处于上闸状态，机构工作时，借外力使制动器松闸。

常开式制动器经常处于松闸状态，当需要制动时借外力使制动器上闸制动。

综合式制动器在起重机通电工作过程中常开，可通过操纵系统随意进行制动。起重机不工作时，切断电源，制动器上闸成为常闭。

一般在起升和变幅机构中采用常闭式制动器以保证工作安全可靠。而回转和走行机构中则多采用常开式或综合式制动器以达到工作平稳。

制动器按其构造形式可分为：带式制动器、块式制动器、盘式制动器等。

带式制动器由制动带、制动轮、连杆、松闸液压缸及上闸弹簧等组成。弹簧的拉力使连杆将制动带拉紧并压紧制动轮实现制动，为常闭式制动器。需要松闸时，高压油进入液压缸左腔，推动活塞向右运动并克服弹簧的上闸力，制动带松开实现松闸。其结构简单、紧凑，制动力矩较大，可以安装在低速轴上并使起重机的机构布置得很紧凑，在轮胎式起重机中应用较多。其缺点是制动时制动轮轴上产生较大的弯曲荷载，制动带磨损不均匀。

块式制动器构造简单，工作可靠，两个对称的瓦块磨损均匀，制动力矩大小与旋转方向无关，制动轮轴不受弯曲作用。但制动力矩较小，宜安装在高速轴上，与带式制动器相比构造尺寸较大。在电动的起重机械，特别是塔式起重机中应用较普遍。

盘式制动器的上闸力为轴向压力，制动平稳，制动轮轴不受弯曲作用可用较小的轴向压力产生较大的制动力矩。

二、起重机的主要机构

1. 起升机构

起升机构是起升货物并使它产生升降运动的机构，它是起重机最主要和最基本的机构。起升机构根据动力装置的不同可分为三种：①内燃机经机械传动装置带动起升卷筒转动，就整机而言它属于集中驱动，为保证各机构的独立运动，传动系统比较复杂，操纵也不方便，目前只在少数履带式起重机和轮胎式起重机上应用；②电动机经机械传动装置带动起升卷筒转动，简称电动起升机构，它属于分别驱动，其传动装置简单，可以采用标准件，在桥式起重机、龙门起重机和塔式起重机上广泛应用（见图17-4）；③由油马达经机械传动装置或直接驱动卷筒，简称液压起升机构，它也属于分别驱动，具有结构简单、外形尺寸紧凑、重量轻等优点，在汽车起重机和轮胎起重机上得到广泛应用。下面主要介绍后两种起升机构。

（1）电动起升机构　图17-4所示为电动起升机构简图，它由电动机1、单齿形联轴器2、浮动轴3、制动器4和带制动轮的单齿形联轴器5、减速器6、卷筒7、双齿形联轴器8、

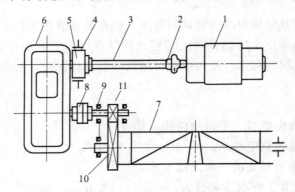

图 17-4　电动起升机构简图

1—电动机；2—单齿形联轴器；3—浮动轴；4—制动器；
5—带制动轮的单齿形联轴器；6—减速器；7—卷筒；
8—双齿形联轴器；9—轴承座；10,11—大、小齿轮

轴承座9、大齿轮10和小齿轮11组成。电动机经过减速器减速后驱动卷筒旋转，使钢绳绕进卷筒或由卷筒放出，从而使吊钩升降。卷筒的正反向转动是通过改变电动机的转向来达到的；而机构运动的停止或使货物保持在悬吊状态是依靠制动器抱住制动轮来实现的。制动器通常装在高速轴上，这样所需要的制动力矩小，因而制动器的尺寸小、重量轻。

电动起升机构的动力装置是电动机，通常采用交流电动机，也有用直流电动机的。按照取物装置的不同可分为吊钩起升机构、电磁吸盘起升机构和抓斗起升机构。

电动机与卷筒并列布置是大多数吊钩起重机常用的起升机构的形式，电动机通过二级标准减速器带动卷筒转动。对于大重量的起重机，为了实现低速起升以及增大电动机与卷筒之间的距离，除采用标准两级卧式减速器外，再采用一对传动比为3～5的开式齿轮传动。并列式起升机构分组性好，易选用标准件，机构布置匀称，安装维修方便，因而得到广泛应用。

（2）液压起升机构　液压起升机构主要应用于汽车起重机和轮胎起重机。按照液压驱动装置的类型可分为：高速油马达、低速大扭矩油马达和起升油缸式起升机构三种。

① 高速油马达起升机构　高速油马达比较成熟，得到广泛的应用。采用高速油马达作驱动装置的起升机构可分为单卷筒式和双卷筒式两种。

单卷筒式起升机构按卷筒与油马达的相对位置可分为并列式与同轴式两种。并列式布置的起升机构是目前中小吨位轮胎式起重机最常用的，其简图如图17-5（a）所示。高速油马达1经二级标准减速器3带动卷筒4转动，制动器2装在高速轴上，这样制动力矩小，制动器外形尺寸小。这种形式的起升机构，其优点是分组性好，可以采用标准件，维修方便；缺点是机构布置不够紧凑，特别是在起重量大的情况下尤为突出，因此适用于中小吨位的起重机。

　　图17-5（b）是采用行星齿轮传动将高速油马达与卷筒同轴布置的简图，这是近年来汽车起重机广泛应用的一种起升机构形式。

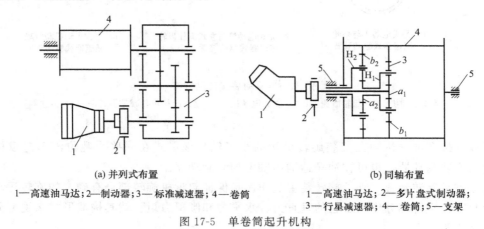

（a）并列式布置　　　　　　　　　　　　　（b）同轴布置

1—高速油马达；2—制动器；3—标准减速器；4—卷筒　　　1—高速油马达；2—多片盘式制动器；
3—行星减速器；4—卷筒；5—支架

图17-5　单卷筒起升机构

　　② 低速油马达起升机构　低速大扭矩油马达的特点是转速低、输出扭矩大，这对于低速重载的起重机械是非常需要的。有这类油马达就可以将油马达直接与卷筒连接，一般不需要减速装置，从而简化了机构的传动装置和结构。使用低速大扭矩油马达与在相同功率条件下使用减速器相比，体积和重量要小得多，这种优点当输出扭矩越大时越明显。因此，低速大扭矩油马达宜用于大、中型起重机。对于大吨位起重机，有时为了满足输出扭矩和转速的要求，在油马达与卷筒之间可以增加一级开式齿轮传动。

2. 回转机构

　　回转机构的作用是将起吊的货物绕起重机垂直轴线做水平圆弧移动。回转机构由两大部分组成：将回转部分（转台）支承在固定部分（底架）上的支承回转装置和驱动旋转部分相对于固定部分旋转的回转驱动装置。

　　（1）回转驱动装置

　　① 电动回转装置　通常装在回转部分上，电动机通过减速器带动最后一级小齿轮，小齿轮再与装在固定部分的大齿圈啮合，以实现起重机回转。回转驱动装置分为卧式电动机与蜗轮减速器式、立式电动机与立式圆柱齿轮减速器式、立式电动机与行星减速器式三种类型，如图17-6所示。

　　② 液压回转驱动装置

　　a. 高速油马达回转机构。在液压回转驱动装置传动方案中，高速油马达与蜗轮减速器或行星减速器驱动方式在传动形式上与电动机驱动基本相同，如图17-6（a）、（b）所示．这两种形式的回转机构在汽车起重机和轮胎起重机中应用很广。

　　b. 低速大扭矩油马达回转机构。低速大扭矩油马达的转速在 $1\sim100r/min$ 范围内，因

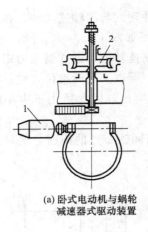 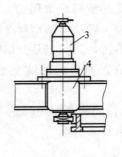 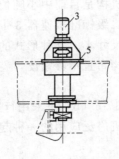

(a) 卧式电动机与蜗轮
减速器式驱动装置   (b) 立式电动机与立式圆柱齿轮
减速器式驱动装置   (c) 立式电动机与行星
减速器式驱动装置

图 17-6　驱动装置传动方案

1—卧式电动机；2—蜗轮减速器；3—立式电动机；4—立式圆柱齿轮减速器；5—行星减速器

此，可以直接在油马达轴上安装旋转机构的小齿轮。该形式在一些小吨位汽车起重机上应用，有的不装制动器，也可在油马达输出轴上加装制动器。

（2）支承旋转装置　支承旋转装置的作用是保证起重机旋转部分有确定的旋转运动，并能承受起重机旋转部分作用于它的垂直力、水平力和倾覆力矩。就其构造形式来说可分为柱式与转盘式两类。

① 柱式支承旋转装置　柱式支承旋转装置主要由一个柱式结构物、两个水平支承与一个推力支承组成，有时用一个向心推力支承作为下支承。根据柱式结构物是固定或转动，可分为定柱式与转柱式两种。

② 转盘式支承旋转装置　转盘式支承旋转装置可分为滚子夹套式和滚动轴承式两种。滚动轴承式支承旋转装置是目前国内外广泛采用的一种转盘式支承旋转装置，它用于汽车式、轮胎式和履带式起重机等。

滚动轴承式支承旋转装置的优点是：结构紧凑，装配与维护简单，工作平衡，旋转阻力小。由于滚动轴承圈中心部分可以作为滚动体的通道，这对于起重机的布置是比较方便的。它的缺点是：对于材料及加工工艺要求高，成本较高，修理不够方便。另外，对与它相连接的金属结构的刚度有较高的要求，以免由于构件变形使滚动体与滚道卡紧或使荷载分布极不均匀，从而使轴承早期损坏。

根据滚动体的形状可分为滚珠式与滚柱式两种；根据滚动体的排数又分为单排、双排和多排三种。

在滚动轴承式支承旋转装置中应保证良好的润滑和密封，以提高它的使用寿命。通常采用耐油橡胶的密封圈来密封，在设计上还应注意便于更换损坏的密封圈。润滑剂可采用润滑脂或二硫化钼与润滑脂的混合剂。大约工作 50～100h 加一次油。

3. 变幅机构

用来改变起重机幅度的机构称为变幅机构，利用变幅机构可以扩大起重机的作业范围。当变幅机构和旋转机构协同工作时，起重机的作业范围是一个环形空间。

变幅机构按照结构形式可分为运行小车式变幅和臂架式变幅；按照工作性质可分为非工

作性变幅和工作性变幅；按照传动装置构造分为挠性传动和刚性传动。

（1）运行小车式变幅机构　运行小车式变幅如图 17-7（a）所示，是指小车沿着臂架方向运行以改变起重机幅度的方式。工作臂架置于水平位置，运行小车沿着臂架方向移动以改变幅度。

运行小车式变幅的优点是变幅时重物做水平移动，这样可节省由于变幅时重物高度变化而消耗的能量；变幅速度较快，重物安装时位置较易对准；幅度有效利用率较大。其缺点是臂架承受较大的弯矩，结构自重较大。

（2）臂架式变幅机构　臂架式变幅如图 17-7（b）、（c）所示，是指臂架绕支点摆动一定角度或借助臂架伸缩以改变起重机的幅度。图 17-7（b）是臂架式（定长臂）变幅，依靠臂架绕水平铰轴 O 转动，使臂架摆动角度 α 而改变幅度。图 17-7（c）为臂架式（伸缩臂）变幅，表示多节可伸缩式臂架，在臂架伸缩时改变臂架长度从而改变起重机的幅度。伸缩臂式变幅机构用于移动式起重机（如汽车起重机、轮胎起重机等），它可以使起重机获得较小的外形尺寸。

臂架式变幅机构的优点是起升高度较大，拆装运输方便。但幅度的利用率较低，变幅速度不均匀，在变幅时要达到重物水平移动，则需要采取复杂的构造措施。

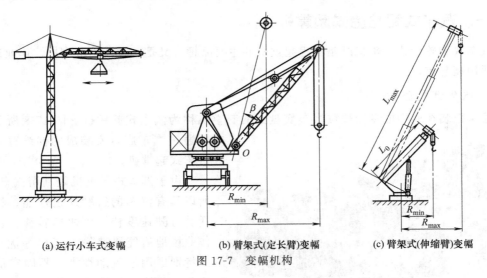

(a) 运行小车式变幅　　　　(b) 臂架式(定长臂)变幅　　　(c) 臂架式(伸缩臂)变幅

图 17-7　变幅机构

小车式变幅和臂架式变幅各有特点，国内外两种方案均得到广泛使用，一般在汽车式、轮胎式等移动起重机中采用臂架式变幅，塔式起重机的工作性变幅常采用小车式变幅机构。

按照动臂和驱动机构之间的连接方式，臂架式变幅机构分挠性传动和刚性传动两类。

① 挠性传动　挠性传动变幅机构是指动臂和驱动机构之间用钢丝绳、滑轮组等挠性件的机构，如图 17-7（b）所示，当改变滑轮组之间的距离时，臂架就绕铰轴 O 点摆动。为了缩短变幅绳的长度，变幅滑轮组的动滑轮轴通过拉杆或拉索与动臂头部相连，定滑轮轴则固定在起重机转台上部的人字架上。

挠性传动变幅机构的优点是构造简单、工作可靠、便于拆装，可采用标准卷扬机作为变幅的驱动装置，臂架受力好。缺点是效率低、动臂容易晃动，如果没有限位装置时，动臂有后倾的危险，钢丝绳容易磨损。

② 刚性传动　刚性传动变幅机构是指动臂和驱动机构之间用油缸、齿条等刚性元件进

行联系。如图 17-7 (c) 所示为油缸传动变幅机构的形式，油缸变幅具有结构紧凑、自重小、工作平衡、易于布置等主要优点，在各种起重机的变幅机构中应用很广。但这种方案的缺点是制造精度要求较高。

第三节　典型工程起重机械结构

工程起重机是各种工程建设中进行起重作业的各种机械的总称。它对于减轻劳动强度，节省人力，降低建设成本，提高施工质量，加快建设速度，实现工程施工机械化起着十分重要的作用。

工程起重机主要包括汽车起重机、轮胎式起重机、履带式起重机、塔式起重机、桅杆式起重机、缆索式起重机以及施工升降机等。它适用于各类建筑和工业设备安装等工程中的结构与设备的安装工作以及成件和贵重物品的垂直运输与装卸工作；它也广泛应用于交通、农业、油田、水电和军工等部门的装卸与安装工作。

下面就工程起重机中常用的、主要的机种——汽车式和轮胎式起重机、塔式起重机和履带式起重机的主要特点、工作原理与设计计算的原则做简要介绍。

一、汽车式和轮胎式起重机

汽车式和轮胎式起重机既是工程起重机的主要品种，又是一种使用范围广、作业适应性广的通用型起重机。

1. 汽车式起重机

通常把装在通用或专用载重汽车底盘上的起重机称为汽车式起重机。图 17-8 所示为利用通用汽车底盘安装成的伸缩臂式液压汽车式起重机。

图 17-8　伸缩臂式液压汽车式起重机

由于汽车式起重机是利用汽车底盘，所以具有汽车的行驶通过性能、机动灵活、行驶速度快、可快速转移、转移到作业场地后能迅速投入工作等优点，因此特别适用于流动性大、不固定的作业场所。此外，在现成的汽车底盘上改装成起重机比较容易和经济。汽车式起重机由于具有上述这些特点，因而随着汽车工业的迅速发展，近年来各国汽车式起重机的品种和产量都有很大发展。但汽车式起重机也有其弱点，主要是起重机总体布置受汽车底盘的限制，一般车身都较长，转弯半径大，并且只能在起重机左、右两侧和后方作业。

2. 轮胎式起重机

将起重作业部分装在专门设计的自行轮胎式底盘上所组成的起重机称为轮胎式起重机。图 17-9 所示为桁架臂式轮胎式起重机。轮胎式起重机因为不受汽车底盘的限制，轴距、轮距可根据起重机总体设计的要求而合理布置。轮胎式起重机一般轮距较宽、稳定性好、轴距小、车身短，故转弯半径小，适用于狭窄的作业场所。轮胎式起重机可前后、左右四面作业，在平坦的地面上可不用支腿吊重以及在吊重情况下慢速行驶。一般说来，轮胎式起重机行驶速度比汽车式起重机慢，其机动性不及汽车式起重机。但它与履带式起重机相比，具有便于转移和在城市道路上通过的性能。近年来，轮胎式起重机行驶速度有显著提高，并且出现了越野型液压伸缩臂式的高速轮胎式起重机，它具有较大的牵引力和较高的行驶速度（80km/h以上），越野性能好，并可以全轮转向，机动灵活，特别适合于在狭窄场地上作业。汽车式和轮胎式起重机的行驶速度范围为12～80km/h。

图 17-9　桁架臂式轮胎式起重机

二、履带式起重机

把起重作业部分装设在履带底盘上，走行依靠履带装置的起重机称为履带式起重机。如图 17-10 所示。履带式起重机与轮胎式起重机相比，因履带与地面接触面积大，故对地面的

图 17-10　履带式起重机

平均比压小，约 0.05～0.25MPa，可在松软、泥泞的地面作业。它牵引系数高，约为轮胎式的 1.5 倍，爬坡的坡度大，可在崎岖不平的场地上行驶。由于履带式起重机支承面宽大，故稳定性好，一般不需要像轮胎式起重机那样设置支腿装置。

对于大型履带式起重机，为了提高作业时的稳定性，履带装置设计成可横向伸展，以扩大支承宽度。但履带式起重机行驶速度慢（1～5km/h），而且行驶过程要损坏路面。因此，转移作业场地时，需通过铁路运输或用平板拖车装运。又因履带底盘笨重，用钢量大（一台同功率的履带式起重机比轮胎式起重机重 50%～100%），制造成本高。因此，随着现代化建筑体系装配程度的不断提高，工期不断缩短，要求广泛采用机动灵活、便于转移的起重机。近年来，中、小型轮胎式起重机产量大大增加，而履带式起重机有相对减少的趋势。但大型履带式起重机仍有独特的用途。

三、塔式起重机

塔式起重机是各种工程建设，特别是现代化工业与民用建筑中的主要施工机械。

1. 塔式起重机产品分类

塔式起重机产品可概括分为上回转塔式起重机和轨道式下回转快装塔式起重机两大类如图 17-11 所示。

按塔式起重机能否移动又分为：走行式塔式起重机和固定式塔式起重机。走行式塔式起重机还可再分为轨道式、轮胎式、汽车式和履带式四种。

第十七章　工程起重机

249

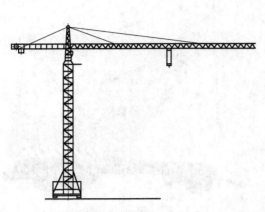

(a) 上回转塔式起重机

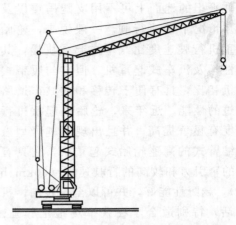

(b) 轨道式下回转快装塔式起重机

图 17-11　塔式起重机

固定式塔式起重机塔身固定不转，安装在混凝土基础上，既可用作内爬塔式起重机，也可以用作附着式塔式起重机。

下回转走行式快装塔式起重机的特点是：容易拆卸，转场快速，在现场占用施工场地极少，但是，这种塔式起重机的起重能力有限制。

上回转塔式起重机的回转机构位于塔顶或塔尖（塔式起重机头部）与塔身顶部之间，仅塔顶部分能转动，塔身固定不动。这种起重机起重能力比较大，起升高度比较高。

下回转塔式起重机的塔身结构比较轻便，回转机构装设于下部，塔身可以转动。这种塔式起重机的底部转台和平衡臂的尺度必须受到限制，并要保证塔式起重机与施工外墙之间至少保持 500mm 以上的安全间距。

为了提高起升高度或者是为了增大臂根铰点高度，需要顶升塔身并接高。加高的方法有以下几种：上顶升加节接高是借助套架将塔身顶部以上部分升起一个高度，从而形成一个空间将塔身标准节从侧向引入并与下部塔身连成一体，或者由上向下插入此空间并与下部塔身连成一体；中顶升加节接高的方式有两种：一种是利用套架进行顶升接高，另一种是采用拼装式外塔身结构，先从外塔身顶部进行拼装接高，然后再由内塔身结构下部向上顶起，从而使塔身结构增加一定高度。

2. 主参数

塔式起重机的主参数是公称起重力矩。所谓公称起重力矩是指起重臂为基本臂长时最大幅度与相应额定起重量重力的乘积。主参数系列见表 17-3。

表 17-3　塔式起重机主参数系列　　　　　　　　kN·m

公称起重力矩	100	160	200	250	315	400		
	500	600	800	1000	1250	1600	2000	2500
	3150	4000	5000	6300				

第四节　起重机械常用液压回路

工程起重机常用液压回路有：起升、伸缩、变幅、回转、支腿及转向等机构液压回路。

这里介绍一些简单而典型的液压回路。

1. 起升机构液压回路

工程起重机需要用起升机构，即卷筒-吊索机构实现垂直起升和下放重物。液压起升机构用液压马达通过减速器驱动卷筒，图 17-12 是一种最简单的起升机构液压回路。当换向阀 3 处于右位时，通过液压马达 2、减速器 6 和卷筒 7 提升重物 G，实现吊重上升。而换向阀处于右位时下放重物 G，实现负重下降，这时平衡阀 4 起平稳作用。当换向阀处于中位时，回路实现承重静止。由于液压马达内部泄漏比较大，即使平衡阀的闭锁性能很好，但卷筒-吊索机构仍难以支撑重物 G。如要实现承重静止，可以设置常闭式制动器，依靠制动液压缸 8 来实现，在换向阀右位（吊重上升）和左位（负重下降）时，泵 1 压出液体同时作用在制动缸下腔，将活塞顶起，压缩上腔弹簧，使制动器闸瓦拉开，这样液压马达不受制动。换向阀处于中位时，泵卸荷，出口接近零压，制动缸活塞被弹簧压下，闸瓦制动液压马达，使其停转，重物 G 就静止在空中。

某些起升机构要求开始举升重物时，液压马达产生一定的驱动力矩，然后制动缸才彻底拉开制动闸瓦，以避免重物 G 在马达驱动力矩充分形成前向下溜滑。所以在通往制动缸的支路上设单向节流阀 9，由于阀 9 的作用，拉开闸瓦的时间放慢，有一段缓慢的动摩擦过程；同时马达在结束负重下降后，换向阀 3 回复中位，阀 9 的单向阀允许迅速排出制动缸下腔的液体，使制动闸瓦尽快闸住液压马达，避免重物 G 继续下降。

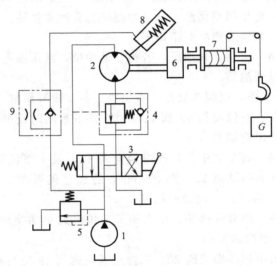

图 17-12 起升机构液压回路

1—液压泵；2—液压马达；3—换向阀；4—平衡阀；

5,6—减速器；7—卷筒；8—制动液压缸；9—单向节流阀

2. 回转机构液压回路

为了使工程机械的工作机构能够灵活机动地在更大范围进行作业，就需要整个作业架作旋转运动。回转机构就是实现这种目的。回转机构的液压回路如图 17-13 所示。液压马达 5 通过小齿轮与大齿轮的啮合，驱动作业架回转。整个作业架的转动惯量特别大，当换向阀 2 由上或下位转换为中位时，A、B 口关闭，马达停止转动。但液压马达承受的巨大惯性力矩

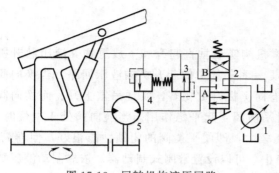

图 17-13　回转机构液压回路
1—液压泵；2—手动换向阀；3,4—缓
冲阀；5—液压马达

使转动部分继续前冲一定角度，压缩排出管道的液体，使管道压力迅速升高。同时，压入管道液源已断，但液压马达前冲使管道中液体膨胀，引起压力迅速降低，甚至产生真空。这两种压力变化如果很激烈，将造成管道或液压马达损坏。因此必须设置一对缓冲阀 3、4。当换向阀的 B 口连接管道为排出管道时，阀 4 如同安全阀那样，在压力突升到一定值时放出管道中液体，又进入与 A 口连接的压入管道，补充被液压马达吸入的液体，使压力停止下降，或减缓下降速度。所以对回转机构液压回路来说，缓冲补油是非常重要的。

3. QY16 型汽车式起重机液压系统

图 17-14 所示为国产 QY16 型汽车式起重机液压系统。该起重机最大起升高度为 19m，起重量为 16t。液压系统属开式、多泵定量系统。液压系统由支腿、回转、伸缩、变幅及起升液压回路组成。支腿换向阀 3、4、5、6 为并联油路，但与换向阀 2 组成串并联油路。变幅换向阀 15 与伸缩换向阀 14 为并联油路。三联泵中，泵 I 主要给支腿回路和回转回路供油，泵 II 主要给伸缩及变幅回路供油，泵 III 主要给起升回路供油。

有关这 5 个基本回路情况简要介绍如下。

（1）支腿液压回路　由泵 I 来油后，若阀 2 处中位，液压油可供回转回路。回转回路不工作时，液压油直接返回油箱。

阀 3、4、5、6 不工作，仅阀 2 处左、右位时，各支腿液压缸（42、43）也不能动作。

只有当阀 2 处于左、右位及阀 3、阀 4、阀 5、阀 6 也同时或单独动作时，支腿水平油缸和垂直油缸才能单独伸出或缩回。

（2）回转液压回路　阀 2 处中位，操纵换向阀 13，泵 I 来油即可使回转马达 37 运转。在进压力油的同时，配合脚踏缸 22、23 的动作，通过过载阀 32、二位三通制动阀 34 可实现液压马达制动闸 33（常闭式）的及时松闸。

（3）伸缩液压回路　由泵 II 供油，压力油经三位六通手动换向阀 14 右或左位、平衡阀 27 即可使伸缩缸 38 伸出或缩回。

伸缩缸液压油压力由远控溢流阀 20、二位三通电磁阀 19 进行控制。当油路压力超过调定值时，安装在进油路上的压力继电器会使电磁阀 19 通电，从而实现压力油卸荷。

（4）变幅液压回路　变幅液压回路由泵 II、换向阀 15、溢流阀 51、平衡阀 28 及变幅液压缸 39 等组成。

此回路还设置有应急手动液压泵 46，当泵 II 因故不能供油时，利用应急泵 46 及快速接头 47 的设置可以保证动臂实现应急下降。

（5）起升液压回路　起升液压回路由泵 III、泵 II、五位六通手动换向阀 17（有二位属过渡位）、远控溢流阀 21、过载补油阀 2、选择阀 25、二位十通液动阀 26、单向节流阀 31、平衡阀 29、30、制动缸 35、36 及液压马达 40、41 等组成。操纵阀 17 不同位工作，可使起升液压马达处于正、反转（起升、下降）。

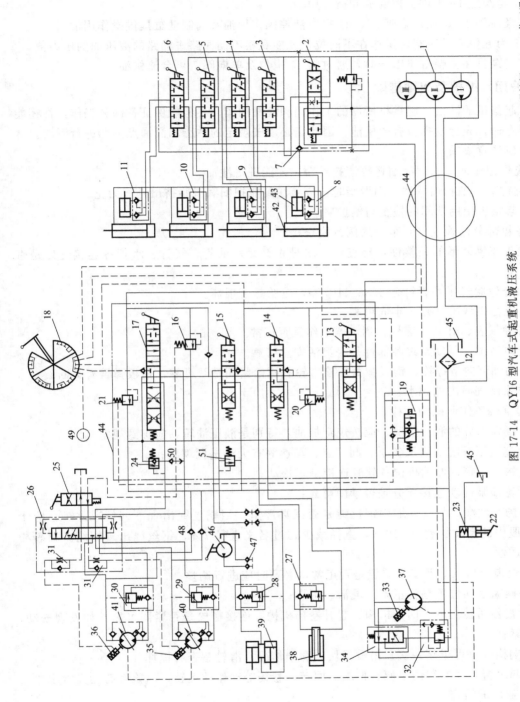

图 17-14 QY16 型汽车式起重机液压系统

1—液压三联泵组（泵Ⅰ，泵Ⅱ，泵Ⅲ）；2~6,13~15,17—手动换向阀；7—单向阀；8~11—液压锁；12—滤油器；16,51—溢流阀；18—五位五通转阀；19—二位三通电磁阀组；20,21—远控溢流阀；22,23—脚踏制动泵阀；24—过载补油缸；25—二位选择阀；26—二位十通液动阀；27~30—平衡阀；31—单向节流阀；32—过载阀组；33,35,36—制动闸阀；34—液动二位三通松闸阀；37—回转液压马达；38—伸缩缸；39—变幅缸；40,41—主，副起升液压马达；42—水平支腿液压缸；43—垂直支腿液压缸；44—回转接头；45—油箱；46—应急泵；47—回转接头；48—梭阀；49—压力表；50—梭阀

阀 25 的不同位，是选择主、副起升机构用。单向节流阀 31 用于缓慢松闸、快速上闸之目的。阀 24 在下降工况时，过速下降将起进油路的补油之用。

阀 21 与阀组 19 组成远控溢流卸荷之用。

利用溢流阀 16 远控口，阀 26、31 提供液控操作用油及向制动缸提供操作用油。

阀 18 为五位五通转阀，操作在不同位，就能观察不同回路进油路的液压油的压力值。

泵Ⅱ、泵Ⅲ在变幅缸不工作时，通过阀 15 中位及单向阀 7 可合流供油。

4. 使用、维护及故障排除

（1）起重机的润滑　起重机所需的工作油和润滑油脂，不但能保证各部分工作正常还能延长使用寿命，充分发挥应有的机能。因此，必须按规定的油脂和润滑点按期进行润滑。

润滑应注意事项：

① 应先把注油口、润滑油杯等清扫干净，才能进行注油。

② 对衬套、轴和轴承注入润滑脂时，应灌注到能把旧润滑脂挤出外面为止。

（2）起重机使用期间的检查与维护

① 底盘部分的检查（开车前的例行检查）

a. 检查车辆外形的完整性，检查油、水是否充足；油管、气管、水管各连接管处是否有渗漏现象。

b. 检查轮胎气压是否符合 $6.86 \times 10^5 Pa$，轮胎是否损坏。

c. 蓄电池接线桩柱是否牢固可靠。

d. 各种仪表、灯光、信号、刮水器工作是否正常。

e. 转向系统、制动系统各部件是否灵活安全可靠。

f. 传动轴万向节螺栓、钢板弹簧螺栓、轮毂螺栓紧固是否可靠，钢板弹簧有无断裂。

g. 排除储气筒内的积水。

② 起重机各作业机构的检查

a. 检查各部分的润滑情况，应按规定加油，特别是液压油箱，应加到规定刻线。

b. 检查液压系统油路及各泵、阀、缸、马达等有无渗透漏现象；

c. 支腿、变幅、伸缩机构各软管连接是否松动；

d. 齿轮油泵传动连接部分是否紧固可靠；

e. 卷扬钢丝绳、吊臂伸缩用钢丝绳是否损坏严重。当钢丝绳出现下列情况之一，应予更换：一股中的断丝数超过 110%，直径减少超过名义直径 7%，钢丝绳出现扭结，显著松脱，严重诱蚀；

f. 各仪表、指示灯及安全装置是否正常，必要时应进行调整；

g. 各操纵手柄位置是否正确、灵活、可靠；

h. 检查各回转支承、回转机构、起升卷扬机构等连接螺栓是否紧固可靠，如发现松动，应加以拧紧；

i. 定期检查（可半年一次）吊臂滑块的磨损情况，滑轮是否有损坏；

j. 升起吊臂，作空载的变幅、伸缩、回转、卷扬等动作的运转，以检查有无异常现象。

③ 作业后的检查

a. 检查各部分有无漏油，并进行必要的准备。

b. 检查螺母、螺栓有无松动，对当天发现的不正常现象，应进行及时必要的修理，不得带故障作业。

c. 作业完毕后，进行必要的清扫工作，如各活动部位、油缸活塞杆的外露部分等。

d. 检查工具和附件的数量是否符合。

e. 记录运转情况和异常症状。

（3）液压系统调整　液压系统中，支腿操纵机构、吊臂的伸缩、变幅、回转、起升卷扬机构均设有溢流阀，以保护系统不会过载操作保证安全作业。其中支腿操纵机构溢流阀的压力调整为21.5MPa，吊臂伸缩、变幅机构的溢流阀压力调整为21MPa，起升卷扬机构的溢流阀压力调整为21MPa。在出厂时各溢流阀的压力均已调好，一般情况下不应任意变动。当更换溢流阀或确需重新调整时，应由有经验的技工在熟悉本液压系统构造后，按规定的数值进行调整。调整时请按下述方法依次进行。

①先将备用的压力表装在泵Ⅰ出口的三通接头上（大约位置见液压系统原理图），把水平支腿伸出，然后将支腿操纵阀溢流阀调整螺钉松开，扳动垂直支腿的操纵手柄于"收"的位置，然后逐渐将支腿操纵阀溢流阀的调整螺钉拧紧，并注视安装在三通接头的压力指示，直到压力升高到21.5MPa为止，随即将调整螺钉锁定。

②调整伸缩、变幅机构溢流阀。此时将该机构溢流阀调整螺钉松开（位于操纵室下部，注意已调整好的溢流阀调整螺钉不能动）。然后将伸缩机构操纵手柄置于"缩臂"位置，并逐渐拧紧溢流阀的调整螺钉。同时注视操纵室内的压力表，待压力升到21MPa时，随即锁定调整螺钉。

③调整卷扬机构溢流阀。先将支腿打好，呈作业状态，此时将卷扬机构的溢流阀调整螺钉松开（注意：其他两个已经调整好的溢流阀不能动），将吊臂全缩于起重机尾部，幅度为3m处，吊住预先准备好的20t左右的重物（注意：重物只能拉住，不能吊起），扳动卷扬机构操纵手柄置于"起升"位置。然后逐渐将溢流阀调整螺钉拧紧，注意操纵室内的压力表，待压力升至21MPa为止，随即调整螺钉锁定。

液压系统压力即调整结束，注意必须按以上顺序依次进行，不能用其他方法调整。

附录 复习思考题

习 题 一

1. 简述液压系统串联、并联及顺序控制的特点。
2. 什么是液压开式系统、闭式系统，并说明其主要特点。
3. 画图简述液压伺服操纵机械基本原理。
4. 分析图中缓冲阀（溢流阀）的作用。
5. 写出国内外知名工程机械公司名称（各5个）。
6. 画出快速下降阀、液压锁和梭阀元件符号。

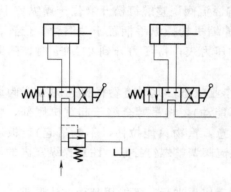

题1图

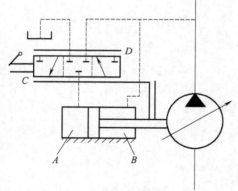

手动伺服变量机构原理示意图

题3图

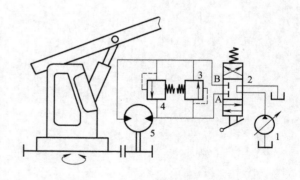

题 4 图

1—液压泵；2—手动换向阀；3—缓冲阀；4—缓冲阀；5—液压马达

习 题 二

1. 什么是液压系统的开式回路、闭式回路，比较其优缺点。

2. 简述液压系统串联控制回路、并联控制回路及顺序控制回路的流量、压力及动作顺序的特点。

3. 画出液压锁、梭阀的液压符号图。

4. 简要分析下图液压伺服变量机构工作原理。

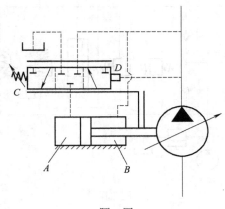

题 4 图

5. 说明下列液压符号代表的元件的工作原理。

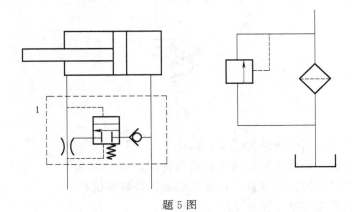

题 5 图

6. 说明起重机液压回转机构回路中缓冲阀 3、4 的作用。

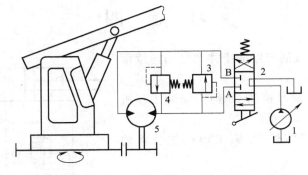

题 6 图

1—液压泵；2—手动换向阀；3—缓冲阀；4—缓冲阀；5—液压马达

习 题 三

1. 简述典型闭式容积调速回路工作原理。

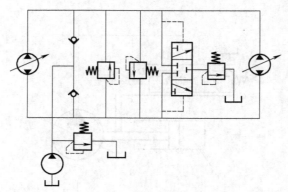

题1图

2. 画出插装阀符号并说明基本工作原理。
3. 解释双向变量马达及制动缸工作原理。

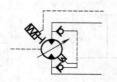

题3图

4. 液压开式回路与闭式回路的定义和特点。
5. 液压串联控制、并联控制、顺序控制的特点。
6. 什么是沥青混合料拌和设备？什么是沥青混合料摊铺机？
7. 简述间歇式沥青混凝土拌和生产工艺流程。
8. 简述摊铺机主要工作参数的控制要求。

习 题 四

    1. 比较间歇强制式沥青混凝土拌和站与连续滚筒式拌和站的结构特点。

    2. 正确地写出你学习过的 10 种不同的工程机械设备名称。

    3. 正确地写出国内外 10 家工程机械公司的名称。

    4. 画出液压锁、插装阀的液压元件符号。

    5. 分析下列液压元件的工作原理。

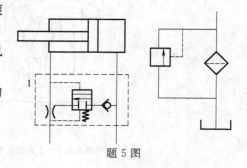

题 5 图

6. 说明平地机工作装置能完成的六种动作。

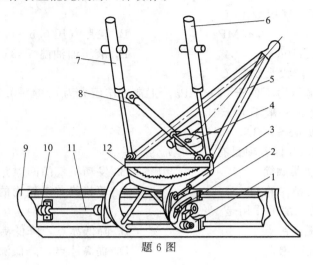

题 6 图

7. 分析振动压路机是如何实现启动机启动和工作保护的。

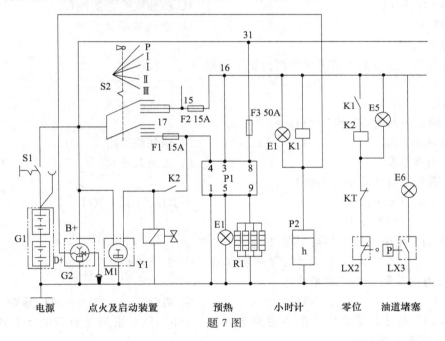

题 7 图

8. 说明小松挖掘机 250h、500h、1000h、2000h、4000h 和 5000h 应该完成的保养项目。

习　题　五

1. 机车预热和关机时应注意（　　）。

A. 开机关机后不需要延时

B. 开机让机体预热 5min 左右；关机直接关断点火开关

C. 开机后直接行车；关机让机体空转 5min

D. 开机让机体预热 5min 左右；关机也让机体空转 5min 左右

2. 装载机正常工作状况数据（　　　）。

A. 机油表压力：0.2～0.45MPa　　　　B. 轮胎气压 0.5～0.7MPa

C. 变矩器油温≤110℃　　　　　　　　D. 液压油油温≤65℃

3. 装载机正常工作状况数据（　　　）。

A. 制动气压最低压力不低于 0.44MPa，正常工作压力为 0.64～0.76MPa

B. 发电机充电电流一般不大于 10A

C. 机油正常温度 45～80℃

4. 挖掘机最初 250h 保养项目有（　　　）。

A. 更换燃油滤油器滤筒　　　　　　　B. 发动机气门间隙并调整

C. 更换回转机构箱内的油　　　　　　D. 更换终传动箱内的油

5. 冷却液中加乙二醇的作用是（　　　）

A. 提高冰点，提高沸点　　　　　　　B. 降低冰点，降低沸点

C. 降低冰点，提高沸点　　　　　　　D. 提高冰点，降低沸点

6. 启动挖掘机要注意检查（　　　）

A. 冷却液液位　　　　　　　　　　　B. 机油底壳中的油位

C. 燃油油位　　　　　　　　　　　　D. 液压油箱油位

E. 检查电线

7. 液压油与液力油正常工作温度分别不超过（　　　）。

A. 65℃、150℃　　　　　　　　　　　B. 80℃、150℃

C. 80℃、120℃　　　　　　　　　　　D. 65℃、110℃

8. 车辆常用润滑脂主要类型有（　　　）。

A. 钙基润滑脂　　　　　　　　　　　B. 钠基润滑脂

C. 通用锂基脂　　　　　　　　　　　D. 工业凡士林

9. 车辆常用制动液主要类型有（　　　）。

A. DOT3、DOT4、DOT2　　　　　　　B. JG2、JG3、JG4

C. DOT3、DOT4、DOT5

10. 车辆常用液力油主要类型有（　　　）。

A. PTF-1、PTF-2　　　B. 4 号、6 号和 8 号　　　C. 6 号和 8 号

11. 液力变矩器主要组成元件有（　　　）。

A. 泵轮　　　　　　B. 涡轮　　　　　　C. 离合器　　　　　　D. 导轮

12. 新出厂推土机磨合期最低不应少于（　　　）h，负荷由额定负荷的 1/3 逐渐增加，但不得超过额定负荷的（　　　）。

A. 40；60%　　　　B. 50；70%　　　　C. 50；80%　　　　D. 60；90%

13. 工程机械日常保养主要包括（　　　）。

A. 开机前检查　　　　B. 预热检查　　　　C. 日常操作检查　　　　D. 关机检查

习　题　六

一、填空题

1. 推土机作业过程分为_____、_____、_____和_____。

2. 推土机适用于_____施工作业，铲运机适用于_____施工作业。

3. 自行式平地机工作装置有_____、_____、_____和_____。

4. ZL50 装载机表示_____。

5. 小松 PC-7 挖掘机发动机机油更换周期为_____ h，液压油更换周期为_____ h。

6. 振动压路机可以通过调整_____、_____和_____以改变振幅大小和振动激振力大小，振动轮的频率通过_____来实现。

7. 摊铺机供料装置由_____、_____、_____组成。

8. 高等级公路结构由路基、垫层_____、_____等组成。

二、判断题

1. 推土机多齿松土器开挖力大，可松散硬土、冻土层以及开挖软石风化石，单齿松土器用于预松薄层硬土、冻土层。　　　　　　　　　　　　　　　　　　　（　　）

2. 摊铺机螺旋摊铺器两段独立，螺旋方向相向，旋转方向相同。　　　（　　）

3. 沥青拌和料称量控制系统包括热集料称量．粉料称量两部分。　　　（　　）

4. 集料皮带跑偏调整方法：哪边跑偏就旋松该侧的螺杆。　　　　　　（　　）

5. 路机按作用原理分为静作用压路机．振动压路机两种类型。　　　　（　　）

6. 摊铺机自找平能力取决于熨平装置牵引臂的长短。牵引臂越短，找平能力越强。
　　　　　　　　　　　　　　　　　　　　　　　　　　　　　　　　（　　）

7. 调整振动压路机偏心部件的质量分布和偏心质量大小可以改变振动力大小和振幅的大小。　　　　　　　　　　　　　　　　　　　　　　　　　　　　　　（　　）

8. 稳定土拌和机工作装置有转子装置．洒布计量装置和深度指示装置。　（　　）

9. 正铲挖掘机适合挖停机面以上的作业面，反铲挖掘机适合挖停机面以下的作业面，拉铲和抓土挖掘机适合挖掘一般土料砂粒和松散物料。　　　　　　　　　　（　　）

10. 推土机适合于短距离推运土方，铲运机适合于中距离推运土方。　（　　）

参 考 文 献

[1] 杜海若. 工程机械概论. 成都：西南交通大学出版社，2006.

[2] 周萼秋，邓爱民，李万莉. 现代工程机械. 北京：人民交通出版社，2004.

[3] 戴强民. 公路施工机械. 北京：人民交通出版社，2004.

[4] 王进. 施工机械概论. 北京：人民交通出版社，2004.

[5] 何挺继，展朝勇. 现代公路施工机械. 北京：人民交通出版社，2002.

[6] 张世英. 土、石方机械. 北京：机械工业出版社，2001.

[7] 郑训，张世英等. 路基与路面机械. 北京：机械工业出版社，2001.

[8] 黄长礼，刘吉岷. 混凝土机械. 北京：机械工业出版社，2001.

[9] 纪士斌，李世华，章晶. 施工机械. 北京：中国建筑工业出版社，2001.

[10] 何挺继，胡永彪. 水泥混凝土路面施工与施工机械. 北京：人民交通出版社，1999.

[11] 郭小宏等. 高等级公路机械化施工技术. 北京：人民交通出版社，2001.

[12] 荆农. 沥青路面机械化施工. 北京：人民交通出版社，2004.

[13] 李启月. 工程机械. 长沙：中南大学出版社，2012.

[14] 王戈，王贵慎，张世英. 压实机械. 北京：中国建筑工业出版社，1992.

[15] 德国 INGERSOLL—RAND. ABC 摊铺机使用保养说明.

[16] 李军. 高等级公路机械化施工设备与技术. 北京：人民交通出版社，2003.

[17] 张洪，贾志绚. 工程机械概论. 北京：冶金工业出版社，2008.

[18] 马文星，邓洪超. 筑路与养护路机械. 北京：化学工业出版社，2005.

[19] 纪玉国. 公路工程机械构造与维修. 北京：人民交通出版社，1998.

[20] 杨长骙，傅东明. 起重机械. 北京：机械工业出版社，1992.

[21] 祁贵珍. 现代公路施工机械. 北京：人民交通出版社，2011.

[22] 张青，宋世军，张瑞军. 工程机械概论. 北京：化学工业出版社，2012.

[23] 颜荣庆，李自光，贺尚红. 现代工程机械液压与液力系统——基本原理故障分析与排除. 北京：人民交通出版社，2011.